Vom Schießpulver zur Elektromobilität

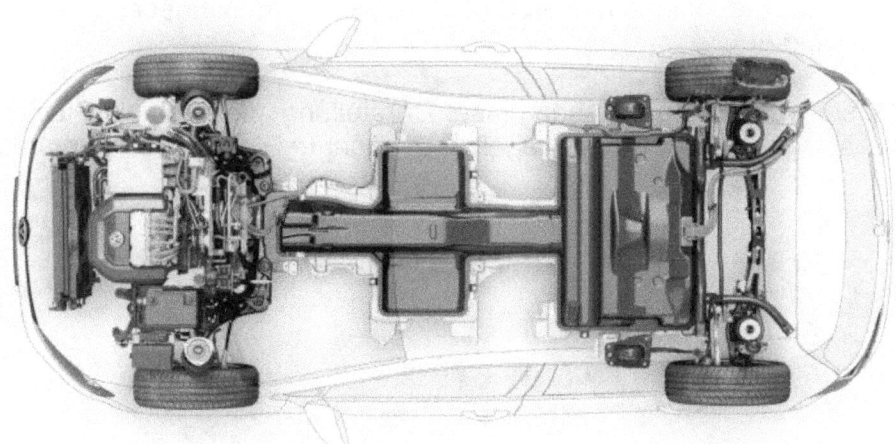

Technikgeschichte live

Impressum

Autor: Eberhard Müller, Stuttgart

Der Verfasser studierte Maschinenbau und war 38 Jahre bei der Deutschen Bundesbahn sowie der Deutschen Bahn als Ingenieur beschäftigt.

Die Bahn ist eine Technikumsetzung im Verkehrsbereich. Wohl keine Erfindung des 19. Jahrhunderts hat die Lebensbedingungen und den Erfahrungshorizont der Menschen so radikal geändert wie die Eisenbahn. Historisch gesehen spiegelt sie zudem den spurgebundenen Weg von der Dampfmaschine zur Elektromobilität wieder. Neben der Elektrifizierung bietet sie wegen ihrer Spurführung auch beste Voraussetzungen für einen vollautomatischen Betrieb.

Die Entwicklung vom Buchdruck zum Informationszeitalter, vom Schießpulver zum Verbrennungsmotor und letztlich von der Dampfmaschine zur E-Mobilität, ist Inhalt dieses Werkes. Das vorliegende Buch ist keine sterile historische Abhandlung sondern ein Stück lebendige Menschheitsgeschichte - geschrieben aus dem Blickwinkel des Verkehrs.

Der Verfasser wünscht beim Lesen dieser Darstellung, die auch ein Stück Kultur- und Schicksalsgeschichte widerspiegelt, interessante Einblicke und persönlichen Gewinn.

© 4. Auflage August 2016

ISBN: 978 3848 208 685

Herstellung und Verlag: BoD - Books on Demand, Norderstedt

Inhaltsverzeichnis	Seite
Einführung	5
Die Vorgeschichte	7
Prolog	8
Der Sandkasten	9
Die Kinder und ihr Umfeld	12
Die Grundlagen	15
Buchdruck – der Start in die Neuzeit Gutenberg (1394 – 1468)	16
Die große Wende Martin Luther (1483 – 1546)	22
Infinitesimalrechnung – die Sprache der Technik Gottfried Wilhelm Leibnitz (1646 – 1716)	26
Die Physik der Mechanik Isaak Newton (1643 – 1727)	30
Die Waffenlinie	35
Beginn des Technikzeitalters Berthold Schwarz (1330 – 1388)	36
Der 30-jährige Krieg (1618 – 1648) Wallenstein und die hinterlassene Wüste	41
Die Entwicklung moderner Handfeuerwaffen Alexander James Forsyth (1768 – 1845)	46
Automatikwaffen Standardgewehre nach dem 2. Weltkrieg	50
Die Kraftwerkslinie	57
Das Maschinenzeitalter gibt Dampf James Watt (1736 – 1819)	58
Verbesserung der Wärmekraftmaschinen Wilhelm Schmidt (1858 – 1924)	64
Elektrische Energie bis zur letzten Hütte Werner von Siemens (1816 – 1892)	67
Energie- und Datenübertragung Energie- und Informationsverteilung im 20. Jahrhundert	72

Das Weltlabor   82
CERN bei Genf und Fusionsreaktor in Cadarache

Die Verkehrslinie   89

Die Eisenbahn   90
Mit Volldampf in ein neues Zeitalter (ab 1804)

Verbrennungsmotoren   102
Nikolaus Otto (1832 – 1891) und Rudolf Diesel (1858 – 1913)

Lösung des Zündproblems   107
Robert Bosch (1861 – 1942)

Der Traum vom Fliegen   111
Die Gebrüder Wright und der Beginn der Luftfahrt

Der Weg zur Elektromobilität   135

Elektromobilität auf der Schiene   136
Elektrifizierung im spurgeführtem Verkehr

Die Geschichte der Elektroantriebe   142
Seit über 100 Jahre E-Mobilität auf der Straße

Akkumulatoren und Energieumsetzer   161
Die Energiequelle der Elektro-Fahrzeuge

Die Epoche der Elektrokraft   169
Das 21. Jahrhundert im Zeichen der Energiewende und E-Mobilität

Mensch und Technik   172
Eine Zukunftsphilosophie

Anhang

Zeittafel   177
Literaturverzeichnis   180

Einführung

Mit dem Schießpulver fängt die moderne Technikgeschichte an. Die Umsetzung von chemischer Energie in mechanische Arbeit erfolgt dabei durch Verbrennung einer Pulvermischung aus Kalisalpeter, Schwefel und Kohle. Bei der Verbrennung wird aus 10 g Pulver ein Volumen von ca. drei Litern an Gasen erzeugt, das in dem beschränken Raum des Gewehrlaufes einen hohen Druck aufbaut. Dies wurde das Prinzip der kommenden Wärmekraftmaschinen. Das Gewehrrohr wurde zum Zylinder und die Kugel zum Kolben. Die erste Verbrennungsmaschine war ein Pulvermotor. Statt Pulver wurden später Dampf und Gas verwendet. Schließlich entwickelte sich daraus der Benzin- und Dieselmotor - die bisherige Standard-Antriebsquelle im Verkehr. Die Dampfmaschine dagegen wurde Träger der Kraftwerkstechnik, die elektrische Energie in jedes Haus liefert. Zurzeit stehen Energiewende, Elektromobilität und Vernetzung im Fokus der technischen Entwicklung. Wärmekraft-Maschinen werden abgelöst durch Elektro-Maschinen. Die Zeit der qualmenden Schornsteine und Auspuffe geht zu Ende.

Die elektromagnetische Kraft ist eine der Kräfte, die die Welt im innersten zusammenhält. Der gesamte Kosmos wird von nur vier Kräften bestimmt. Die Gravitation gestaltet das Weltall mit Raum und Zeit. Die drei anderen Kräfte, darunter auch die elektromagnetische Kraft, den Mikro-Kosmos. Wie sich zeigte, war der Entwurf eines derartigen Vierkräfte-Kosmos keine schlechte Idee. Jedenfalls entstand daraus unsere Welt mit ihren Formen, Farben, Leben und ihrer Funktionalität. Die vier Grundkräfte mussten dabei allerdings äußerst präzise aufeinander abgestimmt und ausbalanciert werden.

Die elektromagnetische Kraft ermöglicht u. a. die Entstehung von Molekülen und damit aller irdischen Gebilde. Sie ist zudem die Funktionsgrundlage aller Lebewesen, sowohl im Bezug auf Energieumsetzung wie Steuerung. Wenn kein Gehirnstrom mehr fließt, ist der Organismus tot. Diese Kraft eignet sich auch vorzüglich zur Energieübertragung und zur Steuerung von stationären und mobilen Maschinen. Sie ist heute zudem die Grundlage von Datenübertragungen über nah und fern. Abgesehen davon, war sie schon vor unserer Zeit zuständig für die Energie- und Informationsübertragung von der Sonne zu unserem Planeten. Die elektrische Kraft ist die Funktionsgrundlage des Lebens und der Technik schlechthin.

Im Grund ist der Abschuss einer Gewehrkugel schon ein Akt der Elektromobilität. Wenn Elektronen ihre Bahn wechseln (z. B. beim Eingehen einer chemischen Verbindung), so wird Energie freigesetzt oder es muss Energie zugeführt werden (exotherme oder endotherme Reaktion). Beim Schießpulver wird beispielsweise Energie frei, die sich in Wärme und Volumenänderung darstellt. In Verbrennungsmotoren und Gasturbinen wird dies genutzt um chemische Energie in Arbeit umzuwandeln. Die schließlich mittels eines Generator weiter in elektrischen Strom umgeformt werden kann. Im Bezug auf Fossilien-Energien lautet die umständliche und verlustreiche Umsetzungs-Kette bis heute: chemische Energie → Wärme-Energie → mechanische Energie → elektrische Energie.

Um die wachsende „Weltmaschine" in Gang zu halten, bedarf es Energien. Deutlich mehr Energien als auf konventionellen Weg aus fossilen Vorräten gewonnen werden kann – und unserem Planeten gut tun würde. Die Vorratslager der Erde erschöpfen sich und werden nie mehr ergänzt. Im Jahr 2050 wollen beispielsweise rund drei, der dann fünf Milliarden Asiaten, sich nicht mehr mit einem Elektrofahrrad begnügen sondern Auto fahren. Das heißt der Verbrauch steigt ständig und die Vorräte an Öl und Gas gehen in diesem Jahrhundert zu Ende.

Damit die Erde für uns dauerhaft bewohnbar bleibt, muss eine Wende bei der Stromerzeugung und den mobilen Antrieben erfolgen. Die Kraftwerks- und Verkehrstechnik bewegt sich auf dieses Ziel hin. Dies wird durch das vorliegende Werk belegt. Die Elektro-Mobilität gilt dabei als wesentlicher Faktor der notwendigen Energiewende.

Die Vorgeschichte

Prolog

Der Sandkasten

Die Kinder und ihr Umfeld

Prolog

Der Mensch wird in eine Welt hineingeboren, die er nicht geschaffen hat. Bevor die Menschheit kam, existierte bereits ein Planet, der mit Klima, Bodenschätzen und Energievorräten auf sie vorbereitet war. Im vorliegenden Buch wird die Erde vereinfacht mit einem Sandkasten verglichen, in dem Kinder spielen. Natürlich ist dies eine etwas ironische Verniedlichung. Die Wirklichkeit ist wesentlich komplexer und ernster. Doch um das Entscheidende herauszustellen, wurde dieser parabelhafte Vergleich gewählt. Das Sandkastenspiel würde jedoch zu keinem beeindruckenden Ergebnis führen, wenn nicht noch ein paar Beeinträchtigungen in die Szene eingebaut wären.

Die Kinder sind ständig in ihrer Existenz bedroht. Sie müssen sich einerseits um Nahrung kümmern, damit sie nicht verhungern. Andererseits müssen sie sich vor Kälte und Hitze schützen, brauchen also Kleidung, Behausung und Feuer. Doch nicht genug damit, ihr Leben ist auch durch wilde Tiere und Feindseligkeiten untereinander bedroht. Sie brauchen auch Waffen um zu überleben. Als ob dies nicht schon reichte, kommt dazu noch die Bedrohung von innen. Krankheiten aller Art versuchen die Sandkastenwesen in ihrem Wirken lahm zu legen. Auch dagegen haben sie anzukämpfen. Schließlich haben sie es noch mit dem Tod zu tun. Unaufhaltsam kommt er, trotz allem Widerstand, auf jedes Lebewesen zu und beendet sein Spiel im Sandkasten. Damit die Art nicht untergeht, müssen die Genossen im Sandkasten sich auch noch ständig vermehren und ihr Wissen an nachfolgende Generationen weitergeben.

Dies ist das Umfeld, in dem die Technik entstand. Welche Laune der Natur mag diesen Sandkasten entworfen haben, in dem die Kreaturen so mühselig ums Überleben ringen? Was für einen Sinn hat dieser Kasten? Hat er überhaupt einen? Einige im Sandkasten haben dazu herausgefunden, dass an ihrer Welt unaufhaltsam der Zahn der Zeit nagt. Sie sprechen von Zunahme der Entropie und dem kommenden Wärmetod. Es steht fest, ihr Sandkasten ist dem Untergang geweiht. Dass sie dabei fragen: „Wozu das Ganze?" ist mehr als verständlich.

Mit Einsatz der gleichen Mitteln wäre es leichter gewesen einen zu Sandkasten schaffen, in dem die Kinder nicht ums Überleben kämpfen müssen, in dem ihnen die Früchte in den Mund wachsen und sie nicht von außen und innen bedroht werden. Praktisch ein Paradies, in dem man friedlich in Wonne ewig existieren kann. In diesem Fall hätte es aber keine technische Entwicklung gegeben. Zu was auch? Maschinen und Kraftwerke hätte man nicht gebraucht, schon gar keine Waffen. So aber musste man Waffen bauen, Geräte, Maschinen und Fahrzeuge, um das harte Leben zu erhalten und zu erleichtern. Dennoch auch hier wieder die Frage: Zu was Technik? - wenn der Tod ohnehin kommt. Zu was der sinnlose Kampf, auch wenn er mit modernsten Mitteln geführt wird? Wäre es nicht besser, sich gleich in den Sand zu legen und auf den Tod zu warten, dem man ohnehin nicht entgehen kann? Lohnt sich dieses kurze armselige Leben, das letztlich doch immer nur Mühsal und Elend gebiert?

Die wenigen Sätze dieses Vorwortes rufen schon schwerwiegende Fragen auf. Die nächsten Kapitel gehen auf die Grundlagen des technischen Werdegangs ein, zeigen die Entwicklungslinien, offenbaren die Bedeutung der modernen Technik – und der kommenden überlebenswichtigen E-Mobilität. Zuerst wollen wir uns aber mit dem Sandkasten selbst befassen. Er birgt einige noch nicht gelöste Rätsel.

Der Sandkasten

Unseren Planeten Erde vergleichen wir gleichnishaft mit einem Sandkasten, in dem Kinder spielen. Dieser Sandkasten existiert nicht allein. Unzählig viele Milliarden von Planeten mit ihren Sternen existieren im Kosmos. Die Sterne oder Sonnen werfen ihr Licht auf diese Sandkästen. Sind manche davon besetzt? Gibt es Leidensgenossen im Universum? Keiner weiß es. Noch nicht einmal die Größe dieser Welt ist bekannt. In Arizona wurde einst ein riesiges Teleskop aufgestellt, mit zwei großen Spiegeln, die je einen Durchmesser von 8,4 Meter haben. Mit ihnen kann man zwar das Licht einer brennenden Kerze in 2,5 Millionen Kilometern Entfernung sehen, aber nicht die Grenzen des Universums.

Je mehr sich die Kinder im irdischen Sandkasten mit ihrer weiteren Umgebung befassen, umso sinnloser erscheint ihnen dieser Kosmos. Was soll dieser gigantische Raum mit seiner lebensfeindlichen Sphäre? Wem soll er nutzen? Wie entstand und funktioniert er? Manche Sandkastenwesen gaben sich mit den offenen Fragen nicht zufrieden. Sie bauten Sternwarten, Satelliten und Teilchenbeschleuniger. Endlose Stunden verbringen sie am Schreibtisch, um die Botschaft der empfangenen elektromagnetischen Wellen zu entschlüsseln. Ihr Bestreben, die Welt zu verstehen, hebt ihr Leben etwas über die tägliche Tretmühle des Verhängnisses und verleiht ihnen einen Hauch von tragischer Würde.

Bei ihren Forschungen sind die Erdenkinder jedoch relativ weit gekommen. Ihr Standardmodell der Kosmologie basiert auf dem Urknall vor etwa 13.700 Millionen Jahren. Bei diesem Big Bang hat sich eine ungeheure Konzentration von Energie in weniger als einer Millionstelsekunde in Materie umgewandelt und dabei eine Raum-Zeit-Blase gebildet, die sich schnell ausdehnte und es heute noch tut. Das Urknallmodell steht auf zwei Säulen: der allgemeinen Relativitätstheorie zur Beschreibung des sich schnell ausdehnenden Raumes und dem Standardmodell der Teilchenphysik zum Verständnis der mikroskopischen Prozesse bei der Umwandlung von Energie in Materie nach der berühmten Formel $E = m \cdot c^2$. Schon gleich nach dem Urknall bildeten sich die vier Grundkräfte (Gravitation, Elektromagnetismus, Starke- und Schwache-Wechselwirkung) aus. Diese formenden und die sichtbare Welt zusammenhaltenden Kräfte sind raffiniert ausbalanciert – bis auf 58 Stellen nach dem Komma. Würde ihre Stärke an der 57. Stelle nach dem Komma von ihrer tatsächlichen Größe abweichen, so wäre das Universum nicht in der jetzigen Form entstanden. Kurz nach Bildung der vier Grundkräfte hatte sich das Universum so weit abgekühlt, dass aus den Quarks-Grundbausteinen, die als erste aus der Anfangsstrahlung entstanden, sich Protonen und Neutronen bildeten und aus diesen die Atomkerne.

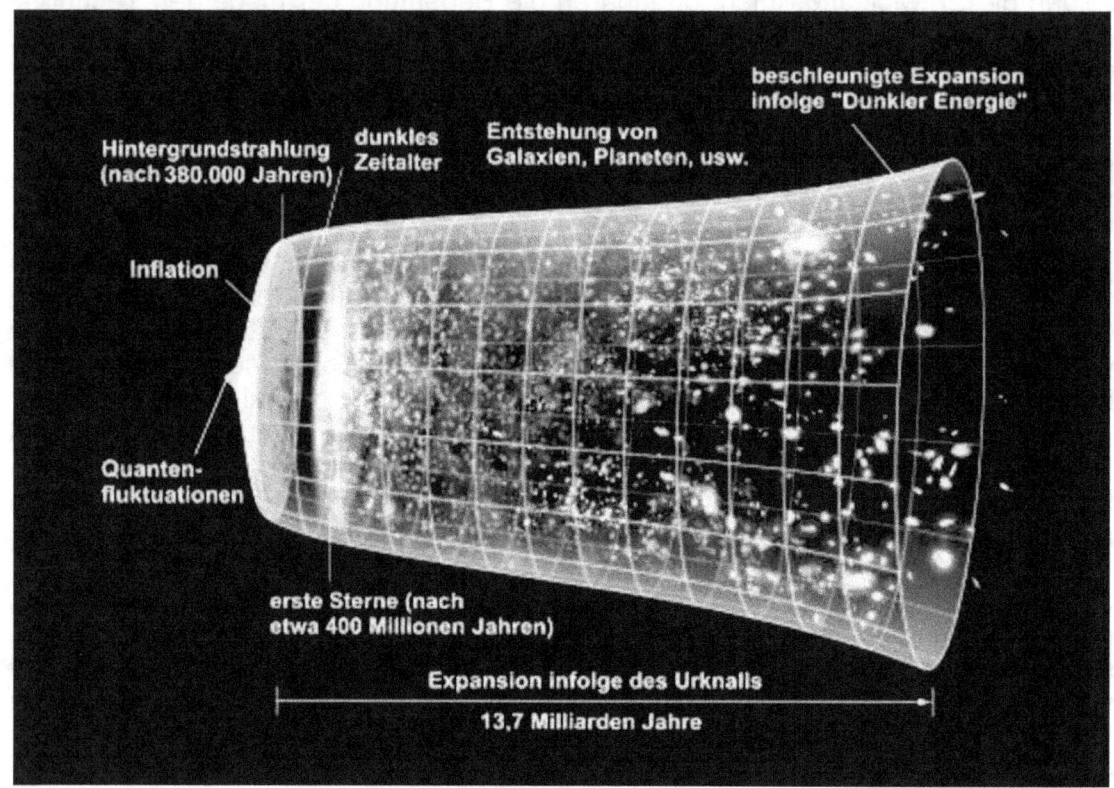

Urknallmodell

Während der nächsten drei Minuten war die Energie dieser Teilchen noch groß genug, um Fusionsreaktionen zur Bildung leichter Atomkerne wie Helium und Lithium zu ermöglichen. Es dauerte dann aber 380.000 Jahre, bis das Universum kühl genug war, um die Verbindung von Atomkernen und Elektronen zu Wasserstoff- und Helium-Atomen zu erlauben. Der Einfluss der Gravitation führte einige hundert Millionen Jahre später zur Bildung der ersten Sterne, die nach einer Zeit der Dunkelheit im Universum für Licht sorgten. In den Sternen wird Wasserstoff zu immer schwereren Elementen (wie Kohlenstoff, Stickstoff, Sauerstoff) verbrannt - bis hin zum Eisen. Diese Elemente wurden Jahrmilliarden später in neuen Sonnensystemen zu Bausteinen des Lebens. Das Ende mancher Sterne in Supernova-Explosionen führte zur Fusion noch schwererer Atomkerne (wie z. B. Uran). Der Sand und die Kinder auf der Erde sind aus den in den Sternen geschmiedeten Elementen entstanden. Manchmal, wenn sie vom Wühlen im Sand, der ihnen immer wieder zwischen den Fingern zerrinnt, innehalten und zum nächtlichen Himmel empor schauen, empfinden sie ein seltsames Heimatgefühl – denn sie sind Sternenstaub.

Auf den ersten Blick sieht es aus, als ob die Physiker unter den Sandkastenkindern eine zufriedenstellende Erklärung für die kleinsten und größten Strukturen der Welt gefunden hätten. Doch selbst hochkarätige Wissenschaftler stehen hilflos vor den tiefer gehenden Fragen der Sandkastenbewohner. Wie konnte ihr Universum vor 13.700 Millionen Jahren aus ‚Nichts' entstehen? Existiert das ‚Nichts' überhaupt? Warum explodierte es? Wie konnte sich die Materie zu immer komplexeren Strukturen – bis hin zum Leben und zum Menschen – selbst organisieren? Gibt es vielleicht doch einen Schöpfer, der das Ganze konstruierte? Und wenn, ist er noch aktiv am Werk und greift eventuell permanent in seine Schöpfung ein?

Diese Fragen konnten die klügsten unter ihnen nicht beantworten, dazu mussten sie auch eingestehen, dass ihr allgemein anerkanntes Standardmodell, auf das sie sich weitgehend einigten, nicht funktionierte. Um es vor dem Kollaps zu bewahren, führten sie eine neue Theorie ein. Nämlich die Hypothese eines raumfüllenden Feldes, das die Anfangsstrahlung in Materie umformte und den Elementarteilchen ihre jeweiligen Massen gab. Dieser Mechanismus wurde im Jahr 1964 von dem schottischen Physiker Peter Higgs vorgeschlagen. Auf seinen Namen wurde auch dieses mysteriöse Feld getauft. Die Vorstellung dafür lautet: Wenn der leere Raum mit dem Higgs-Feld[1] ausgefüllt ist, dann können die Anfangsstrahlen durch Wechselwirkung mit diesem Feld ihre charakteristische Masse erhalten. Dem Higgs-Feld wird also in dieser Theorie eine gestaltende Funktion zugeordnet. Mit Hilfe dieses bis dahin nie nachgewiesenen virtuellen Feldes, das von manchen Journalisten auch aufreißerisch Gottesfeld genannt wurde, passte im Bezug auf die Entstehungsgeschichte des Kosmos alles wieder bestens zusammen und die Theoretiker wurden wieder glücklich.

Doch das vorhandene Universum gibt ihnen weitere Rätsel auf. Eigentlich müssten Spiral-Galaxien, die sich um einen Mittelpunkt drehen, durch die Fliehkraft auseinander treiben. Unser Sonnensystem hat zum Beispiel immerhin eine Umfangs-Geschwindigkeit von über 800.000 km/h bei der Fahrt um den Mittelpunkt der Milchstrasse. Um die Fliehkraft rechnerisch zu kompensieren, musste man den Begriff *Dunkle Materie* einführen. Ungefähr 25% der Masse des Weltalls besteht demnach aus dunkler Materie. Des Weiteren triften die Galaxien immer schneller voneinander. Dazu ist Energie erforderlich. Dazu führte man die *Dunkle Energie* ein. 70% des Universums sollen aus dunkler Energie bestehen. Nur ein kläglicher Rest von 5% bleibt für den sichtbaren Teil. *Dunkle Materie* und *Dunkle Energie* sind, so lange man sie nicht tatsächlich entdeckt hat, lediglich reine Rechengrößen oder Konstanten, um das physikalische Weltbild erklären und berechnen zu können. Einstein hatte bereits eine kosmische Konstante eingeführt, um das unerklärliche Aufblähen des Universums erklären zu können. Heute nennt man diese Konstante *Dunkle Energie*.

Die verbleibenden 5%, die erlebbare Welt der Kinder im Sandkasten, dürften eigentlich nach dem Standardmodell auch gar nicht existieren. Denn wenn sich

---

[1] Oder Higgs-Teilchen, die als Austauschteilchen ein Feld bilden.

Energie in Masse verwandelt, herrscht immer völlige Symmetrie zwischen Materie und Antimaterie. Aber wo ist die Antimaterie des Urknalls geblieben? Wenn Antimaterie und Materie Kontakt miteinander bekommen, verwandeln sie sich wieder in Strahlungsenergie (elektromagnetische Wellen), aus der sie entstanden sind. Nun aber sind 5% Materie übrig geblieben. Folglich muss eine Symmetrie-Brechung erfolgt sein, der das Weltall seine Existenz verdankt.

All dies mutet der Vernunft Einiges zu: Vor allem die Vorstellung, dass aus einer Energieeinheit, die kleiner war als ein Stecknadelkopf, von ganz allein Milliarden Galaxien entstanden sein sollten, darunter die Erde mit ihren schönen Formen und Farben und dem vielfältigen Leben. Dies verlangt von den Sandkastenkindern einen enormen Wunderglauben. Wer will es da tadeln, dass manche von ihnen hinter den dunklen Vorhang schauen wollen und sich dabei der Metaphysik oder der Religion bedienen.

Die Kinder und ihr Umfeld

Die Kinder sind nicht die einzigen Sandkastenbewohner. Es gibt dazu viele Tiere, Vögel, Fische sowie Gewächse, Pflanzen und Bäume. Unter ihnen herrscht ein gnadenloser Existenzkampf. Fressen und gefressen werden lautet das Motto ihres kurzen angstvollen Daseins. Allen Bewohnern ist gemein, dass jeder auf Kosten der anderen lebt.

Wie aber steht es mit dem Sternenhimmel über ihnen? Sind die Insassen des Sandkastens allein im Universum? Wenn die Erdenkinder mit bloßen Augen oder Fernrohren in die schier unendliche Weite des Kosmos blicken, fragen sie sich unwillkürlich: Gibt es intelligente Wesen auf anderen Planeten? Sie wundern sich darüber, warum sie die einzigen Lebenden im All sein sollen. Das wäre doch in dem riesigen Universum Platzvergeudung und beispiellose ökonomische Verschwendung. Ein Weltall mit Billionen von Planeten und keiner bewohnt? Ulrich Geller, einer der im Sandkasten spielenden Kinder, früher eher als Löffelverbieger bekannt, wollte diese Frage klären, indem er am 15. November 2008 in einer Fernseh-Show per Radioteleskop Nachrichten ins All sandte. Auch die Zuschauer durften sich beteiligen, indem sie Texte und Fotos abschickten. Zu guter Letzt zeigte er ihnen noch, wie sie mit den Außerirdischen kommunizieren können. Es kam aber keine Antwort. Auch keiner von den beteiligten Zuschauern erhielt je eine Reaktion. Auf die Frage, ob er selbst schon Kontakt mit Außerirdischen hatte, antwortete er: „Nein, ich habe bisher noch nie einen Alien gesehen, aber eindeutig Ufos." Als Kind habe er am Himmel seltsame Lichter wahrgenommen.

Ulrich ist nicht der Einzige, der an Aliens glaubt. Erich von Däniken ist sogar ein glühender Verfechter von Außerirdischen und behauptet, dass sie unter uns gewirkt und unsere Kultur beeinflusst haben. Etliche Bücher hat er über ihr vermutliches Auftreten geschrieben. Um ihn hat sich eine große Fan-Gemeinde gebildet. Viele Romane hatten die Außerirdischen zum Thema und manche Filme wurden über sie gedreht. Meistens wurden sie darin als kleine verhutzelte Männchen dargestellt. Glaubwürdig belegt wurde aber ihre Anwesenheit in keinem einzigen Fall.

Dennoch gibt es Außerirdische, sie haben unsere Geschichte und auch unsere Technik beeinflusst. Das ist zwar eine unglaubliche Behauptung, doch sie ist besser dokumentiert als die Geschichten über die verhutzelten Männchen. Es sind die Engel, von denen hier die Rede ist. Sie sind die echten Außerirdischen. Vielleicht sind es sogar Außerkosmische. Jedenfalls stammen sie nicht von der Erde. Zahllos sind sie bekundet. Der Schluss aber, dass die echten Außerirdischen Engel sind, wird nur selten vollzogen. Wenn auch vieles mit Fantasie vermischt, übertrieben oder falsch dargestellt wurde, so enthalten doch viele Berichte über sie einen Kern Wahrheit. Selbst in Berichten über Weihnachten oder Ostern kommen sie vor. Sie sind uns freundlich gesinnt, besonders Kindern gegenüber. Man spricht in diesem Zusammenhang auch von Schutzengeln. Dass man sie so wenig ernst nimmt und ihr Auftreten nicht wissenschaftlich untersucht, hängt wohl damit zusammen, dass man sie der religiösen Schiene zuordnet. Dennoch sind es Aliens, die von außerirdischen Welten kommen und den Erfahrungshorizont der Sandkastenkinder erweitern. Drei große Hauptreligionen, die jüdische, die christliche, sowie der Islam, sind durch „der Engel Geschäfte" entstanden. Die Außerirdischen haben die transzendente Welt in die Spielwelt der Sandkastenkinder hineingetragen - so entstanden die Offenbarungsreligionen. Die übrigen Religionen, die ohne Engel-Einwirkungen sich entwickelten, sind dagegen Fantasieprodukte der Menschen.

Eigentlich hätte die Wissenschaft froh sein müssen, dass sie mit dem Auftreten der Außerirdischen einen Anhaltspunkt für ungelöste Fragen bekommt. Das ganze von ihnen mühsam entwickelte Weltbild wäre in sich schlüssiger geworden. Doch die Frühkirche verteidigte krampfhaft ihre laienhaften Schöpfungsvorstellungen gegenüber der Naturwissenschaft. Der Konflikt Galileis mit der Kirche war ein symptomatischer Präzedenzfall, der das Verhältnis zwischen der jungen aufstrebenden Naturwissenschaft und der Religion an den Wurzeln vergiftete. Bei zunehmendem Fortschritt der Naturwissenschaft und insbesondere angesichts der biologischen Forschung mit Charles Darwins Theorien, verhärtete sich das Verhältnis noch mehr. Nach der verhängnisvollen Exkommunikation Luthers kam es zum permanenten Konflikt zwischen Naturwissenschaft und der herrschenden Normaltheologie. Italien und Spanien, beides Länder unter der Knute der Inquisition, blieben daher bis ins 20. Jahrhundert ohne nennenswerten naturwissenschaftlichen Nachwuchs und technischen Erfindungen. Kein Wunder, dass sich bei den Physikern eine instinktive Opposition gegen die Religion ausbildete. Dabei hätten sich beide Fakultäten beim erforschen der Welt fruchtbar ergänzen können. So aber versuchen die Astrophysiker die Grundfragen zu umgehen und nehmen lieber Albernheiten in Kauf, wie die, dass am Anfang das Nichts explodierte und die Detonationswolke sich selbst organisiert habe, wodurch der Kosmos mit dem Leben auf der Erde entstanden ist.

Nun, wir haben uns hier in der Hauptsache weder mit Religion noch Naturwissenschaft zu beschäftigen. Wir nehmen für keine Seite Partei. Uns geht es um die

Entstehung der modernen Technik und speziell um die Geschichte der Elektromobilität. Es ist jedoch nicht auszuschließen, dass in die materielle eine transzendente Welt hineinwirkt. Wir müssen für alle Gegebenheiten aufgeschlossen sein, die die Entstehung der Technik beeinflusste.

Die Engel sind nicht die einzigen Außerirdischen, die auf den Sandkasten Einfluss nehmen. Sogar bei dieser Gattung ist wieder eine Symmetrie festzustellen. Es gibt auch Anti-Engel – die Dämonen. Sie sind ebenfalls Außerirdische, die aus der gleichen Fremde kommen und aus dem gleichen ‚Holz' geschnitzt sind wie die Engel selber. Sie aber tragen ein anderes Vorzeichen und sind den Menschen-Kindern feindlich gesinnt. Die Menschheitsgeschichte wurde mit Blut und Tränen geschrieben. Das ist zutiefst unvernünftig. Die Sandkastenkinder haben genügend Probleme, mehr, als dass sie sich auch noch gegenseitig bekriegen und vernichten müssten. Es gibt offensichtlich Kräfte, die den Menschen irrational beeinflussen. Wir können daher annehmen, dass widerstreitende unsichtbare Mächte die Entwicklung der modernen Technik beeinflussten, um nicht zu sagen bewirkten. Von daher müssen wir ihre Existenz wenigstens erwähnen.

Es gibt aber noch andere Merkwürdigkeiten im Umfeld der Sandkastenkinder. Telepathie, Telekinese und andere Verwunderlichkeiten aus der Esoterik-Szene. Auch die Quantenphysik leistet dazu ihren Beitrag mit dem Verschränkungsphänomen. So verhalten sich zwei aus der gleichen Laser-Lichtquelle stammende Photonen absolut identisch. Misst man den Zustand des einen Teilchens, legt man automatisch den Zustand des anderen fest – und zwar sofort, unabhängig von der Entfernung. Diese spukhaften Fernwirkungen mit ihren Auswirkungen konnte bisher niemand erklären. Das bedeutsamste Kommunikations-Phänomen ist jedoch das Gebet. Unwillkürlich ist man geneigt, es sofort wieder auf der religiösen Schiene abzulegen. Doch es ist zu bedeutsam und aufschlussreich, als dass wir es nicht kurz erwähnen sollten. Milliarden von Menschen rund um den Globus beten täglich zu irgendetwas oder zu irgendjemand in den verschiedensten Sprachen. Sie tun dies mit Worten oder in Gedanken. Bliebe diese Praxis ergebnislos, könnte man das Ganze als sinnlose Selbstvertröstung abtun, gewissermaßen als einen Seufzer der bedrängten Kreatur, wie es Marx formuliert hat. Die meisten Gebete bleiben tatsächlich ohne Antwort. Auf einen kleinen Teil aber erfolgt eine Reaktion. Was bedeutet dies nun? Das heißt nichts anderes, als dass die Gedanken der Sandkastenkinder überall erfasst, gefiltert und gegebenenfalls umgesetzt werden. Dies schließt auf ein intelligentes Feld, das alles im Kosmos miteinander verbindet. Bei all diesen unerklärlichen Dingen einfach zu behaupten sie seien Humbug, wäre eine Ausflucht, die einem Abdanken der Vernunft gleichkommt. Der aufgeschlossene Mensch müsste hier – wenn schon nicht als Wissenschaftler, so doch als vernunftgeleiteter verantwortlicher Mensch, subtiler denken.

Nun der abstrakten Dinge genug, jetzt wollen wir uns mehr den grundlegenden und praktischen Dingen der Sandkastenkinder zuwenden.

Die Grundlagen

Buchdruck – der Start in die Neuzeit
Gutenberg, 1394 – 1468

Die große Wende
Martin Luther, 1483 – 1546

Infinitesimalrechnung – die Sprache der Technik
Gottfried Wilhelm Leibnitz, 1646 – 1716

Die Physik der Mechanik
Isaak Newton, 1643 – 1727

Buchdruck – der Start in die Neuzeit
Gutenberg (1394 – 1468)

Die Technik steht auf drei Säulen (Information, Materie und Energie). Ein wichtiger Meilenstein auf den Weg ins Technikzeitalter war die Erfindung der Buchdruckkunst. Der Buchdruck gehört zur Informationssäule und hat die Aufgabe Wissen zu speichern und zu verbreiten. Das Drucken mit beweglichen Lettern ermöglichte es, preisgünstig in großen Mengen gespeichertes Wissen auf Papier zu verbreiten. Ab dieser Zeit musste nicht jeder für sich das Rad neu erfinden. Jeder Tüftler konnte auf dem bislang Erreichten aufbauen. Die Sandkastengemeinschaft wurde jetzt zu einem Kollektiv, welches gemeinsam die technische Entwicklung vorantrieb. Dementsprechend erfolgte von da an der technische Fortschritt nach einer Wachstumskurve. Proportional mit der Vermehrung der Sandkastenbewohner wuchs nun auch ihr kreatives Schaffen. In der Mathematik werden Wachstumsvorgänge mit der Funktion e^x ausgedrückt. Die Zahl e ist dabei eine transzendente Zahl, die ungefähr die Größe von 2,71… hat. In der Praxis werden mit ihr Prozesse des Wachstums und des Abklingens beschrieben. Und in der Tat, die technische Entwicklung erfolgte ab dem 15. Jahrhundert nach einer mathematischen Formel mit der Basiszahl **e**.

Im **Diagramm 1** sind drei Zweige der Feuerkrafttechnik aufgezeichnet. Alle drei Entwicklungskurven folgen der gleichen Gesetzmäßigkeit. Am Anfang gibt es eine geringe Entwicklung, die dann aber steil ansteigt und am Ende wieder abflacht. Zwar kommt nach der mathematischen Formel eine Entwicklung nie zur Vollendung, doch der Fortschritt ist in der Endphase nur noch gering.

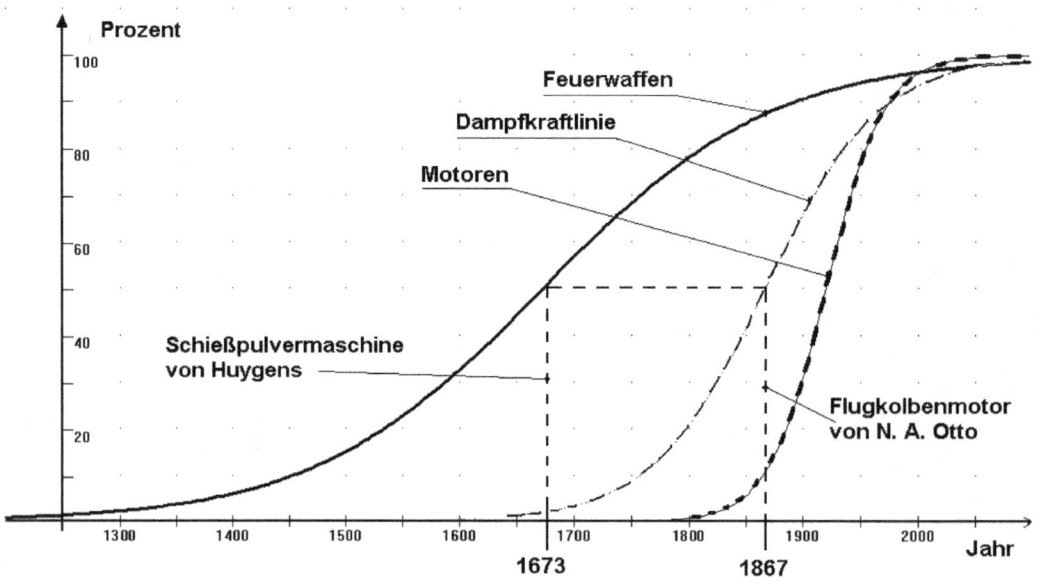

Diagramm 1: Entwicklungskurven

Das **Diagramm 2** zeigt die Nutzungskurven auf. Sie haben die Form einer Glockenkurve. Auch ihnen liegt wieder als Basiselement die Funktion e^x zugrunde. Am Anfang wird eine neue Erfindung nur gering genutzt. Dann steigt der Nutzungsgrad steil an, flacht dann wieder ab und sinkt gegen Null zurück. Die höchste Nutzungsanwendung findet meist bei hohem Entwicklungsstand des Produktes statt. Trotz hohem Entwicklungsgrad wird es aber nach Überschreiten des Kumulationspunkt immer weniger verwendet, da bessere Produkte es ablösen.

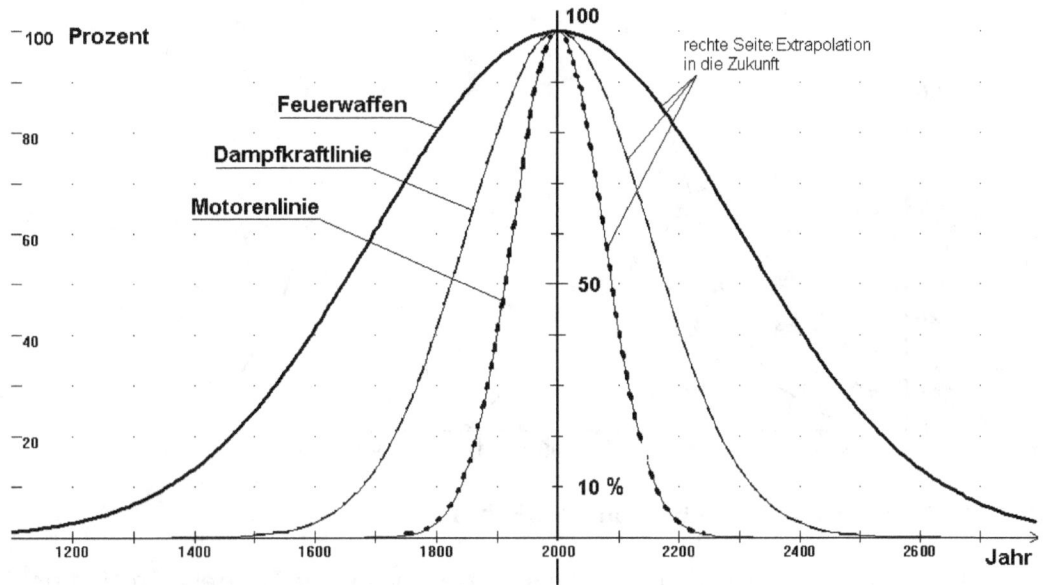

Diagramm 2: Nutzungskurven

Die Evolution von Pflanzen, Tieren und Menschen hat Millionen von Jahren in Anspruch genommen. Es ist daher schwierig, sie lückenlos nachzuweisen. Es fehlen Zwischenglieder und keiner hat die Entwicklung dokumentiert. Bei der Entwicklung der modernen Technik ist dies aber anders. Hier handelt es sich nur um einen Zeitraum von 600 Jahren, der dank der Buchdruckkunst gut dokumentiert ist. Die Entwicklung der Technik ist daher ein Schulbeispiel der Evolution, an ihr kann man demonstrieren, wie sie vor sich geht und was sie bewirkt.

Ein eindrucksvolles Beispiel dafür ist das **Diagramm 3**. Es zeigt die Entwicklung des historischen Personenverkehrs. Auf dem höchsten Entwicklungsstand des Postkutschenverkehrs kommt die Eisenbahn und verdrängte die Pferdefuhrwerke. Als die Eisenbahn am meisten genutzt wurde, kam das Kraftfahrzeug und mit dem Eisenbahnverkehr ging es abwärts. Diese Kurven sind nicht gerechnet sondern statistische Werte. Von daher sind sie nicht ganz so geglättet und haben Einbrüche durch die Ereignisse der beiden Weltkriege. Zu erkennen ist aber, dass die Personenbeförderung mittels Pkw um die Jahrtausendwende auch ihren Höhepunkt entgegen strebt. Von da ab beginnt die Elektromobilität. Sie war aber mit Beginn des 21. Jahrhunderts noch so gering, dass sie nicht im Diagramm erscheint.

Schaut man zum Vergleich nochmals das Diagramm 2 an, so stellt man fest, dass zur Jahrtausendwende nicht nur im Verkehr ein Umbruch erfolgte sondern auch bei der Kraftwerk- und Waffenlinie. Der Übergang in das 3. Jahrtausend bringt einen technischen Paradigmenwechsel par excellence mit sich.

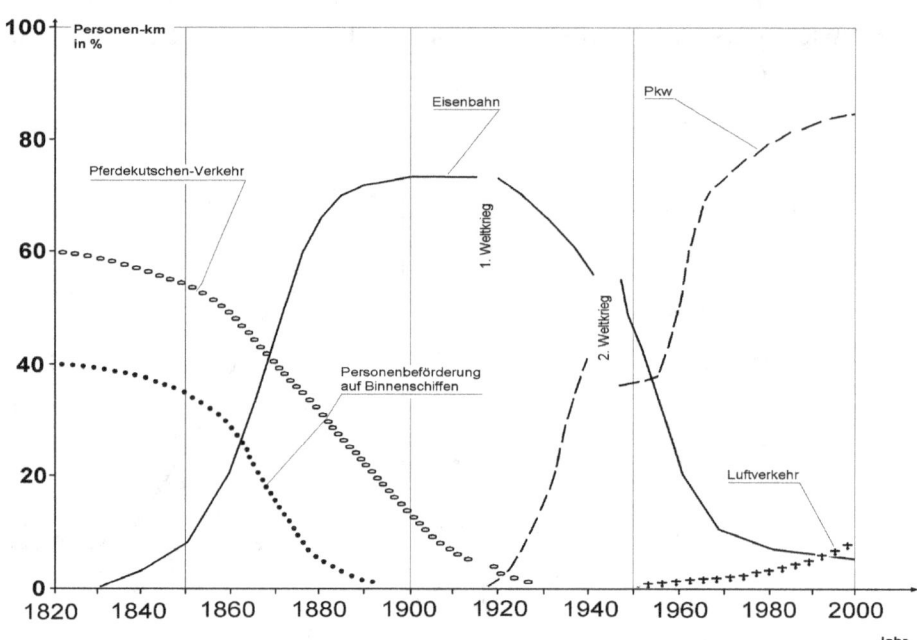

Diagramm 3: Entwicklung des Personenverkehrs

Kurz gesagt: Die erste Säule der technischen Entwicklung ist geistiger Natur. Sie ist die durchdachte Umsetzung von Energie und Material in nützliche Gebilde. Die Entstehung der Technik ohne intelligente Urheber ist nicht denkbar. Dieser Aspekt ist verständlich und hat keine so mysteriösen Grundlagen wie die zweite noch zu erklärende Säule, wo Stoffe mit geheimnisvollen Eigenschaften in den Sternen entstanden sind und in dosierter Menge unter die Füße der Sandkastenkinder gelegt wurden. Doch nun zum Buchdruck selber. Wie ist er erstanden?

Es war damals eine spannungsgeladene Zeit, als Gutenberg in der mittelalterlichen Stadt Mainz wirkte. Die Verwaltung der Stadt lag in den Händen der Ratsherren (Patrizier), das waren meist reiche Kaufleute, die das Sagen hatten. Sie distanzierten sich von den Handwerkern und ihre Söhne durften noch nicht einmal eine Bäckerstochter heiraten. Manche von ihnen waren so hochfahrend, dass Schneider, Schuster und andere Handwerker, die ihre Bezahlung forderten, von ihnen geschlagen und mit Prügel bezahlt wurden. Das missfiel den Handwerkern und die Zünfte forderten die Aufnahme in den Rat der Stadt. Das wiederum gefiel den Ratsherren nicht. Sie wollten das Heft in der Hand behalten.

Man muss dazu sagen, dass jeder Handwerker seine Waffe zu Hause hatte. Denn jeder Zunft war ein Abschnitt der Stadtmauer zugeteilt, die sie bei einem Angriff zu verteidigen hatten. Bei festlichen Umzügen und Schützenfesten trugen Meister und

Gesellen ihre Waffen stolz zur Schau. Unter Spieß, Schwert und Armbrust befand sich schon manches Gewehr. Eine Weiterentwicklung der Experimente von Berthold Schwarz (siehe Waffenlinie). Das Pulver wurde in die Mündung des Rohres geschüttet, dann kam eine Papierscheibe als Trennung, die zusammen mit der Bleikugel in den Lauf gestoßen wurde. Neben dem Schaft war eine Pulverpfanne angeordnet, die durch eine Bohrung mit dem Laufende verbunden war. Am Schnapphahn war eine Lunte befestigt, die nach Betätigung des Abzuges mit ihrem glimmenden Ende in die Pulverpfanne gedrückt wurde, was zur Zündung der Ladung führte. Die Wirkung dieser Waffe war größer als die von Armbrust und Bogen. Falls man traf, konnte man auf 1.000 m noch einen Angreifer außer Gefecht setzen. Die Schussfolge war jedoch weit geringer als mit Pfeil und Bogen. In dieser Waffe war der erste wirkliche technische Fortschritt seit über tausend Jahren zu erkennen. Man hat gelernt eine Energie, die nicht von der Muskelkraft herrührt, zu zünden und in eine Richtung zu lenken.

Es war das Jahr 1395, als dem Kaufmann Friele Gensfleisch ein Sohn geboren wurde. Da er am Johannestag zur Welt kam, wurde er Johannes genannt. Die Gensfleisch waren vornehme und wohlhabende Bürger (Patrizier) in der Stadt Mainz. Als Johannes alt genug war, besuchte er in Mainz eine Lateinschule. Zu dieser Zeit gewannen die Zünfte immer mehr an Macht in der Stadt und es gab in Mainz Auseinandersetzungen mit den Patriziern, die auf Ihre Privilegien wie z. B. Steuer- und Zollfreiheit nicht verzichten wollten. Um ihren Ansprüchen Nachdruck zu verleihen, zogen im Jahre 1411 die Patrizier kurzfristig aus Mainz aus. Darunter war auch Vater Gensfleisch mit seinen Kindern. Er zog mit seinem Nachwuchs nach Eltville, wo sie aus mütterlichem Erbe ein Haus besaßen. Bald jedoch waren die Streitereien mit den Zünften geschlichtet und die Familie zog wieder zurück nach Mainz. Doch nicht für lange. Notzeiten kamen über die Stadt. Viele Bürger mussten hungern. Es gab Krawalle, die sich gegen die wohlhabenden Patrizier richteten. Die Familie Gensfleisch war gedrungen 1413 Mainz erneut zu verlassen.

Der mittlerweile herangereifte Johannes musste nun seinen Lebensunterhalt durch seine Hände Arbeit verdienen. Nach der Mode der damaligen Zeit änderte Johannes Gensfleisch seinen Namen nach der Bezeichnung des Familiensitzes seiner Eltern, dem „Hof zum Gutenberg".

Gutenberg arbeitete als Goldschmied, Spiegelmacher und Schreiber, dabei lernte er die ersten gedruckten Bücher kennen. In dieser Zeit reift in ihm der Gedanke, statt wie bisher mit Hilfe eines Holzschnittes Bilder und Worte zu vervielfältigen, wieder verwendbare Buchstaben aus Metall zu gießen. Die einzelnen Metall-Buchstaben sollen dann entsprechend aneinander gereiht in einem Holzrahmen gespannt werden, so dass eine Druckseite entsteht.

Gutenberg wanderte nach Straßburg aus, wo er 10 Jahre (von 1434 - 1444) blieb. Dort gründete er mit anderen Goldschmieden und Spiegelmachern ein handwerkliches Unternehmen. Für die Aachen-Wallfahrt im Jahre 1439 stellte das Unternehmen Wallfahrtsspiegel aus einer Blei-Zinn Legierung her. Aufgrund einer Pestepidemie fand die Wallfahrt jedoch erst im Jahre 1440 statt und die Firma blieb ersteinmal auf ihren Produkten sitzen. Es gab finanzielle Engpässe und es kam zu gerichtlichen Auseinandersetzungen mit den Geschäftspartnern.

Nun zog Gutenberg wieder zurück in seine Heimatstadt. In dem Haus „Zum Jungen" richtete er eine Werkstatt ein. Hier wollte er den Traum von seinem neuen Druckverfahren verwirklichen. Viel Geld kosteten ihn die Versuche mit seiner schwarzen Kunst. Von seinem Vetter Arnold Gelthus lieh er sich 150 Gulden. Doch das reichte nicht. Er suchte Kontakt zu weiteren Geldgebern wie dem Mainzer Kaufmann Johannes Fust. Dieser gab ihm 1449 einen zinslosen Kredit von 800 Gulden und erhielt als Pfand die vom Geld angeschafften Gerätschaften.

Gutenberg fertigte aus hartem Metall die Form des Buchstabens, der dann in Kupfer geschlagen wurde. In die im Kupfer entstandene vertiefte Form wurde eine flüssige Legierung zur Gewinnung der eigentlichen Druckbuchstaben gegossen. Die Legierung bestand aus Zinn, Blei, Antimon und etwas Wismut. Das Handgießinstrument zur Herstellung der Druckbuchstaben bestand aus Holz mit zwei metallenen Backen. Die gegossenen Metall-Buchstaben wurden entsprechend der Druckvorlage aneinander gereiht und in einem Holzrahmen (Setzkasten) verspannt, so dass eine Druckseite entstand. Die Lettern wurden mit Druckfarbe bestrichen und mittels Presse auf das Druckpapier übertragen. Die Lettern (Druckbuchstaben) konnten wieder verwendet werden und hielten den hohen Druck der Presse aus. Die Druckerpresse war eine Spindelpresse, die wie eine Weinpresse funktionierte.

Um 1450 waren Gutenbergs Experimente soweit gediehen, das er an den Satz und Druck von Einblattdrucken und einfachen Büchern gehen konnte. So druckte er zum Beispiel Ablassbriefe, Kalender und Wörterbücher. Dann fasste er den Entschluss, die ganze Bibel zu drucken - aber in der gleichen Pracht, die die damaligen Handschriften auszeichneten. Für diesen Plan aber reichte das geliehene Geld nicht aus. 1452 gab Fust ein zweites Darlehen von 800 Gulden, das konkret für „Das Buch der Bücher", den Druck der 42-zeiligen Bibel gedacht war.

Kurz vor Beendigung des Bibeldruckes kam es zum Bruch zwischen Fust und Gutenberg. Fust warf Gutenberg 1455 vor, die Gelder, die ausschließlich für den Druck der Bibel bestimmt waren, für andere Druckvorhaben zweckentfremdet zu haben. Im Rechtsstreit unterlag Gutenberg und musste die gesamte Werkstatt und die Hälfte der Bibelexemplare an Fust abtreten. Fust führte mit Gutenbergs Mitarbeiter Peter Schöfer das Geschäft mit Erfolg weiter.

Gutenberg betrieb danach eine kleine Druckerei. Nach fünf Jahren hat er dort wieder einen prächtigen Bibeldruck fertig gestellt und fügte ihm voll Stolz die Worte hinzu: *Gedruckt in der lieben Stadt Mainz ruhmreicher deutscher Nation, die Gott durch eine so hohe Erleuchtung des Geistes vor allen Völkern der Erde auszuzeichnen gewürdigt hat.* Die in 180 Exemplaren gedruckte Gutenberg-Bibel wurde ein Erfolg, an dem Gutenberg gut verdient hat.

Doch die Zeiten waren damals unruhig und notvoll. Mainz war von jeher Erzbischofssitz und es kam zu der so genannten Mainzer Stiftsfehde. 1459 wurde Diether von Isenburg zum neuen Erzbischof gewählt. Da er aber an den Kreuzzügen nicht teilnehmen wollte, fiel er beim Papst und Kaiser in Ungnade. 1461 wurde Diether vom Papst abgesetzt und durch Adolf II. von Nassau ersetzt. Da Mainz aber zu Diether hielt, wurde die Stadt von Adolf II. erobert. Als die Landsknechte in die Stadt eindringen und plündern, verlor Gutenberg wieder sein Vermögen.

Nun war er zu alt, um noch einmal ein Werk von vorne anzufangen. Da nimmt der Kurfürst und Erzbischof Adolf II. (Personalunion von politischer und geistlicher Macht) sich seiner an (seine Kriegsleute hatten auch Gutenberg den Ruin gebracht). Gutenberg wird zum Hofedelmann ernannt und bekommt bis zu seinem Tode, wie die anderen Edelleute, regelmäßig Korn, Wein und alljährlich ein Hofkleid geliefert. Im Barfüßerkloster, in der Nähe seiner ersten Werkstatt, hat man Gutenberg 1468 begraben.

Die Buchdruckkunst hat sich von Mainz ausgehend weit verbreitet. Die ersten Drucker mussten sich zwar eidlich verpflichten, die „schwarze Kunst" nicht weiterzugeben; aber nach der Plünderung der Stadt Mainz zerstreuten sich die Gesellen. Bald entstanden auch in anderen Städten Buchdruckereien, die ältesten in Bamberg, Straßburg, Köln und Nürnberg. In Nürnberg zum Beispiel beschäftigte nach dem Jahr 1500 Anton Koberger an 24 Pressen über hundert Gesellen und hat in 30 Jahren über 250 oft mehrbändige Werke erscheinen lassen.

Schon damals haben manche in fast prophetischer Weise die Zukunfts-Bedeutung die Buchdruckkunst erkannt. Lassen wir einen dieser Visionäre zu Wort kommen:

Auf keine Erfindung oder Geistesfrucht können die Deutschen so stolz sein wie auf die des Bücherdrucks. Mehr als das Gold wird das Blei die Welt verändern. Und mehr als das Blei in der Flinte das Blei im Setzkasten. Eine neue Zeit wird jetzt anbrechen! Durch das Vervielfältigen von Schriften in hohen Stückzahlen kann jetzt die Bevölkerung mehr als bisher am Wissen teilhaben. Ein Bildungszeitalter zieht heran. Erkenntnisse und Erfindungen können nun weit verbreitet werden. Die Wissenschaft und Technik wird sich von nun an immer rasanter entwickeln. Am Anfang war das Wort. Durch das Wort wurde Himmel und Erde geschaffen und durch das Wort wird sich auch die Geschichte der Menschen grundlegend wandeln.

Nach der Informationsvermittlung mittels Buchdruck, kommen wir zu weiteren geistigen Bereichen, die die erste Säule ausmachen, auf denen die moderne Technik steht. Alles Geschaffene geht immer von einem intelligenten Geist aus!

Die große Wende
Martin Luther (1483 – 1546)

Warum begann erst im 15. Jahrhundert die moderne Technik sich zu entwickeln? Die Menschheit existierte doch schon über 100.000 Jahre. Sie hatte von Anfang an Bodenschätze und Energien. Die Menschen waren dazu genauso intelligent wie zu Luthers Zeiten. Zum Buchdruck, war nicht viel mehr nötig als Holz, Blei und eine Weinpresse, er hätte wahrhaftig schon früher gelingen können. Warum gerade in jener Zeit? Warum begann nach dem Mittelalter die Neuzeit? Was war das Geheimnis der Zeitenwende, die als Nebenprodukt auch die Technik hervorbrachte? Gab es irgendeine Zeitströmung aus mysteriösem Urgrund. Hans Küng, Theologieprofessor in Tübingen, beschäftigt mit dem Projekt Weltethos, war schon auf verschiedenen ökumenischen Veranstaltungen, wo sich maßgebende Leute aus allen Weltreligionen trafen. Einmal wurde er von einem leitenden Buddhisten mit Erstaunen gefragt, warum sich gerade in den christlichen Ländern die Technik entwickelt habe. Ja, warum eigentlich? Wenn man genauer hinschaut, stellt man dazu noch fest, dass sie vor allem in den reformierten Ländern entstand. Bevor wir auf diese Fragen eingehen, wollen wir uns erst einmal die Geschichte von Martin Luther zu Gemüte führen.

Luthers Vorfahren (die eigentlich Luder hießen) waren allesamt Bauern. Doch sein Vater vollzog bereits einen Bruch mit dieser langen ländlichen Geschlechterkette. Er wurde Hüttenmeister und auch Mineneigner im Kupferbergbau. In der Generationenreihe symbolisiert Luthers Vater bereits den Umbruch der Zeiten und den Aufbruch in die Neuzeit.

Martin wurde am 11.11.1483 in Eisleben geboren. Aufgewachsen ist er aber im benachbarten Mansfeld, wo sein Vater im Kupferschieferbergbau arbeitete. Martin erfuhr eine damals normale, strenge väterliche, aber auch liebevolle Erziehung. Seine Eltern waren kirchentreu, wenn auch nicht übermäßig fromm. Nach seiner Schulausbildung ging er 1501 zur Universität Erfurt und studierte auf väterlichen Wunsch hin Rechtswissenschaften. Er war ein fröhlicher Student, der die Musik liebte und gern im Kreis seiner Kommilitonen ausgelassen feierte.

Eines Tages, als er von der Geburtstagsfeier seines Vaters kommend von Mansfeld nach Erfurt wanderte, verletzte er sich an seinem Degen. Eine Hauptschlagader am Bein war durchstochen worden. Das Blut war nicht zu stillen und Martin drohte zu verbluten. Sein Begleiter holte so schnell er konnte vom nächsten erreichbaren Ort einen Wundarzt, der den Stich verband. Doch nachts in der Herberge platzte die Wunde wieder auf, Luther rang mit dem Tod und rief Gott um Hilfe an. Dieses „Grenzerlebnis" änderte aber nicht sein bisher geführtes Leben.

Am 2. Juli 1505 war es anders. Nach dem Besuch bei seinen Eltern überraschte ihn bei Stotternheim ein schweres Gewitter. Als ein Blitz in seiner Nähe einschlug, rief er in Todesangst zur Heiligen Anna (der Mutter Marias): „Heilige Anna hilf! Lässt du mich leben, so will ich ein Mönch werden." Sein Vater war entschieden gegen dieses Versprechen. Seine Mitstudenten rieten ihn davon ab ein Mönch zu werden. Er selber hielt es nicht für vernünftig, sich an einen solchen in Angst unbesonnen herausgestoßenen Ausruf zu halten. Doch es war wie ein unsichtbarer Zwang, der ihn am 17. Juli 1505 wider allen Rat in das Augustinerkloster Erfurt eintreten ließ.

Martin hielt die strengen Ordensregeln in vorbildlicher Weise ein, so dass er schon am 27. Februar 1507 zum Priester geweiht wurde. Zufrieden war er aber weder mit dem Klosterleben noch mit Gott selbst. Er fastete, betete, geißelte sich und durchwachte die Nächte, um Gott gnädig zu stimmen, bis er entkräftet zusammenbrach. Doch den inneren Frieden erlangte er dabei nicht. Sein Beichtvater Johann von Staupitz, der Generalvikar, sagte zu ihm: „Nicht Gott zürnt dir, sondern du zürnst Gott!" Staupitz versetzte ihn daraufhin zu einem Theologiestudium nach Wittenberg. In der dortigen Klosterschule lernte er die Theologie Ockhams und vor allem die des Kirchenvaters Augustin kennen. Ockham betonte Gottes Freiheit ebenso wie die menschliche Willensfreiheit. Augustin dagegen lehrte die Prädestination (Vorherbestimmung zum Heil oder Verdammnis), die Erbsünde und dass die Kirche der alleinige Vermittler zum Seelenheil ist.

Eines Tages sitzt Luther in seinem Studierzimmer im Turm des Wittenberger Klosters, gebeugt über den Römerbrief. Da kommt ihm die Gewissheit: Nicht des Gesetzes Werke (die guten Werke) machen den Menschen gerecht vor Gott, sondern allein sein Glaube an die Gnade Gottes. Dies verhalf ihm zu einem neuen Schriftverständnis und zur Befreiung von seinen Komplexen. Das Schuldproblem der Menschen hat Gott selbst grundsätzlich gelöst. Keinerlei Eigen- oder Bußleistung kann die durch Sünde zerbrochene Gemeinschaft mit Gott wieder herstellen. Das Annehmen des Versöhnungswerkes Gottes ist allerdings auch kein menschenmögliches Werk. Sola gratia: Allein durch Gnade wird der Mensch von Gott gerechtfertigt und wieder angenommen.

Diese Anschauung verkündigt er fortan seinen Studenten, und in schlichten Worten auch seiner Gemeinde von der Kanzel der Stadtkirche aus. 1512 wurde Luther Doktor der Theologie und Nachfolger von Staupitz. Nach seinem Turmerlebnis war für Luther die gesamte mittelalterliche Theologie mit ihrer kunstvollen Balance zwischen menschlichen Werken und göttlichen Forderungen (Synergismus) zerbrochen. Von nun an nahm er die Kirche zunehmend kritischer in den Blick, die sich in all ihren Formen und Inhalten, gemäß Augustin, als alleinige Vermittlungsanstalt der Gnade Gottes an den Menschen sah.

Während Luther im Jahre 1517 zu seinen Studenten über die Frage spricht, wie ein Christ zur Seligkeit gelangen kann und er von seinen sieben Jahre langen schweren inneren Kämpfen berichtet, da zieht der Predigermönch Johann Tetzel mit großem Gepränge durch die Lande. Wenn er sich einer Stadt nähert, läuten die Glocken; alle Geistlichen und viele Bürger und Frauen gehen ihm entgegen und geben ihm ein feierliches Geleit. Tetzel kommt im Auftrag des Papstes, um allem Volk einen allgemeinen Ablass zu verkündigen. In der Hauptkirche wird ein großes Kreuz aufgerichtet, daneben stecken Kirchenfahnen mit dem Wappen des Heiligen Vaters. Eine große Urkunde aus Pergament mit vielen angehängten Siegeln ist zu sehen. Von der Kanzel aus spricht der weiß gekleidete Mönch über die heilsame Wirkung des Ablasses.

Tetzels derbe Art zu predigen weckt bei vielen Zuhörern die falsche Ansicht, Reue und Buße könne man sich ersparen, wenn man einen Ablasszettel kaufe. Dadurch sei man der Sündenstrafen oder gar der Sünde selbst ledig. Luther muss feststellen, dass nicht wenige Wittenberger sich einen Ablasszettel erwerben. Das will er künftig verhindern und in einer Diskussion mit anderen Gelehrten das Wesen des Ablasses klarstellen. Dazu schlägt er am 31. Oktober 1517 fünfundneunzig lateinisch geschriebene Thesen an die Tür der Schlosskirche.

Die 27. These lautet: *Die predigen Menschentand, die da vorgeben, dass sobald der Groschen, in den Kasten geworfen, klingt, die Seele aus dem Fegefeuer auffahre.*

Zum Redestreit in Wittenberg erscheint niemand. Besorgt darüber versendet Luther seine Thesen an einige Freunde. Ein Leipziger und ein Nürnberger drucken die Thesen ab. Ein Nürnberger Bürgermeister überträgt sie ins Deutsche. Nun fliegen die Streitsätze binnen vierzehn Tagen durch ganz Deutschland bis in die baltischen Lande hinein - und stoßen auf Resonanz. Ohne es zu wollen hat Luther eine Bewegung entfacht, die nicht mehr aufzuhalten war.

Der Papst hält den Streit zunächst nur für Mönchsgezänk, worüber man irgendwo im Gelehrtenkreis disputieren kann, schließlich hatte er andere Sorgen. Ein großes Ingenieur-Projekt, der Bau des Peterdoms, beschäftigt ihn. Von den Fuggers in Augsburg hatte er Geld geliehen, das er durch den Ablasshandel wieder einzutreiben gedachte. Als der Papst aber merkt, dass Luther ihm den Geldhahn zudreht, beordert er den Bruder Martin zur Verantwortung nach Rom. Beim Geld hört schließlich die Freundschaft auf. Der sächsische Kurfürst Friedrich der Weise lässt ihn jedoch nicht ziehen. Die Kirche versucht nun auf andere Weise, Luther zum Widerruf oder zum Schweigen zu bringen. Im Jahre 1519 disputiert Luther mit dem gelehrtesten deutschen Theologen Dr. Eck. Immer hitziger wird das Wortgefecht. Luther behauptet, das Papsttum sei nicht göttlichen, sondern menschlichen Ursprungs. Eck weist ihm nach, dass das Konstanzer Konzil bereits diese Ansicht verdammt hat. Luther erwidert darauf, dass nur die Schrift unfehlbar sei und auch Konzilien sich irren können. Eck ruft ihm entgegen: „Wenn Ihr das glaubt, so seid Ihr wie ein Heide!"

Hier wollen wir Luthers Geschichte abbrechen. Sie ist bekannt und kann überall nachgelesen werden. Uns geht es eigentlich um die Bedeutung für die Entwicklung der Technik.

Die von Luther übersetzte Bibel ins Deutsche bildet die Grundlage des neuen Glaubens. Daraus erwuchs auch die Notwendigkeit, sie lesen zu können. Überall gründeten daher Landesherren und Stadträte Volksschulen, Lateinschulen und Universitäten. Auf dem Lande erteilte der Pfarrer den Unterricht. Das Bildungswesen wuchs und es war klar, nur wer im Lesen bewandert war, konnte mit seinem Erfindungsgeist auch an den vorhandenen Stand der Technik anknüpfen. Der Buchdruck **und** die Fähigkeit das Gedruckte lesen zu können hat erst die Wachstums-Lawine der technischen Entwicklung ausgelöst. Unter dem gemeinen Volk waren die Evangelischen die ersten, die das Lesen lernten. Dies hat wohl mit dazu beigetragen, dass hauptsächlich in den protestantischen Ländern die moderne Technik sich entwickelte.

Doch mit Luther verbindet sich noch etwas Wesentlicheres: Bis zur Reformation war die Muskelarbeit für die Menschen sehr wichtig. Sie mussten sich nicht nur abschinden um zu überleben, sie mussten sich auch mit guten Werken den Himmel verdienen. Der Ablasshandel war ein beredtes Zeugnis dafür. Der Mensch hatte sich auf vielerlei Art für Gott abzuquälen, um sein Wohlwollen zu erlangen und der Hölle zu entrinnen. In den religiösen Vorstellungen war Gott gewissermaßen ein Tyrann, der unerfüllbare harte Forderungen stellte und seinen Untertanen bei Übertretungen mit drakonischen Strafen drohte. Mit Luther kam eine Umkehrung und Befreiung von diesem Joch. Nicht die Sandkastenbewohner hatten Werke für Gott zu bringen, sondern Gott erbrachte seine Werke für den Menschen. Alle erforderlichen Taten, um in den Himmel zu kommen, hat Gott für die Erdbewohner vollbracht und er hat auch die Mittel zur Technikentfaltung geschaffen. Nicht der Mensch dient Gott, sondern Gott dient dem Menschen, um ihn zum höchstmöglichen Stand zu bringen. Dies war ein Paradigmenwechsel in der Gotteserkenntnis.

Luther hat den Ausbruch aus der Religion und den Durchbruch zur Wirklichkeit geschafft. Er lenkte den Blick von den eigenen Werken zu den Werken Gottes. Als Nebenprodukt der neuen theologischen Erkenntnis entstand die moderne Technik. Der Schöpfergott hat ja nicht nur alles getan um die Menschen in den Himmel zu bringen, sondern er hat ihnen auch alle Materialien und Energien zur Entwicklung der Technik unter die Füße gelegt. Von nun an nutzten die evangelischen Sandkastenkinder unbekümmert was Gott ihnen bereitet hat: Naturgesetze, Metalle und Energien. Aus der Symbiose von Materie und Energie bauten sie Maschinen, die ihre Muskelkraft ersetzten. Wenn heute jemand mit dem Auto fährt oder mit einem Flugzeug fliegt, so wendet er die Werke Gottes an. Sowohl die Naturgesetze, das Material des Gefährtes, wie die Antriebsenergie stammen nicht aus Menschenhand, sondern sind in Jahrmillionen zuvor bereitet worden. Auch wenn jemand nicht an einem Gott glaubt, so muss er doch anerkennen, dass die Technik auf etwas aufbaut und mit etwas betrieben wird, was er nicht hergestellt hat. Unsere Sandkastenparabel sieht damit folgendermaßen aus:

Ein Vater baut seinen Kindern einen Sandkasten. Er achtet sorgfältig darauf, dass der Kasten alle Stoffe enthält, die sie für ihre schöpferische Entfaltung brauchen. Nicht nur das, er verbirgt auch Energievorräte unter ihren Füssen, mit denen sie ihre Kreationen antreiben können. Die Absicht des Vaters ist nicht sich Knechte zu schaffen, sondern Ingenieure. Seine Kinder sollen im Sandkasten lernen sich schöpferisch zu entfalten um dem Vater gleich zu werden. Diese Erkenntnis macht den Kopf wieder frei. Von allem Ahnen-, Geister-, Dämonen- und Götterkult entladen, können die Kinder sich nun die Schätze und Gesetze des Sandkastens zunutze machen.

Wie sollen wir nun die erste Säule der modernen Technik deuten? Ist es ein religiöses Standbein? Nein! Im Gegenteil - die Religionen hatten die Entstehung der Technik zu einem früheren Zeitpunkt verhindert. Sie belegten die Menschheit mit einem Bann. Wenn jemand aus den Naturreligionen einen bestimmten Baum fällen wollte, so hatte er Angst, dass ein Geist ihm an die Gurgel sprang. Wenn jemand in tiefer Erde nach Erzen grub, musste er sich vor dem Zorn der Götter fürchten. Ständig waren übergeordnete Mächte durch Opfergaben zu beschwichtigen oder man gab sich, wie im Islam, fatalistisch seinem verordneten Schicksal hin. Dies war kein Klima, in der eine kontinuierliche technische Entwicklung entstehen konnte. Die erste Säule hat etwas mit Befreiung zu tun – mit einer echten Aufklärung – mit einem geistigen Aufbruch.

Nachdem wir das Wesen des ersten Standbeins der Technik etwas erläutert haben, wollen wir noch auf zwei weitere geistige Grundlagen hinweisen, die zu diesem Standbein gehören.

Infinitesimalrechnung - die Sprache der Technik
Gottfried Wilhelm Leibniz (1646 - 1716)

Mathematik ist die Sprache der Natur, die die Sandkastenkinder erst langsam zu entziffern begannen. Für Techniker und Ingenieure der kommenden Zeit war das Verstehen und Anwenden der Naturgesetze unerlässlich. Sie mussten diese Sprache beherrschen, damit sie ihre Maschinen, Anlagen und Fahrzeuge sicher gestalten und verbessern konnten. Insbesondere kommt der Differential- und Integralrechnung (Infinitesimalrechnung) eine wichtige Bedeutung zu, weil man mit ihr ganze Prozesse beschreiben und damit auch optimieren kann. Leibniz hat den kommenden Technikern das Werkzeug dazu in die Hand gegeben. Er darf deshalb in der Ahnengalerie der Technikgeschichte nicht fehlen.

Im deutschen Land herrschte nach dem Dreißigjährigen Krieg noch überall Not. Zwischen unkrautüberwucherten Äckern lagen verödete Dörfer. In jeder Stadt gab es erschreckend viel verwahrloste Häuser. Ein Kaufmannszug auf der Landstraße wurde als seltene Merkwürdigkeit bestaunt. Und doch konnte man neuen Lebenswillen erkennen. Die Menschen glaubten wieder an eine bessere Zukunft. Ungemein viele Ehen und Kindstaufen wurden vollzogen. Die Freude am öffentlichen Leben und an der Wehrhaftigkeit war jedoch geschwunden. Durch die alten Tore der zerschossenen Stadtmauern, die sich knarrend in den Angeln drehten, kam nur wenig Verkehr. Eine fast krankhafte Scheu vor der Öffentlichkeit nahm überhand. Der Deutsche war zum Privatmann geworden. Ein seltsames Phänomen war dabei wahrzunehmen - die Titelsucht. Ein Amt, einen Titel zu suchen wurde das Ziel seines Ehrgeizes. Vielleicht um das Gefühl der eigenen Nichtigkeit etwas aufzupolieren. Selbst bei den Handwerkern kam diese Sucht auf. So gab es z. B. überall in den Städten den Hofbäcker und den Hofschuhmacher.

Im Jahre 1661 schrieb sich ein Student mit Namen Gottfried Wilhelm Leibniz an der Uni Leipzig ein. Er war erst 15 Jahre alt und studierte bei Adam Scherzer Philosophie. Er war ein universaler Geist mit vielen Einfällen. Äußerlich sah er nicht sehr imposant aus. Seine Hände und Füße schienen zu lang und zu dünn. Sein sächsischer Akzent und ein offenkundiger Sprachfehler schwächten sein Selbstvertrauen. Aber in Bezug auf Philosophie, Mathematik und Physik konnte ihm niemand etwas vormachen. Im Übrigen war er der Meinung, dass Theologie, Philosophie, Physik und Mathematik nur Teilaspekte einer Wissenschaft sind und letztlich die Wissenschaft eine Einheit ist.

1663 ging Leibniz zur Universität nach Jena und studierte dort Mathematik und Physik. Im Alter von 20 Jahren kam er zurück nach Leipzig und wollte hier zum Doktor der Rechte promovieren (vielleicht war auch er vom Virus der Titelsucht befallen). Die Leipziger Professoren lehnten sein Gesuch ab, da er zu jung sei. Darauf wechselte Leibniz nach Nürnberg, um dort an der Universität Altdorf das Verwehrte nachzuholen. In Altdorf hatte sich schon Wallenstein als Student mit Saufgelagen und Schlägereien hervor getan. Dort in Altdorf bekam Leibniz seinen Doktortitel. Sicherlich hat er den Doktor der Rechtswissenschaft nicht durch Schlägereien und Drangsalierung der Einwohnerschaft erworben. Leibniz war ein tiefreligiöser und friedfertiger Mensch, der Zeit seines Lebens immer um Ausgleich bemüht war.

Von Altdorf ging Leibniz nach Mainz und ließ sich bei dem dortigen Erzbischof Johann Philipp von Schönborn als Jurist anstellen. 1672 reiste er als Diplomat des Erzbischofs nach Paris. In Paris entwickelte Leibniz eine Rechenmaschine, die multiplizieren, dividieren und die Quadratwurzel ziehen konnte. Diese Rechenmaschine baute er in den folgenden Jahren weiter aus. Die Grundlagen der Infinitesimalrechnung, also Differenzial- und Integralrechnung, entwickelte Leibniz ebenfalls während seines Parisaufenthaltes. Anhänger von Newton behaupteten später, Leibniz habe die Ideen dazu von Newton gestohlen. Doch aus dem Schriftwechsel geht hervor, dass er diese Rechenart selbstständig entwickelt hat. Für das Differenzial und Integral hat Leibniz die Schreibweise

$$\frac{dy}{dx} \quad \text{und} \quad \int dx$$

eingeführt. Darüber hinaus beschäftigte er sich auch mit „Folgen und Reihen". Nach seinem Namen wurde beispielsweise die folgende Reihe genannt:

$$\sum_{n=0}^{n} \frac{(-1)^n}{2n+1} = 1 - \frac{1}{3} + \frac{1}{5} - \ldots$$

Geht *n* gegen Unendlich, so beträgt der Grenzwert π/4. Dieser Wert ist für die Kreisberechnung erforderlich.

Leibniz entwickelte die Mathematik und die Wahrscheinlichkeitsrechnung in enger Verbindung mit seinen philosophischen Ansichten. Für Leibniz galt die Devise: „Ohne Gott ist nichts." Deshalb setzte er für Gott die Eins und für das Nichts die Null. Er versuchte damit eine logische Symbolsprache zu entwickeln. Hieraus entstand das Dualsystem. Mit dieser binären Zahlencodierung ließen sich in der Zukunft Rechenprozesse viel einfacher durchführen und auch Rechenmaschinen leichter bauen. Der später erfundene elektronische Computer rechnet heute noch mit diesem binären System.

Die binäre Codierung wurde später Grundlage für die Informatik – also der automatischen Informationsverarbeitung (Datenverarbeitung). In der Informationsflut unserer heutigen Zeit spielt sie eine immer bedeutsamere Rolle. Es erfordert im Hinblick auf die sich anbahnende Elektromobilität keine prophetische Gabe, um zu erkennen, dass auch bei der Verkehrs-Automatisierung die Informatik noch eine gewichtige Rolle spielen wird.

An der Infinitesimalrechnung hing nach den Begriffen der damaligen Zeit noch viel Mystisches. Da wird mit einer unendlich großen Zahl von unendlich kleinen Größen (die gegen Null gehen) gerechnet. Bis dahin kam man mit den Grundrechenarten zurecht. Aber die Zukunft, das Reich der Techniker und Ingenieure, benötigte die von Leibniz und Newton begründete Rechenart dringend. Die bisherige Mathematik konnte nur Zustände errechnen. Mit einer Differenzialgleichung aber kann man einen Prozess darstellen, was für die kommenden technischen Entwicklungen wichtig war. Will man z. B. über ein Tal ein Seil spannen, um mit dessen Hilfe Güter oder Menschen bequem auf die andere Seite zu befördern, so muss man dieses Seil an jeder Stelle berechnen können. Mit Worten könnte man die Seilkurve und ihre Belastung nur sehr unvollständig und ungenau beschreiben. Zur sicheren Konstruktion einer Seilbahn oder Hochspannungsleitung wäre dies ungenügend. Der Ingenieur sollte an jedem Punkt den Durchhang wissen und die Spannung im Seil ermitteln können. Dazu muss er sich schon der Sprache der Natur, der Mathematik bedienen. Die Durchhängekurve des Seiles lässt sich mit einer Differenzialgleichung darstellen. Das Ergebnis der Auflösung lautet:

$$y = a \, \text{ch} \frac{x}{a} = a \frac{e^{\frac{x}{a}} + e^{-\frac{x}{a}}}{2}$$

Diese Formel beschreibt nun das durchhängende Seil vom Anfang bis zum Ende. **Y** ist die Durchhängung und **X** der Abstand vom Aufhängepunkt. Würde man diese Formel in einen Plotter eingeben, so würde er die Seilkurve exakt zeichnen. In der Gleichung ist **a = H/q**. **H** stellt die Horizontalkraft im Seil dar und **q** ist das spezifische Gewicht des Seiles (also Gewicht pro Längeneinheit). Je größer **H** ist, desto flacher ist die Seilkurve. Je schwerer das Seil (**q**) ist, desto tiefer hängt es durch. Die Größe **e** ist wiederum der Grenzwert einer Reihe:

$$\lim \left(1 + \frac{1}{n}\right)^n$$

e ist dabei die Basis für die Wachstumsvorgänge in der Natur. Z. B. könnte man damit die Vermehrung der Menschheit nach einer bestimmten Zeit berechnen. **e** wie π sind transzendente Zahlen. Das heißt, ihre Größe lässt sich nicht mit einer irdischen Zahl ausdrücken. Man kann nur mit ihrem Näherungswert rechnen. Das deutet an, dass unsere vergängliche Welt nur ein Schatten von einer absoluten und scharf umrissenen Welt ist. Die Mathematik gilt zudem im ganzen Universum. Eine Sprachverwirrung hat bei ihr nicht stattgefunden. Sie ist für alle eindeutig und schön.

Nach seiner Pariser Diplomaten- und Infinitesimalzeit zog Leibniz 1676 von Paris nach Hannover. Dort wurde er Hofrat und Hofbibliothekar und auch Bibliothekar der Herzog-August Bibliothek in Wolfenbüttel. Ab 1685 reiste Leibniz im Auftrag des Welfenhauses durch Europa, um die Geschichte der Welfen zu schreiben. 1700 wurden nach Verhandlungen mit dem brandenburgischen Kurfürsten Friedrich III., dem späteren König Friedrich I., Pläne für eine Preußische Akademie der Wissenschaften in die Tat umgesetzt. Die Akademie wurde in Berlin gegründet und Leibniz wurde ihr erster Präsident. Um diesen Erfolg auszudehnen, führte er 1704 in Dresden Verhandlungen über die Gründung einer sächsischen Akademie. Bis 1706 bemühte er sich auch um einen Zusammenschluss der evangelischen Konfessionen. Er war der Meinung, dass die Wahrung der Glaubensgemeinschaft eine unerlässliche Voraussetzung für die Bewahrung der abendländischen Kultur ist. Aber alle seine Anstrengungen konnten nicht den Eigensinn der tiefsitzenden dogmatischen Auffassungen überwinden.

Leibniz bereiste Zeit seines Lebens Europa und knüpfte stets Kontakte zu anderen Wissenschaftlern. Er starb am 14. November 1716 in Hannover und wurde dort in der Neustädter Hof- und Stadtkirche St. Johannis beigesetzt.

Die Physik der Mechanik
Isaak Newton (1643 - 1727)

Einen bedeutenden Beitrag zur technischen Entwicklung hat auch Isaak Newton geliefert. Er hat die Bewegungsgesetze der Natur entschlüsselt und sie in Formeln gekleidet. Seine Arbeiten sind heute noch Grundlage der Technik. Wenn auch die Relativitätstheorie von Einstein die Newtonschen Gesetze der Mechanik als Grenzfall auswiesen und ein wesentlich erweitertes physikalisches Weltbild brachten, so wird doch heute noch in der Technik mit den Gleichungen von Newton gerechnet.

Wer nach dem Dreißigjährigen Krieg England besuchte, fühlte sich in eine fremde Welt versetzt. Die Bürger waren selbstbewusst und hatten ganz und gar nichts von unterwürfigen Untertanen an sich. Viele, vor allem Kaufleute, waren zu beachtlichem Wohlstand gekommen. Seit den Siegen über Holland und Frankreich beherrschte England den Weltmarkt. Englische Kaufleute finden Kunden, soviel sie wollen. Was sie brauchen sind Waren. Mehr Waren, als Handwerksmeister oder Manufakturen zu liefern vermögen.

Isaak Newton kam am 4. Januar 1643 vier Wochen zu früh auf die Welt, aber doch zu spät, um seinen Vater, einem Bauern aus der Nähe von Woolsthorpe, noch zu sehen. Denn dieser starb kurz vor der Geburt seines Sohnes. Die Mutter heiratete 1646 zum zweiten Mal und Isaak kam zur Großmutter, da der Stiefvater nur mit der Mutter leben wollte. Nachdem neun Jahre verstrichen waren, starb sein Stiefvater und Newton kehrte zu seiner Mutter zurück. Vermutlich kamen die psychischen Probleme, die Isaak zeitlebens hatte, von dieser 9-jährigen Trennung von seiner Mutter.

Als Newton kurz vor dem Abschluss seines Studiums stand, wurde die Schule wegen einer großen Pestepidemie geschlossen. Insgesamt wütete die Pest drei Jahre. In dieser schlimmen Zeit wurde ein Drittel der Bevölkerung dahingerafft. Isaak kehrte in sein ländliches Elternhaus zurück, wo er sich hauptsächlich mit Problemen der Optik und der Mechanik befasste. Das Elternhaus war ein altes trautes Steinhaus. An jeder Giebelseite war ein Kamin hochgezogen. Um das Haus war ein großer Garten mit vielen Obstbäumen angelegt.

An einem Spätsommertag saß er vor dem Haus an einem Tisch und widmete sich seinen Überlegungen. Da fiel plötzlich ein Apfel vom nächststehenden Baum direkt auf den Tisch. Newton starrte wie gebannt auf dem Apfel. Er fragte sich: „Warum fällt der Apfel senkrecht nach unten? Warum ist seine Falllinie nicht eine Schräge oder eine Kurve? Dieser Apfel muss direkt vom Erdmittelpunkt aus angezogen werden." Dieses Erlebnis war der Anlass für eine seiner wichtigsten wissenschaftlichen Arbeiten, der **Philosophiae Naturalis Principia Mathematica** (Mathematische Grundlagen der Naturphilosophie), in der er das Gravitationsgesetz, die universelle Gravitation und die Bewegungsgesetze beschrieb und damit den Grundstein für die klassische Mechanik legte. Seine berühmten drei Gesetze der Bewegung lauten wie folgt:

- Kraft ist gleich Masse x Beschleunigung $(F = m \cdot b)$
- Geschwindigkeit ist Beschleunigung x Zeit $(v = b \cdot t)$
- Zurückgelegter Weg ist Geschwindigkeit x Zeit $(s = v \cdot t)$

Newton war der Erste, der Bewegungsgesetze formulierte, die sowohl auf der Erde wie auch am Himmel gültig waren - ein entscheidender Bruch mit der traditionellen Lehre, wonach die Verhältnisse im Himmel grundlegend anders seien als auf der Erde. Mit seinem Werk hat er die Arbeiten von Kopernikus, Kepler und Galilei mathematisch überzeugend bestätigt und sie auf die einheitlichen Ursachen von Schwerkraft und Trägheit zurückgeführt. Mit den Bewegungsgesetzen konnte er nun den Zustand und die Lage z. B. eines Fahrzeuges, eines Schiffes oder eines Planeten zu einem bestimmten Zeitpunkt berechnen. Mit der von ihm parallel zu Leibniz entwickelten Infinitesimalrechnung konnte er aber auch den gesamten Bewegungsverlauf mathematisch darstellen. Nun war es möglich, die Bahn eines Planeten oder eines Geschoßes aus Gewehr oder Kanone durch eine Formel über den ganzen Zeitverlauf zu beschreiben.

Nach Aufhebung der Quarantäne im Jahr 1667 wurde Newton Professor des Trinity College in Cambridge. Er wurde dort Inhaber des Lukasischen Lehrstuhls für

Mathematik. Dies forderte nicht nur Zustimmung zu den 39 Artikeln der Kirche in England, sondern auch das Zölibatsgelübde. Außerdem hatte er innerhalb von sieben Jahren die geistlichen Weihen zu empfangen. Newton war nicht sehr begeistert über diese Zusatzverpflichtungen, die sein Amt mitbrachte. Von 1670 bis 1672 lehrte er auf der Schule auch Optik und fertigte ein Spiegelteleskop an, das er der Royal Society in London vorführte. Er hat in dieser Zeit auch eine Schrift über Licht und Farben veröffentlicht, die große Diskussionen hervorriefen. Das Papier wurde dabei auch von angesehenen Wissenschaftlern kritisiert. Kritik an seinen Veröffentlichungen konnte Newton jedoch nicht vertragen. Daher zog er sich mehr und mehr aus der wissenschaftlichen Gemeinde zurück und konzentrierte sich auf seine alchimistischen Versuche.

Wie schon Berthold Schwarz (siehe Waffenlinie) verbrachte Isaak Newton viel Zeit mit der Suche nach dem Stein der Weisen. Wie in Europa üblich, erhoffte er sich von diesem Stein nicht Heilung oder ewiges Leben, obwohl dieser Stein dies auch versprach, sondern Gold. Der Stein der Weisen sollte unedle Stoffe oder Metalle in Gold umwandeln. Newton hat dabei viel mit Quecksilber experimentiert. John Maynard Keynes, der Newtons alchimistische Schriften sammelte, stellte in diesem Zusammenhang die Behauptung auf, Newton sei als Wissenschaftler weniger der erste Rationalist gewesen als eher **der letzte Magier.** Nun, das war sicher übertrieben. Newton hörte mit seinen alchimistischen Arbeiten 1696 auf. Wie Berthold Schwarz hatte er als klarer Denker erkannt, dass er selber diesen Stein nicht herstellen konnte. Newton war selbst ein Weiser und hat in dieser Eigenschaft die Ausstrahlung dieses Steines in der Natur und der Gravitation mathematisch erfasst, den Stein selbst aber nicht gefunden.

Etwa ab 1673 begann Newton die Texte der Bibel und die der Kirchenväter intensiv zu studieren - eine Tätigkeit, die er im Gegensatz zur Alchemie, bis zu seinem Tod ausübte. Seine Studien führten ihn zu der Überzeugung, dass die Dreifaltigkeitslehre eine Häresie (Ketzerei) sei, die den Christen im 4. Jahrhundert eingeredet wurde. 1675 erwirkte er eine Befreiung von der Verpflichtung, die Weihen zu empfangen. Nach einem weiteren Streit - mit englischen Jesuiten - erlitt Newton 1678 einen Nervenzusammenbruch. Im folgenden Jahr starb dazu noch seine Mutter. Sechs Jahre lang, bis 1684, befand sich Newton in einer Phase der Isolation und der Selbstzweifel. 1687 spielte er eine wesentliche Rolle in der Protestbewegung, die König James II. hindern sollte, die protestantische Universität Cambridge in eine katholische Einrichtung umzuwandeln. Um 1689 begann Newton einen theologischen Briefwechsel mit dem englischen Philosophen John Locke. Dieser Gedankenaustausch hat Isaak gut getan und das Genie Newton ist seinem Gott ein Stück näher gekommen. Zwischen Newton und dem Schweizer Mathematiker Nicolas Fatio de Duillier kam es außerdem zu einer intensiven Freundschaft. Als im Jahr 1693 die Freundschaft mit Fatio zerbrach, erlitt Newton einen weiteren Nervenzusammenbruch.

1696 wurde Newton durch Vermittlung eines Freundes Aufseher der Königlichen Münze in London. Im Jahr 1699 wurde er sogar zu ihrem Direktor ernannt. Damit war seine Karriere als schöpferischer Wissenschaftler faktisch beendet. Das Amt an der Münze wurde allgemein als lukrative Pfründe angesehen. Newton aber nahm seine Aufgabe ernst. Sein hartes Vorgehen gegen Falschmünzer, das man ihm nicht zugetraut hätte, wurde berüchtigt. Seit seiner Tätigkeit an der Münze lebte Newton in London. Er bezog ein herrschaftliches Haus, das ein kleines Observatorium beherbergte und studierte darin Alte Geschichte, Theologie und Mystik. Das Haus wurde von seiner Halbnichte Catherine Barton geführt. Newton hat in seinem Leben nie geheiratet. Im Alter war Newton recht zerstreut. Folgende Begebenheit aus dieser Zeit ist weit verbreitet. Seine Haushälterin wollte gerade Eier kochen, da stellte sie fest, dass sie zum Essen noch dringend etwas besorgen musste. Sie drückte Newton eine Taschenuhr in die Hand und bat ihn, die Eier ins Wasser zu legen und nach fünf Minuten aus dem kochenden Wasser zu nehmen. Als sie von ihrer Einkaufstour zurückkam, fand sie Newton hoch konzentriert vor. In der Hand hielt er ein Ei, auf das er Gedankenversunken starrte und die Uhr lag im kochenden Wasser.

Insgesamt kann man über ihn sagen, dass er trotz der großen Anerkennung, die er genoss, ein recht bescheidener Mensch blieb. Er reagierte jedoch häufig mit unangemessener Schärfe auf Kritik. Sein Verhältnis zu anderen bekannten Wissenschaftlern wie Hooke, Huygens, Flamsteed war teilweise von boshafter Rivalität gekennzeichnet. Mit Leibniz hatte er Prioritätsstreitigkeiten im Bezug auf die Infinitesimalrechnung und gewann einen Prozess gegen ihn. Da rühmte er sich, dessen Herz gebrochen zu haben. Flamsteed hatte andererseits ein Verfahren wegen geistigen Diebstahls gegen Newton gewonnen. Deswegen tilgte Newton in seinem Hauptwerk *Principia* von 1713 jeden Hinweis auf Flamsteed, obwohl er gerade dessen präzisen Beobachtungen viel verdankte.

Newtons **Philosophia Naturalis Principia Mathematica** war ein Meilenstein in der technischen Entwicklung der Zeit. Dieses Werk hat scheinbar der Welt ihre Geheimnisse genommen und die Bewegungsvorgänge berechenbar gemacht. Die Gestirne am Himmel verlaufen wie ein Uhrwerk, ihre Bahnen lassen sich genau berechnen und ihre Positionen vorherbestimmen. Die Schwer- oder Gravitationskraft, die mit dem Quadrat der Entfernung abnimmt, aber dennoch unendlich weit durch das Weltall greift, hält Sterne wie Planeten auf ihren Bahnen. Wenn auch ihre Gesetzmäßigkeit nun bekannt und ihre Wirkung berechenbar ist, so ist sie doch selbst ein Geheimnis in sich. Eine Kraft, die durchs Leere geht und selbst keine Substanz hat, ist für uns ein Mysterium, das sich jeglicher Vorstellung entzieht. Es wird wohl noch lange dauern, bis der Mensch den genauen Wirkungsmechanismus der Schwerkraft erkannt hat.

Philosophisch gesehen vertrat Newton eine unitarische Ansicht. Danach ist Gott überall und in allem. Er existiert und wirkt in einem fort und macht Raum und Dauer aus. Er bewegt mit seinem Willen die Körper des Universums. Diese Einstellung wurde bei den Wissenschaftlern oft gefunden. Manche verwechselten sogar Schöpfung mit dem Schöpfer. Für sie war das geschaffene All ihr Gott. Einen Dreieinigen Gott, der auf drei Ebenen operiert, punktuell, in einem Energie-Feld und gleichzeitig eine Art Meer darstellt, aus dem alles kommt und zu dem alles wieder geht, konnte sich Newton nicht vorstellen.

Eine unitarische Auffassung schließt jedoch die Dreieinigkeit nicht aus. Die gesamte Schöpfung trägt den Wesenszug der Dreieinigkeit. Selbst die Materie ist trinitarisch. Jedes Element, jeder Stoff, hat drei Aggregatzustände. Beim Wasser wird es vielleicht am deutlichsten. Wir kennen es als fest, flüssig und gasförmig. Alle drei Aggregatzustände sind chemisch völlig identisch und trotzdem sind es unterschiedliche Zustände. So verstehen viele die Dreieinigkeit. Gott ist das Meer, aus dem alles kommt und zu dem alles wieder fließt. Er ist aber auch der Geist, der alles ausfüllt, durchdringt und alles miteinander verbindet - und er ist eine Person, die man umarmen oder kreuzigen kann. Wenn auch der damalige Streit um die Trinität nicht unser Thema ist, so ist doch anzumerken, dass erst eine dreieinige Materie Leben und Technik ermöglicht. Einen Antrieb, sei es als Dampfmaschine oder Verbrennungsmotor, kann es nur geben, wenn feste oder flüssige Stoffe in gasförmige umgewandelt werden.

Die grundlegenden Arbeiten von Newton haben viel dazu beigetragen, den Menschen aus seiner Unmündigkeit, den Wahnvorstellungen, den Hexenglauben, den Aberglauben und den Dogmatismus heraus zu führen - zum vernünftigen und schöpferischen Denken. Durch die Beherrschung der Sprache der Natur (der Infinitesimalrechnung) lernten die Sandkastenbewohner die Naturkräfte auch besser verstehen, sie zu entmythologisieren und zu nutzen. Dadurch bekam die technische Entwicklung freie Bahn.

Die Infinitesimalrechnung kann den Wirkungsmechanismus der Natur ausdrücken. Sie ist, wie bereits erwähnt, die Sprache der Natur. Der Mensch hat die Mathematik nicht erschaffen. Es galt eigentlich nur Begriffe, Symbole und Wörter für sie zu finden, um sie für den Menschen verständlich und anwendbar zu machen. Das haben Newton und Leibniz getan. Wobei sie sich wunderbar ergänzt haben (auch wenn sie gegeneinander prozessiert hatten). Zusammen haben sie eine Sprache entziffert und übersetzt, die überall in der sichtbaren Welt gilt - sowohl auf der Erde wie im Weltall. Unsere Umgangssprache lässt Fehler und Missverständnisse zu. Die Sprache der Natur hat keine Sprachverwirrung erlebt, sie ist eindeutig und klar geblieben. Die Infinitesimalrechnung ist in Deutschland und England gleichzeitig entstanden. Das war sinnvoll, denn nach dem Dreißigjähren Krieg war Deutschland erst einmal lahm gelegt und der Fortschritt fand in England statt.

Die Waffenlinie

Beginn des Technikzeitalters
Berthold Schwarz (1330 – 1388)

Der 30-jährige Krieg (1618 – 1648)
Wallenstein und die hinterlassene Wüste

Die Entwicklung moderner Handfeuerwaffen
Alexander James Forsyth (1768 – 1845)

Automatikwaffen
Standardgewehre nach dem 2. Weltkrieg

Beginn des Technikzeitalters
Berthold Schwarz (1330 – 1388)

Beim Wühlen im Sand, bzw. in der Erde, stießen die Kinder auf Manches – z. B. auf Erze und Kohle. Damit kommen wir zur zweiten und dritten Säule (Materie und Energie) unserer Theorie über die Entstehung der modernen Technik. Wären die Sandkastenbewohner beispielsweise auf kein Eisen gestoßen, die Technik in der heutigen Form hätte nicht entstehen können. Eisen ist ein besonderer Stoff. Bei den Kernfusionen in den Sternen ist Eisen der Abschluss der Kernverschmelzungen bei denen Energie frei gesetzt wird. Dieses Element hat damit die stärkste Elektronenbindung. Eisen ist gewissermaßen die Krönung der Sternenalchemie. Die Produktion schwererer Elemente erfordert dagegen Energiezufuhr.

Eisen hat auch eine geheimnisvolle Eigenschaft. Seine Atome strukturieren sich würfelförmig. Bei hohen Temperaturen sitzt in jeder Würfelseite flächenzentriert ein Atom. Bei Raumtemperatur schlägt die Würfelstruktur in rätselhafter Weise zu einem raumzentrierten Gitter um. Jetzt sitzt plötzlich ein Atom in der Mitte des Würfels. Beim Schmelzen aus den Erzen wird Eisen in der Regel mit Kohlenstoff angereichert (dadurch wird Eisen zu Stahl). Wenn nun der Umschlag von flächenzentrierter zur raumzentrierter Struktur erfolgt und dabei in der Würfelmitte bereits ein Kohlenstoff-Atom sitzt, so kommt es in der Struktur zu Spannungen, die das Material härten. Es kann dadurch so hart werden, dass man damit Glas schneiden und fast alle anderen Stoffe bearbeiten kann. Stahl ist also durch Abkühlung härtbar, wenn es eine bestimmte Menge an Kohlenstoff in sich hat. Dies ist kein esoterischer Spuk, sondern ein reales Fundament, auf dem die Technik aufbaut.

Stahl zeigt unter Belastung kein Kriechverhalten wie die übrigen Metalle. Würde man Brückenträger oder das Skelett eines Wolkenkratzers aus Kupfer oder Zinn herstellen, so würde selbst bei richtiger Festigkeitsberechnung das Material mit der Zeit unter der Last nachgeben. Eine Eisenbahnschiene aber, die 30 Jahre gekrümmt in einer Kurve befestigt war, wird nach dem Losschrauben wieder in die gerade ursprüngliche Form zurückschnellen. Das Element Eisen ist für die Technik wichtiger als Gold.

Salopp könnte man sagen, die Technik ist eine Geburt aus Dreck und Feuer. Ihre Bestands-Grundstoffe sind Metalle, die aus der Erde kommen und mit Feuer erschmolzen und geformt wurden. Wenn man die erforderlichen Mengen samt dem benötigten Brennstoff ermittelt, wird man unwillkürlich das Gefühl nicht los, das hier jemand den Bedarf zumindest überschlägig berechnet haben muss, um ihn dann als Vorrat den Sandkastenkindern unter die Füße zu legen. Das gilt insbesondere auch für das in der Erde lagernde Öl, welches bei fortgeschrittener Technik zu einem wichtigen Treibstoff für Fahrzeuge wurde. Doch genug der Vorrede, jetzt wollen wir sehen was die Sandkastenmänner als erstes mit ihren Möglichkeiten anfingen.

Berthold Schwarz hat den Startschuss für die Waffentechnik gegeben. Ohne es zu wissen hat er damit auch die Lawine der modernen Technik losgetreten. Für Manchen ist er eine legendäre Gestalt. Die anderen schwören darauf, dass er tatsächlich existiert hat. Auch ist nicht sicher, ob er das Schießpulver wirklich erfunden oder wieder erfunden hat. Schon vor 4.000 Jahren ist es in China aufgetreten. Doch dies ist jetzt nicht entscheidend. Wichtig ist nur der Zeitabschnitt, weil mit dem Schwarz-Pulver die Evolution der modernern Technik begann.

Ein Himmels-Stern ist eine echte Alchemisten-Küche. Da werden leichte Elemente zu schweren zusammengebraut und aus unedlen Stoffe edle geschmiedet. Gold entsteht in den Sternen - und nirgendwo sonst. Da die Sandkastenkinder selbst aus Sternenstaub bestehen, verwundert es nicht, dass sie eine Vorliebe für Alchemie hatten und in ihren Laboren ständig bemüht waren es den Sternen gleich zu tun. Aus unedlen Stoffen versuchten sie Edelmetalle herzustellen - zum Beispiel aus Kohle Gold. Doch die Sternbedingungen, ungeheure Drücke und Temperaturen konnten sie nicht herstellen. So erfanden sie die Chemie. Sie verbanden Atome zu Molekülen und stellten damit neue Stoffe her. Unbewusst spielten sie damit schon mit der Elektrokraft. Bei chemischen Abläufen bleiben die Atomkerne unverändert, denn die Verbindung geschehen nur über die Elektronenhüllen. Wie bei den Kernfusionen in den Sternen wurden bei manchen chemischen Vorgängen Energie frei, bei anderen musste Energie hinein gesteckt werden, nur in wesentlich geringeren Proportionen.

Zwischen Horb und Rottweil, in der Nähe von Oberndorf, lag einst ein kleines Landgut, auf dem Berthold Agrigula im Jahre 1330 geboren wurde. Nebenbei bemerkt: In Oberndorf siedelten später zwei große Waffenfabriken an – die Firma Mauser und die Firma Heckler & Koch. Sie haben die Schießtechnik maßgebend weiterentwickelt und liefern Handfeuerwaffen in alle Welt. Berthold war dort der zweite Sohn eines verarmten Landgrafen. Der Junge war sehr aufgeweckt und interessierte sich für viele Dinge in der Natur und auf dem bäuerlichen Anwesen. Da er aber der zweite Sohn war und den Hof später nicht übernehmen durfte, musste er bereits mit 15 Jahren in ein Kloster.

Bei den Franziskanern in Freiburg fand er seine künftige Bleibe. Dort hatte er zuerst die klösterliche Schulbank zu drücken. Latein, Astronomie, Mathematik, Alchemie sowie Bibel- und Sangeskunde waren die Wissensgebiete, mit denen er sich zu beschäftigen hatte. Berthold war ein gelehriger Schüler, dem das Lernen leicht. Besonders die Alchemie hatte es ihm angetan. Von ihr war er fasziniert. Seinen Lehrern fielen die Begabung und das besondere Interesse des Jungen auf. Um seine Fähigkeiten zu fördern, durfte er hin und wieder dem Magister Rabanus, dem Bruder Arzt, in der Alchemisten-Küche helfen. Dort sah er, wie der Meister das Widrige zusammengoss und unter ständigem Rühren verkochte. Zum Schluss war die bittere Medizin fertig, an der die Patienten entweder genasen oder starben.

Als Berthold 18 Jahre alt war, durfte er überraschend die Alchemisten-Küche übernehmen. Pater Rabanus hatte mit einer Zusammenstellung von bisher unerprobten Stoffen experimentiert. Bei der Erhitzung eines Gemenges gab es eine Verpuffung, bei der eine glühende Masse in sein rechtes Auge geschleudert wurde, was zum dauerhaften Schaden führte. Fortan war Berthold der Medizinmann des Klosters.

Berthold war nun in seinem Element. Über die Kreuzfahrer war in das Kloster die Kunde gekommen, dass die Araber einen Stein der Weisen besaßen, mit dem man ein Elixier herstellen konnte, das alle Krankheiten heilte und Unsterblichkeit verlieh. Fortan galt sein ganzes Streben nur einem, den Stein der Weisen zu finden, um ein Lebens-Elixier herzustellen, das die fragwürdige „Giftbrauerei" im Kloster ersetzen sollte. Leidenschaftlich widmete er sich fortan dieser Aufgabe, was den Mönchsbrüdern nicht verborgen blieb.

Eines Tages wurde er zum Abt gerufen. Leutselig fragte er Berthold nach seinen Arbeiten und hörte besonders aufmerksam zu, als der junge Mönch von seinen eifrigen Versuchen sprach, den Stein der Weisen zu erzeugen, um für die Menschen eine bessere Arznei als bisher möglich war herzustellen. Darauf sagte der Abt: „Es gibt noch eine andere Verwendung für den Stein der Weisen; man kann ihn dazu verwenden, um aus unedlen Stoffen edle herzustellen, z. B. um aus Kohle Gold zu gewinnen." Berthold blieb verblüfft der Mund offen. „Ja", fuhr der Abt fort, „ich habe große Pläne, ich will zu Ehren Gottes in Freiburg eine Kathedrale errichten, sie soll die größte und schönste im süddeutschen Raum werden. Das soll mein Lebenswerk sein, dann wird die Spur von meinen Erdentagen nicht mehr in den Äonen untergehen. Doch dafür brauche ich Geld oder Gold - und zwar viel. Die Bevölkerung ist arm und hat kaum das Notwendigste zum Überleben, viel kann man nicht mehr aus ihr herauspressen. Schaffe du mir aus Feuer und Rauch den Stein, mit dem ich billige Stoffe beliebig in Gold umwandeln kann. Ich werde dir's zu lohnen wissen."

Berthold schloss seinen Mund wieder, verneigte sich und sagte: „Ich will mein Bestes versuchen." Später, als er wieder in seiner Klosterzelle war, dachte er jedoch: Statt Medizin will der Abt Gold, statt das Heil der Menschen sucht er nur seine Ehre. Der junge Mönch hatte wohl gemerkt, dass sein Vorgesetzter sich bei der ganzen Geschichte nur einen Namen zu machen versuchte. Trotzdem faszinierte ihn der Gedanke und in seine ungefestigte Seele schlich die Versuchung, dass er bei dem Vorhaben auch zu Reichtum und zu großem Ansehen kommen könnte.

Mit Feuereifer machte sich Berthold nun an das Werk. Mit Genehmigung des Abtes nahm er an den täglichen Exerzitien der Klosterbruderschaft nicht mehr teil. Nur noch an Sonn- und Feiertagen war er in den Gottesdiensten zu sehen, ansonsten aber nur noch in seiner Alchemisten-Küche. Als er eines Tages mit zermahlter Kohle und Salpeter über dem Feuer experimentierte, gab es eine Explosion und Berthold flog aus der Küche. Als er sich wieder aufrappelte und seine Glieder betastete, stellte er fest, dass es ihm besser ergangen war als seinem Vorgänger, alles war heil geblieben, nur sein Gesicht war vom Kohlenstaub total geschwärzt. Seitdem wurde er von seinen Klosterbrüdern Berthold der Schwarze oder auch Berthold der Nigger genannt. So entstand der überlieferte Name Berthold Schwarz.

Doch Berthold gab nicht auf, er durfte nicht aufgeben. Schon weil der Abt ständig nach seinen Fortschritten fragte. Eines Tages war Berthold wieder in seinem Labor und zerstampfte Salpeter, Schwefel und Kohle in einem Mörser. Den Mörser setzte er mitsamt dem Stößel auf das Feuer. Da wurde er plötzlich zu einem Kranken gerufen, um ihm Medizin zu verabreichen. Während seiner Abwesenheit erfolgte eine Explosion. Die herbeieilenden Mönche stellten fest, dass der herausgeschleuderte Stößel so fest in einem Deckenbalken steckte, dass er nicht einmal mit den Reliquien der heiligen Barbara herausgezogen werden konnte.

Bei all den vielen Versuchen und Experimenten dämmerte es Berthold allmählich, dass es ihm wohl nicht gelingen werde, den Stein der Weisen herzustellen. Im Tiefsten war er überzeugt, dass es diesen Stein gab, aber er konnte ihn nicht erschaffen, vielleicht finden oder ihm begegnen. Was ihm aber mit der Zeit klar wurde, war, dass er mit der Feuerkraft, die aus bestimmten Stoffgemischen hervorging, Gegenstände durch die Luft schleudern konnte. Fortan experimentierte er in dieser Richtung weiter. Er verwendete eiserne Töpfe, die er mit Pulver und mit Steinen füllte. Die Zündung war das Problem. Hielt er eine Fackel in den Topf, so bestand die Gefahr, dass er von einem herausgeschleuderten Stein getroffen wurde. Schließlich verwendete er eine Kordel, die er mit Öl tränkte. Das eine Ende befand sich im Topf, das außerhalb liegende wurde angezündet. Die glimmende Lunte fraß sich in den Topf und zündete das Pulvergemisch, wobei die Steine über hundert Meter weit in die Luft geschleudert wurden.

Bertholds Versuche konnten nun nicht mehr hinter den Klostermauern versteckt bleiben. Das Gerücht von seiner Erfindung verbreitete sich nah und fern, doch der nun alternde Abt war verbittert darüber, dass er seine Kathedrale aus Geldmangel nicht bauen konnte. Denn Gold konnte sein Mönch immer noch nicht herstellen. Umso mehr wollte er aus dessen Erfindung Kapital schlagen, indem er versuchte, sie an das Ausland zu verkaufen. Die Italiener waren die Ersten, die sich dafür interessierten und schließlich auch die Pulvermixtur samt der entwickelten Zündeinrichtung abkauften. Im Krieg gegen Genua und Venedig wurde der erste Gebrauch von Bertholds Entwicklung gemacht.

Nicht alle sahen aber damals dem Treiben von Berthold Schwarz bedenkenlos zu. Manche sahen in seinem Tun schwarze Magie, andere neideten ihm seine Erfolge. Als der Abt starb, der immer schützend seine Hand über ihn gehalten hatte, wurde er wegen Landesverrat angeklagt. Er habe kriegswichtige Erfindungen dem Ausland preisgegeben, so lautet der Vorwurf von seinen Missgönnern. Schließlich wurde er 1388 auf dem Scheiterhaufen verbrannt.

Soweit die Geschichte von Berthold Schwarz. Doch nun zur Bedeutung seiner Erfindung. Im Freiburger Kloster startete das Technikzeitalter, wo Muskelkraft durch Feuerkraft - im Guten wie im Bösen - ersetzt wurde. Es war der Beginn einer Epoche, welche die Lebensweise der Menschen mehr änderte als je zuvor. Die Energie, die Berthold freisetzte, stammt aus dem verwendeten Pulver. Die Umsetzung in mechanische Energie erfolgt durch die Verbrennung des Treibmittels (Kalisalpeter 75% KNO_3, Schwefel 10% S und Kohle 15% C). Bei der Verbrennung wurde aus 10 g Pulver ein Volumen von ca. 3 Liter an Gasen erzeugt, das in dem beschränkten Pulverraum einen hohen Druck aufbaute. Der Druck erzeugt auf einem Geschoss eine Kraft, die die Kugel im Lauf stark beschleunigt. Dies ist auch das Prinzip der kommenden Wärmekraftmaschinen. Niemand hat damals im vollen Ausmaß geahnt, welche technische Revolution diese Erfindung auslöste.

Der Vollständigkeit halber sei erwähnt, der Mörser, aus dem der Stößel schleuderte, hat später den kurzläufigen Steilfeuergeschützen die Bezeichnung „Mörser" verliehen und die heilige Barbara wird bis heute als Patronin der Artilleristen angesehen. Die entdeckte chemische Energie wurde vorerst nur für militärische Zwecke eingesetzt. Die Kriege wurden dadurch immer verheerender. Doch wie wir noch sehen werden, wurde die Feuerkraft auch Grundlage der modernen Technik und des Verkehrs.

Der 30-jährige Krieg (1618 – 1648)
Wallenstein und die hinterlassene Wüste

Offensichtlich kämpfen in der Weltgeschichte ein gutes und ein böses Prinzip miteinander. Seine Auswirkungen sind nur zu deutlich erkennbar. Der im Abschnitt „Grundlagen" geschilderte Durchbruch zur Geistesfreiheit stieß im 17. Jahrhundert auf heftigen Widerstand.

Die Waffentechnik hatte sich langsam weiterentwickelt. 1610 wurde das erste Steinschlossgewehr gebaut. Dieses Gewehr war witterungsunabhängiger und zuverlässiger. Man musste nicht erst einen Docht zum Glimmen bringen. Der am Hahn befestigte Stein schlägt Funken, die direkt in die Pulverpfanne fallen und die Ladung zünden. Nur Adlige und Fürsten hatten in der damaligen Zeit solch ein Gewehr, während die Landsknechte noch mit Luntenschlossgewehren schossen. Die Pulvertechnik hatte die Kriegführung bereits grundlegend geändert. Es gab Kanonen und Gewehre, die die Kampfführung bestimmten. Die Muskete entzündete zwar beim Schuss zwei grelle Stichflammen, eine von der Pulverpfanne, die andere von der Mündung, aber wenn jemand von der großen Bleikugel getroffen wurde, dann war es fast immer tödlich. Zum Laden des Gewehres benötigte man etwa eine halbe Minute. Fast 200 Jahre hat es gebraucht, um vom Luntenschloss zum Steinschloss zu kommen. Das war der ganze Fortschritt, den die Menschheit in dieser Zeit zu Wege gebracht hatte.

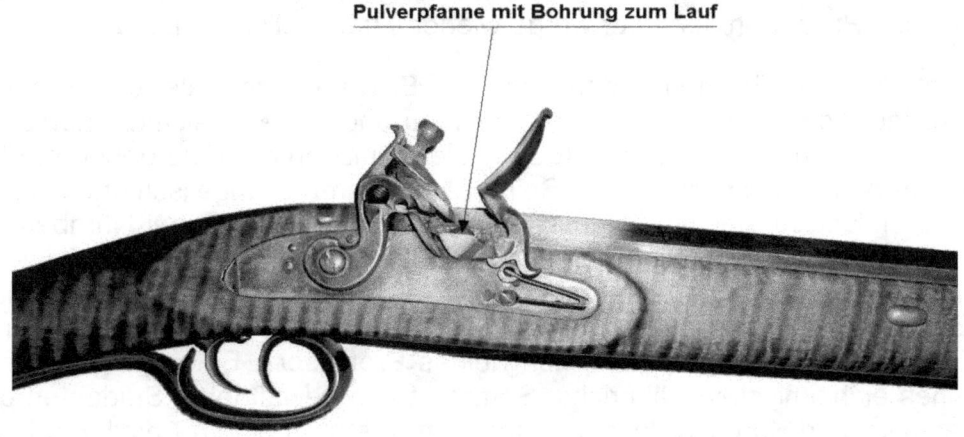

Steinschlossgewehr

Von 1570 ab gewann die Gegenreform in Deutschland schnell an Boden. Die Jesuiten errangen immer größere Erfolge. Allmählich wurden Österreich, Bayern, das Rheinland und ein großer Teil von Westfalen wieder katholisch. Dann kam es zu folgendem Ereignis: In der Reichsstadt Donauwörth hatten Handwerksgesellen und Lehrjungen eine katholische Prozession gestört. Wegen Landfriedensbruch wurde die Reichsacht über die Stadt verhängt und der Herzog von Bayern mit der Vollstreckung beauftragt. Er besetzte im Jahre 1607 den Ort und zwang die Bürger wieder katholisch zu werden.

Dieser Vorfall veranlasste evangelische Fürsten und Städte, sich unter Führung des Kurfürsten von der Pfalz zu einer **Union** zum Schutz ihres Glaubens zusammenzuschließen (1608). Ein Jahr später gründete Maximilian von Bayern einen katholischen Gegenbund, die **Liga**. Beide Parteien suchten Verbündete: Die Evangelischen gewannen die Niederlande, Frankreich und England, die Katholiken Spanien und den Papst. Drohend standen sich die Gruppen gegenüber.

An einem Maitag des Jahres 1618 drangen etwa 100 berittene Edelleute in das Prager Schloss. Grund: eine evangelische Kirche wurde geschlossen, eine andere abgerissen - beides entgegen dem „Majestätsbrief" des Kaisers, der allen Protestanten Glaubensfreiheit zusicherte. Die Abgeordneten der Landstände Böhmens stürmten in die Kanzlei des Schlosses und warfen zwei hohe Beamte zum Fenster hinaus. Zu deren Glück fielen sie auf einen Misthaufen, so dass sie den 16 Meter tiefen Sturz unbeschadet überstanden und sich unbehelligt davon machen konnten.

Danach bildeten die Edelleute eine eigene Regierung und wählten den evangelischen Kurfürsten Friedrich von der Pfalz zum König über Böhmen. Wie zu erwarten, rückte nun das Heer der **Liga** unter dem Befehl des Grafen Tilly gegen Böhmen vor. Im Sommer 1620 wurde in der Schlacht am Weißen Berge bei Prag das böhmische Heer binnen einer Stunde geschlagen. In aller Hast floh Ferdinand zurück in die Pfalz. Böhmen aber wurde wieder ein katholisches Land.

Dann trat ein neuer Feldherr in den Krieg ein. Er war ein normaler böhmischer Adliger, der lediglich durch seine Prachtentfaltung und seinen Reichtum auffiel. Wallenstein wurde am 24. September 1583 in Hermanitz an der Elbe geboren. Eigentlich hieß er Albrecht von Waldstein. Seine Eltern waren evangelisch und er begann seine Ausbildung an der protestantischen Akademie in Altdorf bei Nürnberg. Dort wurde er für seine Gewalttätigkeit bekannt. Große Disziplin herrschte auf der Schule ohnehin nicht. Die Professoren mischten kräftig mit bei Tumulten, Saufgelagen, Schlägereien und Drangsalierungen der einheimischen Bürgerschaft. Wallenstein wurde wegen Zerstörung der Wohnung eines Professors, Beteiligung an der Tötung eines einheimischen Fähnrichs, Sammeln von bewaffneten Studenten gegen die Stadtmiliz und Körperverletzung angeklagt. Als er in einem Anfall von Raserei seinen Diener halb tot prügelte, da dieser gefaulenzt habe, reichte es dem Senat der Hochschule. Letztlich wurde Wallenstein nach Zahlen einer Geldbuße und einer Entschädigung aus Altdorf verwiesen.

Im Jahre 1602 trat Wallenstein zum Katholizismus über. Anlass war ein Sturz aus dem Fenster vom Schloss Ambras bei Innsbruck. Da er den Sturz ohne Schaden überstanden hatte, dachte er, die Jungfrau Maria habe ihn gerettet. Dieses Ereignis soll ihn zum Übertritt bewegt haben. Doch persönlich glaubte Wallenstein an die Sterne. Während eines Aufenthaltes in Prag ließ er sich vom kaiserlichen Hofmathematiker und Leiter der Sternwarte Johannes Kepler ein Horoskop erstellen.

Kepler hielt von Astrologie nicht allzu viel. Da aber die Bezahlung durch den Kaiser nicht besonders üppig war, war ihm jedes Zubrot willkommen.

Nach einer kurzen Warnung, nicht allein auf die Sterne zu vertrauen, sagte Kepler Wallenstein die zukünftigen Ereignisse voraus. So z. B., dass er eine reiche aber nicht allzu schöne Frau heiraten werde. Wallenstein hat das Horoskop ernst genommen und immer wieder die Vorhersagen mit den realen Ereignissen verglichen. Die Heirat mit einer reichen mährischen Witwe fand allerdings bereits in seinem 26. Lebensjahr statt und nicht wie vorausgesagt im 33. Lebensjahr. Wallenstein wurde durch die Heirat zum größten mährischen Grundbesitzer. Wallenstein interessierte sich für jeden Vorgang auf seinen Gütern. Den Frondienst seiner Bauern erleichterte er, erlaubte den Holzeinschlag in den Wäldern und hob das Fischereiverbot auf. Das war ein unvergleichlicher Vorgang, der die Produktivität und das Einkommen seiner Güter enorm erhöhte. Ein Zusammenhang, den nur wenige Adlige und Gutsherren verstanden.

Im Gegensatz zu Wallenstein herrschte beim Kaiser und Erzherzog Ferdinand chronischer Geldmangel. 1617 wurden die militärische Lage und die Versorgung der Truppen so schlecht, dass Ferdinand zum äußersten Mittel griff und an seine Stände und Vasallen appellierte, ihm auf eigene Kosten Truppen zu senden. Nur ein einziger kam dem Hilfegesuch nach: Wallenstein.

Im Sommer 1630 landete Gustav Adolf aus Schweden in Pommern. Brandenburg und Sachsen verbündeten sich mit ihm. Bei Breitenfeld in der Nähe von Leipzig schlug Gustav Adolf die kaiserlichen Truppen zum ersten Mal. Daraufhin marschierte er nach Bayern und zog triumphierend in München ein. Wallenstein war inzwischen vom Kaiser abgesetzt worden und lebte in königlicher Pracht im Böhmerland. Er vertraute darauf, dass seine Sterne ihm wieder Glück bringen. Nun, aus der Not heraus, wurde Wallenstein erneut vom Kaiser zum Feldherrn ernannt.

Wallenstein hatte in kurzer Zeit eine Armee aufgestellt. Bei Lützen, südwestlich von Leipzig, kam es im Herbst 1632 zur Schlacht. Mit einem Lutherlied begannen die Schweden den Kampf. Im Nebel geriet Gustav Adolf an der Spitze seiner Reiter mitten unter die Feinde und fiel. Seine Soldaten zwangen zwar Wallenstein das Schlachtfeld zu räumen, aber die Schweden und die Evangelischen hatten ihren Führer verloren. Es gab viele Tote und noch mehr Verwundete. Wenn einer am Körper von einer Musketenkugel getroffen war, so gab es keine Rettung mehr. Die Bleikugeln mit ca. 20 mm Durchmesser zerfetzten einen großen Körperbereich. Wenn ein Glied getroffen war, so kam nur die Säge in Frage. Das zerschmetterte Glied musste amputiert werden. Viele überlebten die qualvolle Prozedur nicht. Ihnen ging es vielleicht am besten. Denn die Überlebenden mussten als Krüppel meistens ein elendes Dasein ohne Versorgung bis zum Lebensende führen.

Der Kaiser erwartete, dass sein Feldhauptmann nunmehr schnell die Schweden vernichtete. Wallenstein aber verhielt sich fast untätig. Stattdessen verhandelte er mit Brandenburg und Sachsen und schließlich auch mit den Schweden. Was ihn dazu bewog, mit den Feinden Kontakte zu knüpfen, ist unbekannt. Vielleicht wollte er Druck auf den Kaiser ausüben. Der Argwohn des Kaisers wurde nun so stark, dass er ihn absetzte und als Hochverräter ächtete. Jetzt zog Wallenstein mit wenigen Regimentern den Schweden entgegen, wurde aber in Eger in seinem Schlafgemach von kaisertreuen Offizieren ermordet.

Das Heer bekam neue Führer. Die kaiserlichen Heere gingen nun zum Angriff über. Sie eroberten Bayern zurück und nötigten die evangelischen Fürsten, dem Kaiser Soldaten zu stellen, um gegen die Schweden vorzugehen. Nun griff Frankreich mit eigenen Truppen ein. Das katholische Frankreich bekriegte das katholische Haus Habsburg, evangelische Fürsten kämpften erbittert gegen die lutherischen Schweden. Aus dem Religionskrieg wurde ein Ringen um die Vorherrschaft in Europa. Fremde Staatsmänner und ausländisches Geld trieben Deutsche in den Kampf gegen Deutsche.

Wallenstein hatte damit angefangen, seine Soldaten von den Bewohnern des Landes versorgen zu lassen. Mit der Zeit übernahmen alle Heerführer diesen Brauch. Ein wahrhaft dämonisches System, das zuerst die Opfer und dann die Täter umbrachte! Auf dem flachen Land wurden die Dörfer ausgeplündert und zerstört. Die Städte mussten versuchen, durch immer neue Tribute die wilden Haufen fernzuhalten, sonst wurden auch sie in Brand gesteckt. Kam eine Truppe in ein bereits geplündertes Land, musste auch sie hungern bzw. verhungern.

Das Leben der Landsknechte bestand aus Fressen und Saufen, Hunger und Durst leiden, prassen und spielen, jagen und wieder gejagt werden, rauben und wieder beraubt werden, sich fürchten und gefürchtet werden. Im Ganzen gesehen bestand ihr Tun nur aus verderben und beschädigen. Weder Winter noch Sommer, weder Schnee noch Eis, weder Hitze noch Kälte, weder Feld noch Morast, weder Vater oder Mutter, weder Lebensgefahr oder Gewissen konnten sie daran hindern. Bis sie nach und nach in Schlachten, Belagerungen und Krankheiten selbst umkamen. Nur wenige überlebten und wurden Bettler und Landstreicher.

Viele hunderte Städte, ja zig-tausend Flecken und Dörfer wurden derart verwüstet, dass nicht ein Hund, geschweige denn ein Mensch mehr darinnen lebte. Hingegen wurden sie der Aufenthaltsort von Wölfen. Das Land wurde nicht mehr bewirtschaftet. Wo einst Korn-, Frucht- oder Ackerland gewesen war, da wuchsen Dornen und Sträucher. In den verwilderten Gärten sah man oftmals die Gebeine von toten Gäulen. Auf den Feldern saßen Geier und Raben auf den verwesenden Leichen. Es regierte die Pestilenz, giftige Fieber und tödliche Seuchen. Unter den verbliebenen Leuten rumorte der Hunger. Er war so stark, dass die Menschen das Gras vom Feld aufsammelten, die Blätter von den Bäumen streiften, kochten und verschlangen. Mancher hielt es für einen Leckerbissen, wenn er ein Stück halbverfaultes Aas zur Besänftigung seines geschrumpften Magens bekommen konnte.

Auf die verelendeten Herzen der Überlebenden legte sich die düstere Macht des Aberglaubens. Fürchterliche Hexenprozesse häuften sich. In Osnabrück wurden zum Beispiel in vier Jahren über hundert unschuldige Frauen hingerichtet. Trotz Zerstörung und Erschöpfung, von der alle Kriegführenden betroffen wurden, musste noch jahrelang in Münster und Osnabrück verhandelt werden, bis endlich der Westfälische Friede 1648 den Krieg beendete. Die Stadt Münster ließ silberne Gedenkmünzen schlagen mit der Inschrift: „Pax Optima Rerum" (Der Friede ist das Beste aller Dinge). Zweifellos brachte dieser Friede den Menschen in Europa auch einen Fortschritt. 1655 wurde nach einem Friedenskongress dieser Religionsfrieden bestätigt und schloss nun auch die Reformierten ein. Das bedeutete den Anfang der Glaubensfreiheit für alle. In Bezug auf die Religion wurde in Europa kein Krieg mehr geführt. Doch welcher Preis musste dafür gezahlt werden?

In Deutschland wurden 1.629 kleine Städte, 18.017 Dörfer und fast 2.000 Schlösser zerstört oder völlig verwüstet. Vor dem Krieg betrug die Einwohnerzahl in Deutschland 18 Millionen. Am Ende des Krieges betrug sie nur noch neun Millionen. Deutschland wurde in kleine Stücke zerrissen. Es bot das Bild eines Mosaiks. Neben ein paar Kurfürstentümern blieb eine Staubwolke von kleinen Fürstentümern und freien Städten. Das Land inmitten Europas brauchte über 100 Jahre, um sich von dieser Katastrophe wieder zu erholen.

Die technische Evolution hatte in Deutschland begonnen. Durch die Auswirkung der Kriegskatastrophe war Deutschland aber in einem solch desolaten Zustand, dass hier die technische Entwicklung vorerst nicht weiterging. Hauptsächlich blühte die Technik jetzt in England. In der Zeit, in der auf dem Kontinent der Dreißigjährige Krieg tobte, zog es viele Gelehrte, Künstler und religiös Verfolgte auch in die neue Welt nach Amerika. Glaubensfreiheit und eine aufblühende Wirtschaft versprachen dort Wohlstand und Entfaltung. Die USA sollten später wichtige Beiträge zur modernen Technik beisteuern. Trotz dieser Katastrophe im Herzen Europas hat der Krieg aber auch dazu beigetragen, die technische Entwicklung auf eine breitere Basis zu stellen.

Der technische Fortschritt war bis dahin gering. Er bestand nur in Verbesserung des Zündsystems der Vorderlader. Wie sich noch zeigen wird, war dies aber eine wichtige Erfindung. Der „Pulver-Krieg" benötigte zudem mehr Techniker als zuvor. Die Musketen und Geschütze wurden von den Büchsenmachern angefertigt. In fast jedem größeren Ort hat es einen Büchsenmeister gegeben, der zahlreiche Gehilfen und Gesellen beschäftigte. Zu dieser Arbeit waren viele handwerkliche Verrichtungen nötig. Gussarbeiten, Schmieden, Zimmermann- und Schreinertätigkeit, sowie Schießpulver bereiten. Diese Männer standen im hohen Ansehen bei Fürsten und Städten. Die Büchsenmacher waren die eigentlichen Ingenieure der damaligen Zeit. Sie wurden aus der Kriegsnot geboren. Sie mussten, da ihnen auch die Herstellung und Bedienung der Geschütze oblag, über vielerlei praktisches Können auf metall- und holztechnischem Gebiete und im Bereich der chemischen Künste verfügen. Auch einiges Wissen in der Bautechnik und der praktischen Geometrie sollten sie besitzen. Etliche von diesen Büchsenmachern gingen später als Lehrmeister ins Ausland und bereiteten den Boden für das kommende Technikzeitalter.

Im Grunde verkörperte die aus dem Lauf geschleuderte Kugel bereits eine Art von Elektromobilität. Die chemische Energie der Pulvermischung wurde zwar in Wärme umgesetzt, die sich dann in mechanische Arbeit verwandelte (das Prinzip der kommenden Wärmekraftmaschinen). Der eigentliche Vorgang aber ist elektrischer Natur. Elektronen im elektromagnetischen Molekül-Feld gehen in energieärmere Bahnen über. Dadurch wird nutzbare Energie frei.

Nach dem Dreißigjährigen Krieg wurde der Pulvermotor erfunden. Von der Kriegstechnik zweigte also die zivile Technik ab. Aus dem Kanonenlauf wurde der Zylinder und aus der Kugel der Kolben. So entstand der Verbrennungsmotor als Antrieb für Fahrzeuge aller Art. Doch davon später.

Die Entwicklung moderner Handfeuerwaffen
Alexander Forsyth (1768 – 1843) und das Perkussionsschloss

Weiter geht es mit der Waffentechnik. Die verlässliche und sichere Zündung eines explosiblen Gemisches war bei der Feuerkrafttechnik stets eines der Hauptprobleme. Bei den Handfeuerwaffen erfolgte die Entwicklung zuerst. Am Anfang wurde das Pulver mit einer glimmenden Lunte gezündet (später beim Pulvermotor mit einer Flamme), dann über einen Funken, der erzeugt wurde durch Anschlagen eines Hahnes am Feuerstein. Zum Schluss kam die funkenlose Schlagzündung. Hierbei wird durch Verdichtung eines Gemisches die Zündtemperatur erreicht. Dies führte zur heutigen Waffentechnik. Auch die Entwicklung der Verbrennungsmotoren durchlief diese drei Zündmechanismen. Der Pfarrer Alexander James Forsyth hat die Schlagzündung erfunden und wurde damit zum Vater der modernen Waffentechnik.

Im Jahre 1768 wurde Alexander James Forsyth in Schottland geboren. Er war ein begabter Junge und interessierte sich in den späteren Jahren seiner Ausbildung stark für Chemie, obwohl er Theologie studierte, weil er mit seinem Leben Gott dienen wollte.

Nach seiner Ausbildung an der Universität von Aberdeen trat er eine Stelle als Gemeindepfarrer im nahe gelegenen Belhelvie an. Die Ruhe und ländliche Abgeschiedenheit seines Pfarrhauses konnte ihn aber nicht voll befriedigen. Er suchte nach weiteren Entfaltungsmöglichkeiten und wurde ein begeisterter Schütze und Jäger. Daneben richtete er sich in der Nähe seines Pfarrhauses eine Werkstatt ein. Hier stellte er viele Versuche an, um die Explosivkraft des Pulvers zu verbessern. Seine Leidenschaft für Chemie loderte nach dem trockenen Theologie-Studium wieder auf.

Die Begeisterung am Jagen hielt sich jedoch in Grenzen, schuld daran waren die damaligen Gewehre. Wie oft hatte Forsyth seine Steinschloss-Vogelflinte mit ihrem Rauch, der hellen Zündflamme und der Zündverzögerung verwünscht. Meistens, wenn er auf Moorhuhnjagd war, seine Flinte auf die Vögel richtete und den Abzug drückte, wurden die Vögel durch den umständlichen und auffälligen Zündmechanismus aufgeschreckt und flogen davon. Alexander konnte allenfalls noch hinterher schießen und kam meist ohne Beute nach Hause. Und bei nassem Wetter funktionierte die Steinschlosszündung so gut wie nicht.

Die ersten Gewehre hatten, wie schon berichtet, ein Luntenschloss. Ein glimmender Docht wurde durch den Schlossmechanismus in eine kleine Pulverpfanne gedrückt. Die Verbrennung setzte sich über eine Kapillare bis zur Pulverladung im Lauf fort. Die nächste Verbesserung war das Steinschloss. Im Hahn war ein Feuerstein befestigt, der einen Funken schlug. Der Funke flog in die Pulverpfanne und die Zündung der Hauptladung im Lauf wurde in Gang gesetzt. Dies war der Stand zu Forsyths Zeit. Bei seinen Werkstattversuchen arbeitete Forsyth mit Fulminaten und knallsaurem Salz. Die Fulminate waren äußerst giftige, explosive und zersetzliche Salze der Knallsäure $HCNO$. So war es fast unausbleiblich, dass Alexander, wie schon sein Vorläufer Berthold Schwarz, bei einem seiner Experimente aus seinem Labor geschleudert wurde. Dabei wurde es ihm schmerzlich bewusst, dass Fulminat oder knallsaures Salz keine Ersatzmittel für Schießpulver sein konnten.

Später versuchte er, das Knallquecksilber als Zündpulver für die Hauptladung zu benutzen. Er stellte jedoch fest, dass es zu rasch abbrannte, um die Ladung zünden zu können. Schließlich machte er eine einfache aber wichtige Entdeckung, die eine Revolution bei den Feuerwaffen einleitete. Er fand heraus, dass das Knallquecksilber viel leichter explodierte, wenn man es, statt mit einem Funken des Feuersteins zu zünden, mit einem Hammer anschlug.

Unverzüglich machte sich Forsyth ans Werk ein Schloss zu entwickeln, das nach dem entdeckten Prinzip funktionierte. Das Perkussions-Schloss wurde geboren. Wenn der Abzug betätigt wird, so schlägt der federgespannte Hahn auf das Fulminat und die Explosion zündet über eine Kapillare die Hauptladung im Lauf. Die Zündung erfolgte gegenüber früher viel schneller und zuverlässlicher.

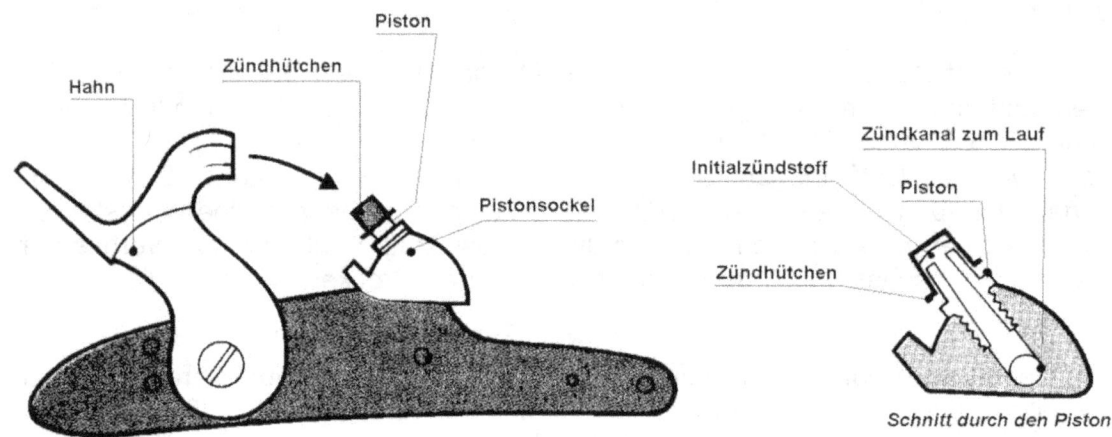

Perkussionsschloss (Zündung eines explosiven Gemisches durch Verdichtung, Vorläuferprinzip des Dieselmotors)

Eine der weiteren Aufgaben sah Forsyth darin, die vielen Gewehre mit den alten Steinschlössern auf das neue System umzurüsten. Im April 1806 schickte sich Forsyth an, mit seiner neuen Erfindung nach London zu gehen. Man erkannte dort die militärischen Möglichkeiten und überzeugte den Geistlichen, der eigentlich zu seinen Pfarrkindern nach Schottland zurückkehren wollte, im Londoner Tower seine Erfindung für weitere Waffen zu entwickeln. Die Leistungsfähigkeit der neuen Schlösser beeindruckte die Beobachter jedoch nicht sonderlich und so gab man Forsyth nach einiger Zeit zu verstehen, sich mit „seinem Schrott" aus dem Tower zurückzuziehen.

Doch der Fortschritt lässt sich auch durch verknöcherte Beamte nicht aufhalten. Im Jahr 1807 ließ sich Forsyth ein Patent erteilen. Sein Freund James Watt hatte dazu die Zeichnungen und die Patentschrift angefertigt. Dieses Patent war so sorgfältig ausgearbeitet, dass man nahezu sämtliche Versuche von anderer Seite, das Patent zu umgehen, verhindern konnte. Forsyth verbrachte nun einen beträchtlichen Teil seiner verbleibenden Lebenszeit damit, Prozesse wegen Verletzungen seines Patentes zu führen und zu gewinnen.

Im Jahre 1808 wurde in London die Firma Alexander Forsyth und Co. gegründet. In der Firma wurden Gewehre und Pistolen höchster Qualität hergestellt und zahlreiche Verbesserungen an Forsyths Erfindung durchgeführt. Aus dem Pastor, der einst Gott dienen wollte, war ein Waffenschmied geworden. Forsyth starb im Jahre 1843, ohne großen finanziellen Gewinn aus seiner Erfindung gezogen zu haben.

Jahrelang versuchte Forsyth vom Militär, dass seine Erfindung trotz der damaligen Ablehnung im Tower bereits weitgehend übernommen hatte, eine Abgeltung zu erlangen. Schließlich wurden ihm vom Waffenamt 1.000 Pfund zugesprochen, allerdings erst 3 Monate nach seinem Tode. Welchen Lohn mag er wohl für seine Lebensleistung in der jenseitigen Welt bekommen?

Nach der Erfindung des Perkussionsschlosses begannen die Handfeuerwaffen sich rasch zu entwickeln – und Deutschland tauchte wieder auf der Technikbühne auf. 1841 führte die preußische Armee das Zündnadelgewehr von Johann Nikolaus von Dreyse (einem deutschen Büchsenmacher) ein. Dieser sensationelle Hinterlader hatte einen Zylinderverschluss und verschoss eine Einheitspatrone. Das System von Forsyth wurde praktisch ins Innere verlegt. Die Patrone beinhaltete Pulver, die Zündpille mit Knallquecksilber und das Geschoss. Die durch den Abzug betätigte Zündnadel schlug durch die Papphülle auf die Zündpille. Die Papphülle verbrannte beim Schuss. Die Waffe arbeitete einfach, genau und zuverlässig.

Gegenüber dem üblichen umständlichen Vorderlader hatte dieses Gewehr eine erheblich höhere Feuergeschwindigkeit. Mit diesem Gewehr war Preußen allen anderen Armeen 30 Jahre lang überlegen. Die Gewehre wurden in Sömmerdas, Thüringen, der Heimat von Dreyse hergestellt. Es entstand dort eine Gewehrfabrik und der kleine Ort entwickelte sich dadurch zu einer Industriestadt. 1871 wurde das Gewehr von den Gebrüdern Mauser weiter verbessert. Beim zurückziehen des Verschlusszylinders wurden nun gleichzeitig die Feder der Zündnadel gespannt, die Patronenhülse aus dem Lauf gezogen und ausgeworfen. Dadurch konnten Metallpatronen verwendet werden und Verunreinigungen durch verbrannte Papphülsen blieben aus. Die Gewehre wurden im Schwabenland, in Oberndorf am Neckar hergestellt – in der Gegend wo einst Berthold Schwarz geboren wurde. Die Königliche Württembergische Gewehrfabrik in Oberndorf wurde 1811 gegründet. 1871 wurde sie von Peter Paul Mauser und seinem Bruder Wilhelm übernommen.

Karabiner K98k

Das weiterentwickelte Gewehr wurde im Jahr 1898 zur Standardwaffe des kaiserlichen Heers (als Karabiner K98). Dieses Mauser-Gewehr mit seinem gut durchkonstruierten Drehzylinderverschluss stand Pate für viele Konstruktionen (u. a. der AK-47 und des G36). Das Modell 98 und deren Varianten wurden 50 Jahre lang in großer Zahl hergestellt und über die ganze Erde verbreitet. Mit etwa 100 Millionen Stück hat es damals jedes andere Gewehr übertroffen. Sowohl im 1. und 2. Weltkrieg wurde es von den Deutschen als Mehrladekarabiner (Magazin mit 5 Patronen) eingesetzt. Noch heute wird der Karabiner als robustes zuverlässiges Jagdgewehr und Sportwaffe verwendet. Beim Wachbataillon der Bundeswehr ist er ebenfalls noch im Einsatz.

Automatik-Handfeuerwaffen
Standardgewehre nach dem 2. Weltkrieg

Nachdem die Umstellung vom Vorderlader zum Hinterlader erfolgte und gut funktionierenden Lauf-Verschlüsse entwickelt wurden, lag es nahe, die von Hand betätigten Vorgänge, wie Patrone auswerfen, Spannen des Schlagbolzen und neue Patrone einschieben, zu automatisieren. Zwei Möglichkeiten bieten sich dazu an. Einmal kann der Rückstoß zur Durchführung dieser mechanischen Arbeiten verwendet werden, oder der bei der Pulververbrennung entstehende Gasdruck im Lauf. Im Folgenden soll die schwierige Konstruktion eines bekannten Rückstoßladers (G3) erörtert werden.

Gewehr G3 von der Firma Heckler & Koch

Das G3 ist ein deutsches Sturmgewehr von der Firma Heckler & Koch und wurde 1959 bei der Bundeswehr als Standard-Infanteriegewehr eingeführt. Es war dort ca. 40 Jahre im Dienst, bevor es durch eine modernere Waffe ersetzt werden sollte.

Wie bei der legendären Kalashnikov AK 47 ging seine Entwicklung auf den 2. Weltkrieg zurück. Vom Heereswaffenamt war geplant dem Wehrmachtskarabiner (98K) durch ein halbautomatisches Gewehr zu ersetzten. Sowohl die Firma Mauser wie die Firma Walther bewarben sich um den Auftrag und stellten dem Heereswaffenamt 1941 Versionen eines Maschinenkarabiners vor. Die Firma Walther machte das Rennen, da ihr Produkt schneller in die Serienfertigung gebracht werden konnte. 1944 kam ihre Entwicklung als Sturmgewehr 44 zum Truppeneinsatz.

Die Oberndorfer Firma Mauser gab jedoch nicht auf. Sie entwickelten mit Unterstützung des Heereswaffenamtes einen Rückstoßlader in Stahlblech-Prägetechnik mit Rollenverschluss, der dem Walther-Gewehr überlegen sein sollte. Seit 1942 funktionierte das erste Automatikgewehr der Fa. Mauser. Das war der Eckstein in der Entwicklung des G3.

Der Stützrollenverschluss brachte jedoch große Probleme mit sich, die das gesamte Projekt fast zum Scheitern brachten. Beim Rückstoßlader drückt die Rückstoßkraft der Patrone dem Laufverschluss nach hinten. Dadurch erfolgt Ausziehen und Auswerfen der Patronenhülse, der Hahn und die Schließfeder werden gespannt. Dann bringt die Schließfeder das Verschlussstück wieder in die Ausgangsstellung zurück, wobei eine neue Patrone in den Lauf geschoben wird. Beim Stützrollenverschluss wird über zylindrischen Rollen der größte Teil der starken Rückstoßkraft in das Gewehrgehäuse geleitet. Nur ein geringer Teil der Kraft geht auf das bewegliche Verschlussstück. Trotzdem wurde der Verschluss mit einer derartigen Wucht nach hinten geschleudert, das vorzeitiger Verschleiß eintrat und manchmal auch Teile zu Bruch gingen. Dies Problem konnten die Techniker trotz vieler Versuche nicht befriedigend lösen.

Die Schießtechnik ist vorwiegend eine experimentelle Wissenschaft. Man ändert etwas, probiert es aus, misst die Ergebnisse, verbessert wieder, usw. Das hat seine Richtigkeit, weil man die feurigen Ereignisse im Lauf bis heute nicht detailliert mathematisch erfassen kann. Die Beschleunigung und Bewegung des Verschlusses aber erfolgt auf geometrisch vorgegebenen Bahnen und kann rechnerisch dargestellt werden.

Erst als sich jemand an den Tisch setzte (Dr. Karl Maier) und den Rückstoßvorgang durchrechnete, kam man auf den richtigen Weg. Der halbstarre Rollenverschluss war das künftige Zauberwort. Anfang 1944 konnte die Erprobungsstelle Heer mit dem Testbeschuss beginnen. Die Testergebnisse waren ermutigend. Die Waffe war auch wesentlich leichter als das Sturmgewehr 44 und der Fertigungsaufwand geringer. Mit dem Ziel das Gewehr als Sturmgewehr 45 einzuführen bestellte das Heer die erste Serie für Truppenversuche.

Doch das tausendjährige Reich eilte seinem vorzeitigen Ende entgegen. Französische Truppen besetzten Oberndorf. Die Mitarbeiter von Mauser wurden in alle Winde zerstreut. Viele fanden sich in den Entwicklungsabteilungen von ausländischen Rüstungsfirmen wieder. So auch in Spanien.

Dort wurde die Idee des Rückstoßladers mit halbstarrer Verriegelung wieder aufgenommen. Das Gewehr das man entwickelte hieß „Cetme". Im Juni 1951 ließ Franco persönlich sich einen Prototypen vorführen. Es wurde auf eine Distanz von 600 m geschossen. Alle Anwesenden waren von den Trefferleistungen beeindruckt. Das Gewehr stach die zur Konkurrenz angetretenen Gasdrucklader aus.

Mittlerweilen dachte man auch in Deutschland gezwungener Weise wieder über eine Streitmacht nach. 1955 rückten die ersten Freiwilligen in ihre Kasernen. Rüstungsbetriebe gab es noch keine. Die Gewehre mussten im Ausland eingekauft werden. Die ersten 100 000 Gewehre wurden aus Belgien beschafft. Das als Gasdrucklader konzipierte belgische FN-Gewehr wurde bei der Bundeswehr als Gewehr G1 eingeführt. Das von SIG gebaute Schweizer Gewehr wurde als G2 getestet.

Das Cetme-Gewehr wurde als G3 erprobt. Für das G3 sprach, dass die in Oberndorf ansässige Firma Heckler & Koch bereits seit 1955 das Cetme-Gewehr in ihren

Werkshallen zusammenbaute und die Spanier sich sehr generös verhielten. Sie waren der Ansicht, dass die Entwicklung ihrer deutschen Gastarbeiter auch dem deutschen Staat zugute kommen müsste. Die Hauptproduktion von H & K bestand damals noch in der Herstellung von Nähmaschinenteilen, die später vom Waffengeschäft immer mehr verdrängt wurden. Das Militär wünschte etliche Änderungen, die die Fa. Heckler & Koch umgehend umsetzte. Nach langen Erprobungen bei der Truppe wurde1959 das G3 zur neuen Standardwaffe der Bundeswehr erklärt.

Von da ab war die schwäbische Soldatenbraut überall heiß begehrt. Das Produkt *Made in Oberndorf* wurde zu einem Exportschlager ersten Ranges. Offiziell benutzten über 80 Staaten das G3-Gewehr. 15 Länder bauten diese Waffe in Lizenz, darunter auch der Iran und Saudi Arabien.

Kenianische Saldaten mit der G3

Die Sturmgewehre vom Neckarstrand waren fast überall in der Welt anzutreffen, sowohl bei amerikanischen Polizei-Spezialeinheiten wie bei norwegischen Heimwehr-Milizen. Die Gewehre tauchten auch da auf, wo sie wegen Exportbeschränkungen nichts zu suchen hatten. Sie kamen in Krisengebieten, wie der Golfregion oder Mittelamerika. Sie waren bei Terroristen, Palästinenser und lateinamerikanischen Guerilleros im Einsatz. Sogar Spezialeinheiten der DDR rüsteten sich mit dem G3-Gewehr vom kapitalistischen Westen aus. Dadurch rückte der G3-Hersteller ein ums andere Mal ins Fadenkreuz der Kritik und brachte die Bunderregierung in Erklärungsnot.

Wie auch immer, das Qualitätsprodukt der Oberndorfer hielt was es versprach. Ob der Schütze damit im Schlamm lag oder durch Schnee und Eis auf sein Ziel stürmte, immer tat es zuverlässig seinen Dienst. Die Schweden unterwarfen das G3 besonders harten Testbedingungen. Das Gewehr wurde mit Schnee zugeschüttet bis der Schnee taute und das Schmelzwasser in die Waffe lief, danach blieb die Waffe solange liegen bis das Schmelzwasser wieder gefroren war. Auch danach gab das G3 klaglos seine Schüsse ab, als ob nichts geschehen wäre. Die Schweden waren von dieser Waffe so begeistert, dass sie Heckler & Koch aufforderten eine Pistole nach dem gleichen Prinzip zu entwickeln. So entstand die P9.

Mit dem G3 stand der Bundeswehr 40 Jahre lang eine ausgezeichnete Infanteriewaffe zur Verfügung. Das Beste aber daran war, dass sie in unserem Land nie zu Kriegszwecken eingesetzt werden brauchte. Erst mit dem offiziellen Nachfolgermodell, der G36, musste sich die Bundeswehr mit einer bedrängten Welt auseinandersetzen.

Doch alles hat seine Zeit. Bereits ab 1974 begann man bei Heckler & Koch mit der Entwicklung eines Nachfolgermodelles - dem G11. Dieses Gewehr sollte ein Quantensprung in der Entwicklung der Handfeuerwaffen und ein Meilenstein in der Waffengeschichte werden. Mit ihm sollten hülsenlose Patronen direkt aus der Verpackung verschossen werden. Die Patronen bestanden aus vierkantigen Pulverpresslingen in dessen Körper das Geschoss eingebettet war. Das Auswerfen von Patronenhülsen entfiel bei ihr.

Schwierigkeiten mit der Abdichtung und Selbstendzündungen in der heißgeschossenen Waffe waren die Probleme der nächsten Jahre. Etwa 100 Millionen DM kostete die Entwicklung dieser Hightech-Waffe. Endlich im Jahr 1989 war das G11 serienreif. Doch da kam die Wiedervereinigung. Es fehlte der Feind und die reduzierten Streitkräfte aus Ost und West hatten mehr Gewehre als nötig. Das G11 verschwand im Museum. Heckler & Koch hatte alles in die Entwicklung dieser zukunftsträchtigen Waffe gesteckt und stand vor dem Ruin.

Gewehr G36 von der Firma Heckler & Koch

Das neu entwickelte Gewehr G 11 wurde verworfen. Es war einmal zu teuer, zum andern scheute man sich davor mit der erforderlichen exotischen Munition aus den Reigen der Nato zu tanzen. Das Gewehr war konzipiert für hülsenlose kantige Pulverpresslinge und wäre damit ein Novum in der Nato gewesen. Zudem verbreitete sich in den Natostaaten zunehmend die Kleinkaliberpatrone SS109, Kaliber 5,56 mm x 45. Die Bundeswehr sah sich im Zugzwang ein neues Gewehr für diese Munition anzuschaffen. Das Gewehr sollte preisgünstig sein und seine Entwicklung sich möglichst auf bereits vorhandene Gewehre abstützen.

Damit bei Heckler & Koch die Lichter nicht ausgingen, beauftragte man diese Firma mit einem Nachfolger des Gewehres G3. H & K möbelte ein aus den sechziger Jahren stammendes Projekt, das HK 33, etwas auf, unter anderem mit einer optischen Visierung und Klappschaft. Die Entwicklung wurde 1990 als HK50 angegangen. Ab 1996 wurde das HK50 als G36 in der Bundeswehr eingeführt.

Mit dem G36 hat man vom Rückstoßlader Abschied genommen und sich wieder dem alten Gasdrucklader zugewandt. Beim Gasdrucklader wird über eine Öffnung im Lauf ein kleiner Teil der Pulvergase in einen Zylinder geleitet. Diese Gase treiben einen Kolben nach hinten, der über eine Kolbenstange den Verschluss entriegelt und nach hinten drückt. Der zurückeilende Verschluss erledigt dann die bekannten Aufgaben, wie Ausziehen und Auswerfen der Patronenhülse, Spannen des Hahnes und der Schließfeder. Die Schließfeder besorgt dann den Rücklauf mit Einschieben der neuen Patrone in den Lauf.

Das Standard-G36 ist mit einem dualen Hauptkampfvisier ausgestattet. Es besteht aus einem Zielfernrohr und einem Rotpunktvisier. Das Zielfernrohr hat eine 3-fache Vergrößerung und dient für Schussweiten von 200 – 800 Meter. Für die Entfernungen 200, 400, 600 u. 800 m, hat es entsprechende Markierungen im Fadenkreuz. Für die Nahkampfentfernung bis 200 Meter dient das Rotpunktvisier (oder auch Reflexvisier genannt). Der theoretische Treffpunkt des Geschosses wird mit einem roten Punkt versehen, den aber nur der Schütze sehen kann. Der Schütze kann bei diesem Visier beide Augen offen halten um sein Umfeld besser zu beobachten und auf Änderungen schneller reagieren zu können. Diese optischen Visiereinrichtungen bringen eine wesentliche Verbesserung gegen früheren Gewehren. Selbst ein ungeübter Schütze kann damit gute Trefferergebnisse erzielen. Auch das leichtere Gewehr und die Verwendung von Kunststoff, die das G36 unempfindlicher gegen Nässe macht, ist ein Vorteil.

Selbst die Kleinkalibermunition hat ihre Vorteile, vor allem im Bezug auf das Gewicht. Bei gleichem Gewicht kann man mehr Munition als früher mit sich schleppen. Das Magazin enthält nun dreißig Schuss (G3 = 20 Schuss). Das Gewehr konnte leichter gebaut werden. Der Rückstoß ist geringer und damit die Trefferleistung bei Dauerfeuer besser. Aufgrund der hohen Mündungsgeschwindigkeit des Geschosses ist die Geschoßbahn am Anfang gestreckter als bei der Nato-Patrone (7,62 x 51 mm) und auch die Geschoss-Wirkung ist vergleichbar, wenn nicht noch höher. Das alles hört aber nach 150 m auf. Da ist der Geschwindigkeitsüberhang aufgezehrt und wegen der wesentlich geringeren Masse des Geschosses wird die Geschossbahn stärker durch den Luftwiderstand gekrümmt und die Durchschlagskraft bleibt hinter dem Gewehr G3 zurück. Da der Lauf eine Anzapfung besitzt, krümmt sich zudem bei starker Erwärmung das Rohr und die Treffsicherheit lässt nach. Ein Problem das die meisten Gasdrucklader haben.

Gewehr AK-47 (Avtomat Kalashnikov 1947)

Das Sturmgewehr AK-47

Michail Kalashnikov wurde als Panzerkommandant 1941 bei einer Schlacht verwundet. Von den Deutschen außer Gefecht gesetzt, widmete er sich der Entwicklung einer Waffe, die seinen Namen bis zu den letzten Winkeln unserer Erde trug.

Die Russen benötigten damals eine Waffe die den Schussbereich von 200 bis 400 Metern abdeckte. Eine Distanz in der sich hauptsächlich die Infanteriegefechte abwickelten. Das Russische Standardgewehr SKS war für diesen Zweck nur bedingt geeignet. Aufgrund der Erfahrungen mit dem deutschen Sturmgewehr 44 von der Firma Haenel wurde eine ähnliche Waffe entwickelt. Im August 1945 wurden 50 Sturmgewehre 44 aus vorhandenen Montageteilen zusammengebaut und gleichzeitig mit über 10.000 technischen Zeichnungen der Roten Armee zur technischen Auswertung übergeben. Auch wurde der Entwickler des Sturmgewehres Hugo Schmeisser zur Arbeit bei einer technischen Kommission der Roten Armee „verpflichtet". Die AK-47 wurde eine Mischung aus dem Karabiner 98k und dem Sturmgewehr 44 (vom K98k den Drehverschluss und vom Stgw 44 das Prinzip des Gasdruckladers).

Die AK-47 verschoss die Kurzpatrone 7,62 x 39 mm, die der Patrone des Sturmgewehres 44 nicht unähnlich war. In der Abbildung ist deutlich zu sehen wo bei dem Gasdrucklader der Lauf angezapft wird. Der beim Abschuss entstehende Explosionsdruck lässt Gase in den über den Lauf liegenden Zylinder strömen, eine Kolbenstange besorgt dann das Durchladen. Das gebogene Magazin kann maximal 30 Patronen aufnehmen.

1947 wurde das neue Schnellfeuergewehr der Russen unter dem Namen „Avtomat Kalashnikov" in den Dienst gestellt. Die Kurzbezeichnung lautet AK-47. Die AK-47 kann sich im Bezug auf Qualität und Präzision nicht mit dem G3 messen. Den Russen kam es bei all ihren Waffen nicht auf Präzision sondern auf Wirksamkeit im Gefecht an. Die AK-47 war robust und zuverlässig. Sie war preisgünstig herzustellen und ihre wichtigsten Funktionsteile waren von ordentlicher Beschaffenheit.

Die AK-47 wurde nicht nur die Standardwaffe der Roten Armee. Sie wurde auch in fast allen Ländern des Warschauer Pakts eingeführt. In China wurde das Gewehr als Typ 56 produziert. Die Ak-47 kam dazu noch in vielen weiteren Nationen der 2. und 3. Welt zum Einsatz. Bis zum Jahre 1985 wurden weltweit 50 Millionen Gewehre hergestellt. Damit wurde die Kalashnikov zum verbreitesten Schnellfeuer-Gewehr auf unseren Planeten. Inzwischen gibt es unter der Bezeichnung AK- 74 Weiterentwicklungen mit der Kleinkaliberpatrone 5,45 x 39 mm.

Nach dem Zusammenbruch der Sowjetunion war die Kalashnikov auch auf dem Schwarzmarkt zu haben. Sie kam in unbefugte Hände. In die Hände von Aufständischen, Terroristen und Kindersoldaten. Sie wurde damit auch zu einem Symbol der Not und der Missstände auf unserer Welt.

Handfeuerwaffen, auf die wir uns hier beschränkten, sind nur ein kleiner Ausschnitt der Militärtechnik. Der Krieg mit seinem Arsenal des Schreckens ist sicher nicht die Mutter aller Dinge. Philosophisch gesehen sind Kriegswaffen die Ausgeburt einer bedrängten Kreatur. Sie sind die Werkzeuge einer herzlosen Welt, wie sie die Antwort auf geistlose Zustände sind.

Wirtschaftlich gesehen sind sie eine gewaltige Abschöpfung des Volksgutes. Mit großem Aufwand von Geist, Material und Energie wird etwas geschaffen was keine Rendite bringt. Im Ernstfall wird damit nur zerstört, was vorher mühsam aufgebaut wurde.

Technisch gesehen setzten sie den Anfang der modernen Technik. Kämpferische Auseinandersetzungen sind häufig die treibende Kraft für bahnbrechende Entwicklungen - zumindest werden sie dadurch beschleunigt. Beispiele aus der jüngeren Vergangenheit sind Radar, Düsenflugzeuge und Raketen.

Das Buch belegt, das die Kraftwerks- und moderne Verkehrstechnik aus der Waffenlinie abzweigt. Dennoch wäre es ein Trugschluss zu behaupten, dass es ohne kriegerische Auseinandersetzungen keine technische Entwicklung gäbe. Mit dem Aufwand den ein Weltkrieg verursacht, könnte man auch gemeinsam den Weltraum erforschen oder Wüsten fruchtbar machen. Derartige herausfordernde Großprojekte würden genauso die Technik befruchten und vorantreiben. Die Raumfahrt hat dies auch bewiesen. Das Marsfahrzeug *Curiosity* ist ein Beispiel dafür. Dieses Elektrofahrzeug mit Nabenmotoren und Lithium-Akkus hat eine Lebenserwartung von 14 Jahren. In dieser Zeit müssen von außen die Batterien weder mit Energien noch Kraftstoffen versorgt werden. So etwas bräuchten wir jetzt auf Erden - damit die Elektromobilität endlich in Schwung kommt.

Der Mensch handelt nicht immer rational. Sein Tun in der Menschheitsgeschichte wird leider auch von irrationalen Verhaltensweisen bestimmt. Im letzten Kapitel wird auf diesen Umstand nochmals gesondert eingegangen.

Die Kraftwerkslinie

Das Maschinenzeitalter gibt Dampf
James Watt (1736 – 1819)

Verbesserung der Wärmekraftmaschinen
Wilhelm Schmidt (1858 – 1924)

Elektrische Energie bis zur letzten Hütte
Werner von Siemens (1816 -1892)

Elektrische Energie- und Datenübertragung
Energieverteilung im 20. Jahrhundert

Das Weltlabor
CERN bei Genf und Fusionsreaktor Cadarache

Das Maschinenzeitalter gibt Dampf
James Watt (1736 – 1819)

Berthold Schwarz und Gutenberg waren Vorläufer des Technikzeitalters. Luther, Leibniz und Newton wurden zu geistigen Wegbereitern, die die ideellen und theoretischen Grundlagen für die moderne Technik gelegt haben. Einer der bedeutendsten Praktiker des Maschinenzeitalters hieß James Watt.

Die erste Kraft, die sich der Mensch nutzbar machte, lag in ihm selber, die Kraft seiner Muskeln. Zwei schaffen mehr als einer, das war das Grundgesetz der Arbeit. Die schweren Statuen des Pharaos Ramses II. mussten zehntausende von Menschen bewegen. Die Wasser-Kraft ist im zweiten Jahrhundert vor Christi Geburt in Griechenland nutzbar gemacht worden - zum Antrieb von Mühlen und Bewässern von Feldern. Doch diese antike Erfindung hat sich keineswegs rasch verbreitet. In Deutschland wurde die Wassermühle erst im vierten Jahrhundert nach Christi Geburt bekannt. Die dritte Kraft, die der Mensch sich nutzbar zu machen wusste, war die des Windes. Aus einer alten Handschrift ist zu entnehmen, dass wohl die Perser die ersten waren, die eine Windmühle konstruierten. Dieses Windrad war nicht in den Wind schwenkbar. Es wurde beim Bau auf die Hauptwindrichtung ausgerichtet. Kreuzfahrer brachten später die Konstruktion dieser Maschine nach Europa.

Im Jahre 1105 drehte sich in einem französischen Kloster eine der ersten Windmühlen in Europa zum nützlichen Gebrauch. Es war eine Windkraftmaschine, die auf einem drehbaren Bock gelagert war und sich damit in den Wind schwenken ließ. Dieser Typ hieß „deutsche Windmühle" im Gegensatz zu den Holländermühlen, bei denen sich nur das Oberteil in den Wind drehen ließ. Zu dieser Zeit hatte man also bereits die Elemente Wasser und Luft nutzbar gemacht. Der hochwürdige Bischof von Utrecht erklärte anno 1341 allen Ernstes, ihm gehöre der gesamte Wind der Provinz und wer diesen nutzen wolle, müsse an ihn, den Bischof, Pacht zahlen. Und die Menschen zahlten.

All diese Anlagen waren an einen Bach oder an den Standort des Windrades gebunden. Im 18. Jahrhundert hatte man in England schon vieles mechanisiert. Es gab Aufzüge und Kräne, Drehbänke und Eisenhämmer, doch alles musste schweißtreibend in Bewegung gebracht werden. Es fehlte eine bewegliche Antriebsmaschine. Leonardo da Vinci hatte bereits Feuermaschinen, Dampfapparate, ja sogar Dampfkanonen konstruiert. Zahlreiche historische Zeichnungen gibt es darüber. Aber ihm fehlte wohl das handwerkliche Können, um diese Maschinen zu bauen; vor allem aber das Material, das den Temperaturen und den erforderlichen Kräften standgehalten hätte.

Eine weitere wichtige Vorarbeit stammt von einem Bürgermeister aus Magdeburg namens Otto Guericke. Otto Guericke hatte 1661 einen Zylinder mit einem Kolben verschlossen. Die Luft im Zylinder hat er heraus gepumpt, mit einer eigens von ihm erfundenen Luftpumpe. Der Kolben wurde daraufhin vom atmosphärischen Luftdruck in den Zylinder gedrückt. Damit hat er bewiesen, dass auch die uns umgebende Lufthülle Arbeit leisten kann. Der Zylinder hatte 39 cm Durchmesser und 56 cm Höhe.

Die wegweisende Erfindung für die in Schwung kommende moderne Technik aber stammt von dem Holländer Christian Huygens. Huygens erlebte die Schrecken des Dreißigjährigen Krieges, der mit Musketen, Kanonen und Flinten ausgefochten wurde. Als einer der Ersten erkannte er, was einen Krieg entscheiden konnte, sollte auch für den Frieden genutzt werden. In einer seiner Schriften hat er geschrieben: *Die Forscher sollten einen Teil ihrer Bemühungen darauf verwenden, zum Lobpreis des Schöpfers und Nutzen des Menschen einen neuen Anlass aufzudecken, der von Anbeginn des Schiesspulvers auf dem Weg lag, jedoch unbeachtet blieb, weil alle unter dem Vorurteil standen, dass Pulver könne nur dazu dienen, zu verwunden, zu töten, zu sprengen und schließlich die Welt aus den Angeln zu heben.*

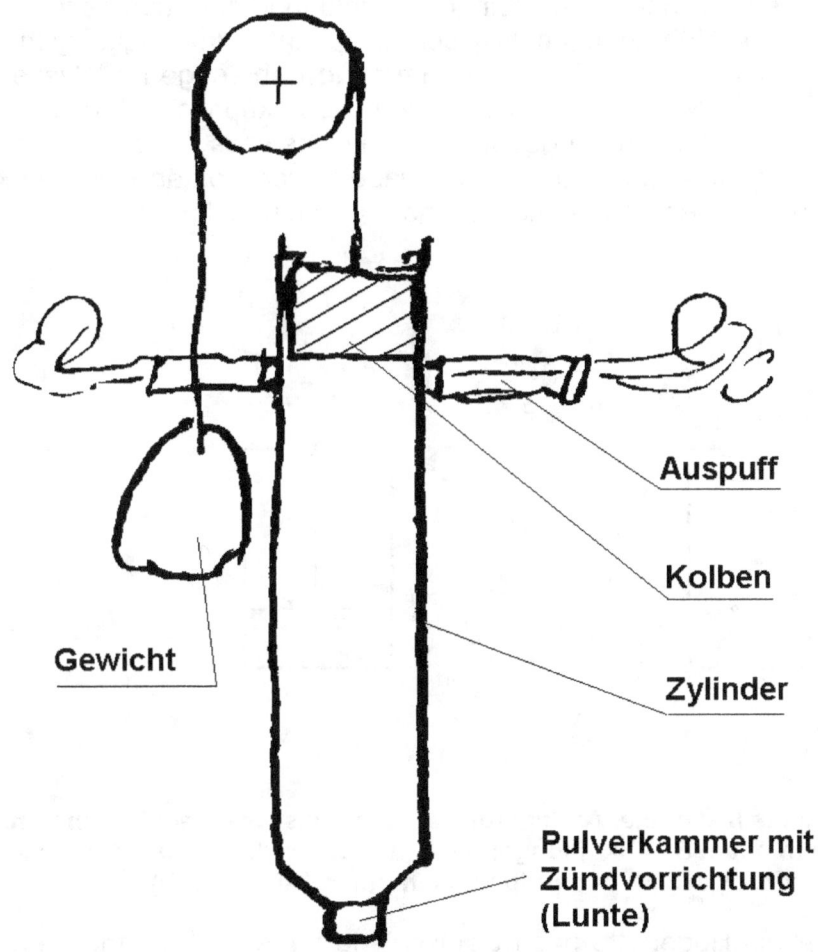

Pulvermaschine (Skizze von Christian Huygens)

Huygens, der die berühmten Bücher Guerickes kannte, verglich das Kanonenrohr mit einem Zylinder und die Kanonenkugel mit einem Kolben. Er baute eine Pulvermaschine. Im Zylinder wurde eine Pulverexplosion erzeugt. Der Kolben wurde zum Anschlag geschleudert und gab zwei Auspuffschlitze frei. Die ausströmenden Pulvergase erzeugten im Zylinder einen Unterdruck, sodass der atmosphärische Luftdruck den Kolben wieder in den Zylinder zurück drückte.

Huygens hat also eine atmosphärische Kolbenmaschine gebaut, bei der das Pulver nur eine Mittlerrolle spielte. Die Kraft, die diese Maschine produzierte, erwuchs aus der Wirkung des normalen Luftdrucks auf einen luftverdünnten Raum. In Paris führte Huygens seine Pulvermaschine dem Finanzminister Ludwigs XVI., Colbert, vor. Der Kolben der Maschine war durch ein Seil mit einer Plattform verbunden, die sich hob, sobald der Kolben in den Zylinder gepresst wurde. Fünf Diener wurden auf diese Plattform beordert. Huygens entzündete das Pulver - und dann wurden die Männer in die Luft gehoben. Ein Erfolg! Huygens erzählte daraufhin von seinen großartigen Visionen. Er meinte, mit seiner Einrichtung könne man gewaltige Steine für Bauwerke in die Höhe bringen, Wasser für Springbrunnen aufsteigen lassen. Sein Motor würde leicht und kraftvoll sein, um neue Fahrzeuge für Wasser, Land und Luft zu erfinden. Der Finanzminister jedoch blieb skeptisch. Er erkannte, das diese Maschine, wie Huygens sie gebaut hatte, keineswegs in der Lage war, das Wasser herbeizuschaffen, das man für die Hunderte von Fontänen in den königlichen Gärten brauchte. Denn das - und nur das - war sein Ziel.

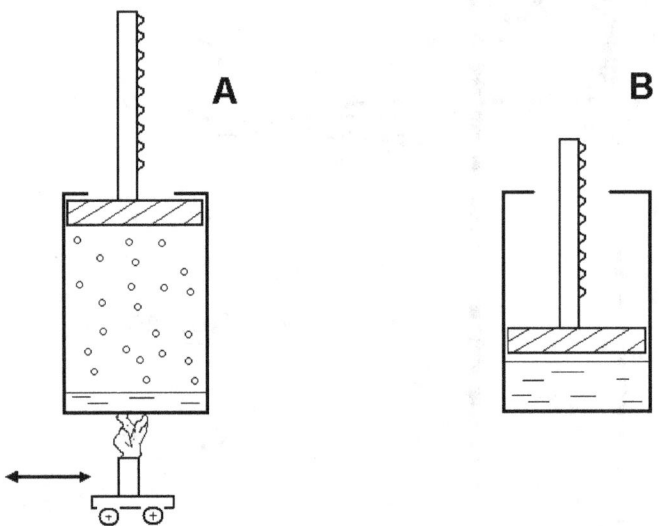

Prinzip von Papins Maschine. A: Zugeführte Wärme läst Wasser verdampfen. Der Kolben geht nach oben. B: Abkühlungsphase, der Dampf kondensiert und der Luftdruck drückt den Kolben nach unten (Arbeitshub)

Denis Papin (der als Hugenotte nach Deutschland hatte flüchten müssen) wurde ein Schüler Christian Huygens. Er bemühte sich die unzulängliche Pulvermaschine seines Lehrers zu verbessern. Er kam darauf, dass der Unterdruck gefahrloser mit Wasserdampf zu erzielen sei als mit Pulverexplosionen. Da Wasserdampf die Eigenschaft hat, durch Abkühlung sich in Wasser zu verdichten, hinterlässt es dadurch ein Vakuum. Dies war die Geburtsstunde der Dampfmaschine. Seine Maschine bestand aus einer Blechdose, die man mit etwas Wasser füllte und mit einem Kolben verschloss. Durch dauerndes Anheizen und Abkühlen ging der Kolben hin und her.

Gegen Ende des 17. Jahrhunderts versuchte der englische Mechaniker Thomas Savery eine Dampfpumpe zu bauen, die er „The miner`s friend" nannte. Der englische Kohlenbergbau litt unter hohem Grundwasser. Umfangreiche Pumpanlagen, die mit Menschen- und Pferdekraft angetrieben wurden, verteuerten die Kohleförderung so sehr, dass die Rentabilität kaum noch gegeben war. Doch der „Freund des Bergmanns" befreite aufgrund seiner schlechten Leistung die englischen Gruben nicht von ihren Wassernöten. Erst durch den Franzosen Desaguliers wurde Sayerys Maschine verbessert, indem er Einzelkonstruktionen Papins auf die Erfindung des Engländers übertrug. Die Leistung dieser verbesserten Savery-Maschine wurde auf 5,5 PS berechnet.

Einen entscheidenden Fortschritt erzielte der Schmiedemeister und Eisenhändler Thomas Newcomen aus Dartmouth (Devonshire). Newcomen kannte die Schriften Papins wie auch die Konstruktion Saverys.

Newcomensche atmosphärische Dampfmaschine

Er baute eine große atmosphärische Dampfmaschine, die ab 1712 in den Bergwerken praktische Arbeit leistete. Sie hatte einen vom Zylinder getrennten Kessel und einen großen Balancier. An einem Ende hing der Kolben, am anderen die

Pumpenstange. Die Maschine von Newcomen funktionierte, war aber ein entsetzlich qualmendes, gefräßiges Ungetüm, das etwa die Arbeit von 50 Pferden übernahm. Spöttisch bemerkte man, dass man ein eigenes Bergwerk benötige, um diese Feuermaschine in Betrieb zu halten. Hier setzte die Arbeit von James Watt ein, von der wir jetzt etwas ausführlicher berichten.

James Watt wurde als Sohn armer, aber gebildeter Eltern geboren. Sein Vater war Zimmermann und Konstrukteur von nautischen Geräten. James war ein kränkliches Kind, das u. a. unter chronischen Kopfschmerzen litt. Die Eltern unterrichteten ihn deshalb selbst. Schon als Junge experimentierte er eifrig und soll die Funktionsweise von jedem Gegenstand, den er in die Hand bekam, erforscht haben. Darüber hinaus war er ein eifriger Sammler von Pflanzen und Steinen, las alles, was er unter die Augen bekam, und erfand selber Geschichten. Für ein Studium waren seine Eltern zu arm, deshalb begann Watt in London eine Mechanikerlehre. Da diese ihm bald nichts mehr zu bieten hatte, brach er sie vor Ablauf der siebenjährigen Lehrzeit ab. Er konnte sich deshalb nicht als Handwerker niederlassen und hatte Glück, dass er 1757 eine Stelle als Instrumentenmacher an der Universität von Glasgow erhielt. Dort fertigte und reparierte er für die Universität Instrumente wie Kompasse und Quadranten. Sein Kellerlabor entwickelte sich schon bald zum Treffpunkt von Dozenten und Studenten. Obwohl „nur Handwerker" fand Watt, der von seinen Zeitgenossen als außerordentlich bescheiden und liebenswürdig beschrieben wurde, an der Universität viele Freunde. 1760 heiratete Watt seine Sandkastenliebe Margaret Miller. Von ihren Kindern überlebte nur der Sohn James.

1764 erhielt Watt den Auftrag, eine Dampfmaschine nach der Bauart von Thomas Newcomen zu reparieren. Diese Maschine war, wie schon geschildert, wegen ihres großen Energieverbrauches berüchtigt. Watt beschloss, die Maschine nicht nur zu reparieren sondern auch zu verbessern. Er lernte sogar Deutsch, um deutsche Schriften zur Wärmetheorie zu lesen. Schließlich kam Watt die entscheidende Erkenntnis: Um das fortwährende, wechselweise Aufheizen und Abkühlen des Zylinders zu vermeiden, verlegte er die notwendige Kondensation des Wasserdampfes in einen separaten Behälter, den Kondensator. Zusätzlich isolierte er den Zylinder, um Wärmeverluste zu verringern. Bei der Umsetzung dieser Ideen ergaben sich jedoch technische Schwierigkeiten. Um seine Verbesserungen unter Ausschluss der Öffentlichkeit zur Patentreife zu entwickeln, musste Watt seinen Job an der Uni aufgeben. In den folgenden Jahren häufte er Schulden an, obwohl er nebenher als Feldvermesser arbeitete, um seine Familie über Wasser zu halten. Außerdem war er häufig krank. Erst 1769 fand er in dem Eisenfabrikanten John Roebuck (1718-1794) einen Finanzier und konnte seine Erfindungen patentieren lassen. Das Patent mit der Nummer 913 vom 5. Januar 1769 dokumentiert eine bedeutende Entwicklung der Technikgeschichte. Watts erste Verbesserung der Dampfmaschine ermöglichte gegenüber den Vorläufermodellen bereits eine Ersparnis an Steinkohle von über 60 Prozent.

Doch beim Bau einer ersten großen einsatzfähigen Dampfmaschine ergaben sich neue Schwierigkeiten. Es gelang zunächst nicht, einen dampfdichten Zylinder herzustellen. John Roebuck ging Bankrott. Unterdessen starb in Watts Abwesenheit seine Frau. Mit Hilfe des Industriebarons Matthew Boulton, der Roebucks Nachlass übernahm, konnte Watt schließlich eine befriedigende Dampfmaschine herstellen. Sie wurde 1776 in der Fabrik von John Wilkinson installiert. Wilkinson hatte den führenden mechanischen Betrieb in Großbritannien und schaffte es, für Watts Dampfmaschine endlich einen Zylinder in der gewünschten Qualität zu fertigen. In der Folge fertigten Boulton und Watt in ihrer gemeinsamen Dampfmaschinenfabrik in Soho bei Birmingham Maschinen in Serie, die sie jedoch nicht verkauften, sondern vermieteten. Als Nutzungsentgeld verlangten sie ein Drittel der gesparten Betriebskosten. Doch obwohl eine große Nachfrage nach den Maschinen bestand, konnte die Firma erst ab 1785 Gewinne machen.

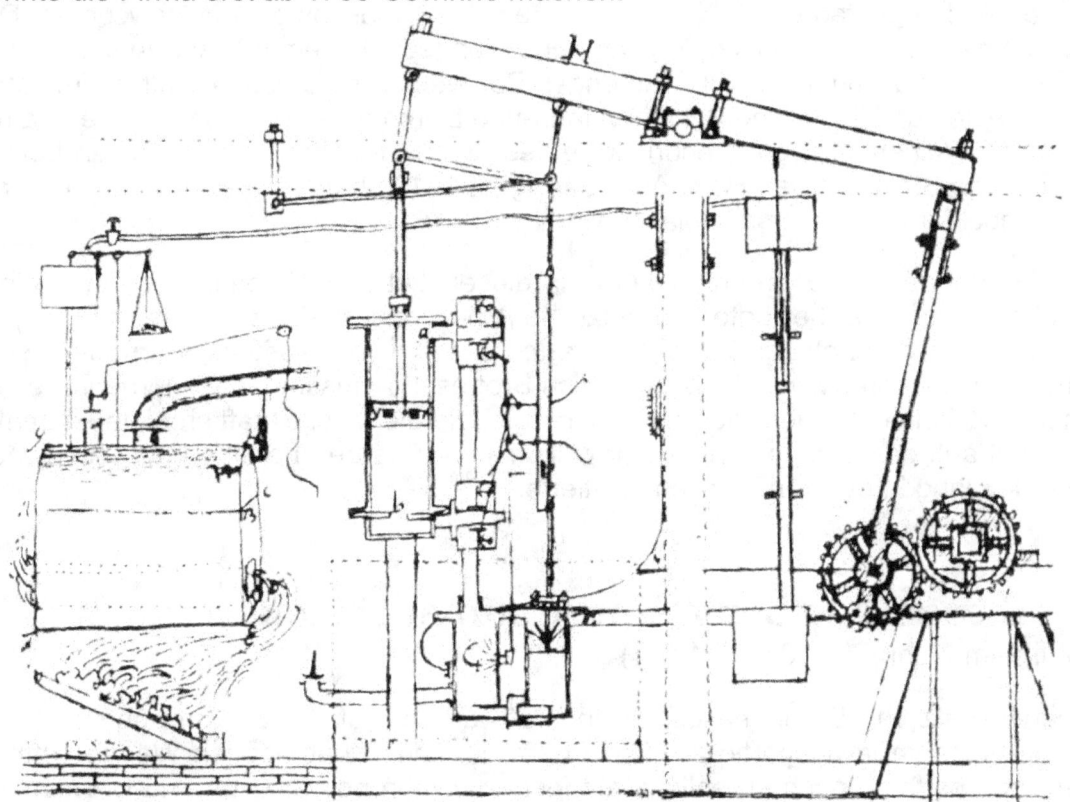

Skizze über doppelwirkende Wattsche Dampfmaschine (Länge des Waagebalkens etwa 4,75 Meter)

1781 wandelte Watt den Kolbenhub mittels eines Schubkurbelgetriebes in eine Drehbewegung um. Den einfachen Kurbeltrieb, auf dem ein Patent lag, hat er damit umgangen. Eine oszillierende Bewegung in eine drehende umzuwandeln war einer der bedeutendsten technischen Erfindungen der Sandkastenkinder. Die Drehbewegung kommt in der Natur als Antriebsmechanismus nicht vor. Hier zeigten die Sandkastenspezies, dass sie nicht nur kopieren sondern auch grundlegende neue Lösungen in die Welt setzen konnten. 1782 konstruierte Watt eine Dampfmaschine, bei der der Kolben von beiden Seiten durch Dampf bewegt wird. Damit hatte James Watt nun eine Dampfmaschine entwickelt, bei der die komplette Arbeit vom Dampf geleistet wurde und nicht mehr ein Teil der Arbeit vom relativ niedrigen natürlichen Luftdruck. Auf diese Weise wurden wesentlich stärkere Maschinen möglich. Bei dieser Bauart drückt der Kolben den Balancier nach oben und zieht ihn nach unten. Damit diese in zwei Richtungen wirkenden Kräfte übertragen werden konnten, wurde statt einer Kette eine Kolbenstange benutzt.

1788 stattete er seine Dampfmaschinen mit einem Fliehkraftregler zur Regelung der Geschwindigkeit aus und 1790 komplettierte er seine Maschinen durch Erfindung eines Sicherheitsventils. Außerdem führte er die Pferdestärke (PS) als Maßeinheit für die Leistung ein. Die Dampfmaschinen von Watt erreichten schließlich einen Wirkungsgrad von 3 %, das sechsfache der Maschinen von Newcomen. Der Bau einer Hochdruckmaschine verzögerte sich jedoch wegen Watts Angst vor Explosionen und seinen bis 1800 laufenden Patenten. Als Richard Trevithick im Jahre 1804 eine auf Rädern und Schienen fahrende Dampfmaschine konstruierte und mit dem fünffachen Atmosphärendruck betrieb, wünschte Watt ihm ob diesen Leichtsinns den Strick um den Hals. Am 19. August 1819 starb Watt - unter anderem als Ehrendoktor der Universität Glasgow.

Die Kugel des Kanonenrohres wurde in dieser Zeit zum Kolben, der sich in einer Röhre hin und her bewegte und nützliche Arbeit verrichtete, z. B. dass er Pumpen oder Maschinen antrieb. Damit dämmerte über den Sandkastenkindern, die bisher im Schweiße ihres Angesichts ihr täglich Brot essen mussten, das Morgenrot eines neuen Zeitalters herauf. Die Antriebsenergie, die die Muskelkraft ersetzte, stammte vorerst aus der Erde, worin sie vor Millionen von Jahren bereitet und gespeichert wurde - lange bevor ein Mensch existierte.

Verbesserung der Wärmekraftmaschinen
Wilhelm Schmidt (1858 – 1924)

Der Einsatz von Dampfmaschinen in Kraftwerken, auf der Schiene und auf dem Wasser nahm lawinenartig zu. Doch den mit Dampf betriebenen Wärmekraftmaschinen hafteten noch erhebliche Mängel an. Während der Otto- und Dieselmotor bereits mit beachtlichen Wirkungsgraden aufwarten konnte, hatte die Dampfmaschine fast keinen. Er erreichte durchschnittlich 5 %. Das heißt nur fünf Prozent der Energie der Brennstoffe (meist Kohle) wurden in mechanische Energie umgewandelt. Außerdem waren diese Antriebsmaschinen noch ziemlich störanfällig und damit wenig zuverlässig. Dies hat sich geändert mit dem Mann, den man später den Heißdampf-Schmidt nannte. Wie es dazu kam, war mehr als verwunderlich.

Wilhelm Schmidt ging in Wegeleben, wo er am 18. Februar 1858 geboren wurde, zur Volksschule. Sein Lehrer war der Überzeugung, dass aus ihm einmal nichts Rechtes wird. Er meinte: „Wilhelm beherrscht das ABC nicht, er schreibt, als hätte er eine Pfote statt einer Hand und das Rechnen liegt ihm schon ganz und gar nicht. Aber wenn es um Streiche geht, ist er vorneweg dabei".

Doch der Lehrer von Wegeleben täuschte sich. Wilhelm begann eine Lehre als Maschinenschlosser. Er zeigte sich in praktischen Fragen durchaus begabt und lernte doch noch lesen und schreiben, wenn auch spät. Mit 17 Jahren zog er als Geselle durch Deutschland, wie dies damals so üblich war. Und er begann alle Bücher zu verschlingen die ihm in die Hand kamen. Er lass am liebsten Indianergeschichten und wollte nach Amerika gehen, um den Indianern im Kampf um ihr Überleben zu helfen. Später kamen Goethe, Schiller und der Philosoph Kant dazu. Eines Tages kaufte er für ein paar Groschen von einem anderen Handwerksgesellen ein Neues Testament, und las immer wieder darin.

In dieser Zeit erkannte er etwas von einer transzendenten Wirklichkeit, die ihn umgab und die, wie er meinte, sich um sein Leben kümmerte. Er fühlte sich regelrecht mit „Schicksalmächten" verbunden und dadurch geborgen. In dieser Zeit schrieb er in sein Tagebuch, dass er den Frieden seiner Seele gefunden habe und sich ziemlich glücklich fühle. Doch die erste Euphorie verging und machte wieder dem nüchternen Alltagsleben platz. Schuld daran waren vielleicht auch die Gemeindehirten, die sich wohl nicht sonderlich um ihn kümmerten. Doch blieb er seinem gefundenen Glauben bis ins Alter treu.

In der Zeit, da Wilhelm Schmidt als Schlosser in einer Maschinenfabrik arbeitete, war die Dampfmaschine schon erfunden und Dampflokomotiven zogen Züge durch das Land. Doch diese Maschinen hatten, wie schon berichtet, ein Problem - den niedrigen Wirkungsgrad. Er lag unter 5%. Der in den Rohrleitungen und im Zylinder kondensierende Sattdampf hinderte zudem einen reibungslosen Betrieb und führte immer wieder zu Störungen. Wilhelm hatte sich lange vergebens mit diesem Problem befasst. Wie konnte man die Funktionalität und den Wirkungsgrad der Dampfmaschinen verbessern? Das waren die Gedanken, mit denen er sein Gehirn zermarterte.

In der Stille eines Sonntages, nach dem Gottesdienst in der Kirche, sah er plötzlich, als er in Nachdenken versunken in seinem Zimmer saß, an der Wand gegenüber die Grundrisse einer Maschine gezeichnet. Seinem Grundsatz treu, am Sonntag nicht zu arbeiten, begnügte er sich damit, sich das Bild ins Gedächtnis einzuprägen und am Montag aufzuzeichnen. Als er die Skizze betrachtete und das Funktionsprinzip erkannte, war er verblüfft. So einfach war die Lösung des Problems. Der aus dem kochenden Wasser aufsteigende Dampf wurde weiter erwärmt (überhitzt). Der Dampf wurde dadurch trocken, die Kondensation blieb aus, der Wirkungsgrad verbesserte sich erheblich und die Anlage wurde funktionssicherer.

Wilhelm machte sich nun mit Feuereifer an eine praktisch umsetzbare Konstruktion. In der „vom Himmel gefallenen Prinzipskizze" wurde die vom Kessel kommende Dampfrohrleitung in Form einer Rohrschlange durch die heißen Abgase des Feuers geführt. Dadurch überhitzte sich der nasse Dampf. Die Frage war nur, wie dick und wie lang muss die Rohrschlange sein, damit der Dampf auf eine vernünftige Temperatur gebracht wird. Die Lösung erforderte Kenntnisse in der Wärmelehre und Mathematik. Die Wärmeübergangswerte von Stahl waren damals noch nicht bekannt und so suchte Wilhelm monatelang vergeblich nach dem richtigen Verhältnis der Rohroberfläche zu dem durchströmenden Dampf, damit eine ausreichende Überhitzung durch das Rauchgas stattfand und die Heißdampflokomotive auch wie gewünscht funktionierte.

Weil er die Lösung nicht fand, stellte er sie endlich zurück und ging in die stille Einsamkeit der Bergwelt. Als er an einem Morgen erwachte - es war wieder Sonntag - standen plötzlich die gesuchten Zahlenverhältnisse bildhaft vor ihm. Diesmal schrieb er sie auf, ließ aber den Sonntag vorübergehen, ohne zu rechnen und zu zeichnen. Am Montag änderte er entsprechend den Zahlenverhältnisse seine bisherigen Zeichnungen. Die praktische Umsetzung ergab dann später eine wesentlich günstiger funktionierende Dampfmaschine. Die moderne Heißdampflokomotive war erfunden! Kein Wunder, dass ihm seine Erfindungen wie Geschenke Gottes vorkamen. In seinem Tagebuch heißt es immer wieder: „Ich danke dir, Gott, ich danke dir."

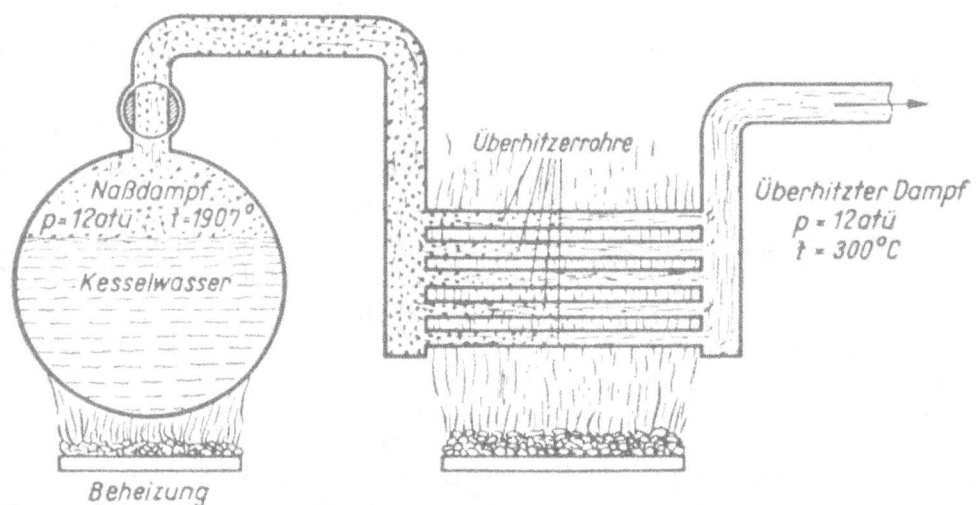

Schema der Heißdampferzeugung

Nach seiner ersten Erfindung wurde er gedrängt auf der Technischen Hochschule in Dresden zu studieren, und so wurde der unbegabte Volksschüler Ingenieur. Berühmt wurde er aber unter dem Namen „Heißdampf-Schmidt", weil seine wichtigste Erfindung die Heißdampfmaschine war. Später ging er dazu über, neben der Temperatur auch den Druck des Dampfes zu erhöhen, um damit nochmals eine Wirkungsgradverbesserung zu erreichen. Die Hochdruckdampfmaschine wurde 1921 geboren. Durch seine Erfindungen erzielten die Lokomotiven, Dampfmaschinen, Dampfschiffe und später auch die Kraftwerke eine wesentliche Leistungsverbesserung. Wilhelm Schmidt hat mit seinen Erfindungen einen nicht hoch genug einzuschätzenden Beitrag zur Energieeinsparung und Verbesserung der Lebensqualität der Menschheit geleistet. Schließlich wurde er Ehrendoktor der Technischen Hochschule in Karlsruhe und besaß am Ende seines irdischen Lebens 200 deutsche Reichspatente und 1.200 Patente in anderen Ländern. Schmidt ist am 16. Februar 1924 in Bethel gestorben.

Der etwas seltsam anmutende Bericht von Wilhelm Schmidt ist in der Technikgeschichte bezeugt. Man hat geradezu den Eindruck, dass das Spiel der Kinder im Sandkasten nicht vor leeren Bänken erfolgt. Es ist wie wenn jemand die Kinder bei ihrem schöpferischen Tun beobachtet und denkt, jetzt müssten sie aber endlich darauf kommen und diesen wesentlichen Punkt noch verbessern. Warum kommen sie nur nicht darauf? Schließlich greift eine ungeduldige Hand in den Sandkasten und sagt, so müsst ihr es machen! Dass dieser Jemand auf der Außenbank sich gerade Wilhelm Schmidt ausgesucht hat, ist wiederum verständlich. Wenn ein anderer gesehen hätte, wie eine fahle Hand auf einer Wand eine Maschine zeichnet, so hätte er sich vermutlich auf der schwarzen Couch eines Psychiaters wieder gefunden. Für Schmidt, mit seiner inneren Beziehung zur jenseitigen Welt, war dies jedoch verkraftbar und das zweimalige Erlebnis hat ihm nicht geschadet, sondern ihn nur in seiner technischen Laufbahn gefördert.

Die Energieerzeugung aus Kohle setzt viel Abgase wie Schwefeldioxid und Kohlendioxid in die Luft. Bei zunehmender flächendeckender Energieerzeugung aus Kraftwerken würden die Lande bald mit Rauch erfüllt sein. Dazu tritt bei vermehrtem CO_2-Gehalt in der Atmosphäre auch eine langsame Erderwärmung ein, was globale Folgen hat. Die Energiegewinnung aus Kohle musste daher unbedingt effektiver werden als bei der Dampfmaschine von James Watt. Das Verfahren von Wilhelm Schmidt wurde dann auch auf die Spitze getrieben. In den Kraftwerken werden heutzutage die Dampftemperatur und der Dampfdruck bis an die Materialgrenzen hochgefahren, so dass ein Wirkungsgrad bis zu 46 % erreicht wird. Das bedeutet, dass gegenüber der herkömmlichen Dampfmaschine aus einer bestimmten Menge Kohle das 10-fache an Energie herausgeholt werden kann.

Im 21. Jahrhundert stehen wir vor einem ähnlichen Problem. Wir lassen viel Abgase in die Luft und gefährden das Klima. Der Wirkungsgrad von Verbrennungsmotoren liegt in der Regel unter 30 %. Die Umstellung auf eine abgasfreie Verkehrstechnologie und Energieversorgung ist notwendig. Damit der Durchbruch gelingt (wie seinerzeit bei *Wilhelm Schmidt*), ist ein elektrischer Energiespeicher erforderlich, der einerseits als mobile Energiequelle in Fahrzeugen dient und zum anderen als Pufferung von Solar- und Windenergie verwendbar ist.

Elektrische Energie bis zur letzten Hütte
Werner von Siemens (1816 – 1892)

Mit der Dampfmaschine hatte man erstmals eine Einrichtung entwickelt, die chemisch gespeicherte Energie in Arbeitsleistung umsetzen konnte. Damit war die Möglichkeit gegeben, sie auch beweglich einzusetzen. Sie wurde als Antrieb in Schiffen, Lokomotiven, Fahrzeugen und Dampfpflügen eingesetzt; hauptsächlich aber stationär in Fabriken zum Antrieb von Maschinen. Dampf zum Antrieb von Kolben oder später von Turbinenrädern zu nutzen ist bis heute die hauptsächlichste Energieumsetzung geblieben. Ob im Kohle-, Öl-, Gas-, oder Atomkraftwerk, stets wird mit Wasser gekocht.

Mit dem Stichwort Kraftwerk kommen wir zur Entwicklung der elektrischen Energieerzeugung und -verteilung. Durch die Erfindung der elektrischen Kraftübertragung wurde es möglich, Dampfkessel und Dampfmaschinen, bzw. Turbinen, in Kraftwerken zu zentralisieren und Energie zu den entlegensten Winkeln zu transportieren. Diese Verteilerstruktur hat die menschliche Kultur mehr verändert als irgendeine Philosophie oder Ideologie. Ein Name, der damit in Verbindung steht, heißt *Werner von Siemens*. Mit der Elektrifizierung wurde auch der Grundstock für die beginnende E-Mobilität gelegt – und es begann, fast unbemerkt, die Globalisierung der Welt. Die Völker fingen an zusammen zu rücken.

Galvani, Volta, Ampere, Ohm und Faraday, die im ersten Drittel des 19. Jahrhunderts versuchten, die Eigenschaften und das Verhalten des elektrischen Stromes zu erforschen, waren die Lehrmeister von Siemens gewesen. Physiker versuchten damals in den Laboratorien den Strom auch technisch anzuwenden. Einer der ersten Anwendungen bestand in der Erfindung des elektromagnetischen Telegraphen, 1832 durch Schilling von Canstadt und 1833 durch F. Gauß und W. Weber. Samuel F. B. Morse baute 1843 einen brauchbaren Schreibtelegraphen, der zusammen mit Dampfschiff und Dampfeisenbahn in Amerika bei der Ausbreitung in den Westen eine bedeutende Rolle spielte und dabei half, Raum und Zeit zu überwinden. Doch noch war man voller Zweifel darüber, ob die Elektrotechnik zur Kraftübertragung taugte und ob man dadurch die Maschinen in den Fabriken antreiben könne.

Werner Siemens selbst experimentierte mit elektrischem Strom. Im Jahr 1842 gelang es ihm, einen Teelöffel durch Gleich-Strom mit einem Überzug von Silber oder Gold zu versehen. In einen Behälter mit leitender Flüssigkeit wurde ein Stück Silber und ein Blechlöffel gehängt. Beide Teile wurden mit den Polen einer Batterie verbunden. Das Silber wurde durch den Strom gleichmäßig an der Löffelfläche niedergeschlagen. Siemens wurde damit Begründer der Galvanotechnik. Für dieses Verfahren bekam er ein Patent, das er an einen Juwelier verkaufte. Mit dem Erlös schickte er seinen 18-jährigen Bruder nach England, das zu dieser Zeit in der Technik und Industrialisierung viel weiter fortgeschritten war als das in viele Teilstaaten zersplitterte Deutschland.

Siemens entstammte einem alten Goslarer Stadtgeschlecht und wurde 1816 als das vierte Kind des Gutspächters Ferdinand Siemens geboren. 1823 zogen die Eltern ins Lübecker Gebiet, wo sein Vater das Staatsgut Menzendorf übernahm. Siemens wurde anfangs von der Großmutter und dem Vater unterrichtet, besuchte dann ein Jahr die Bürgerschule in Schönberg und bekam drei Jahre Unterricht von einem Hauslehrer. Schließlich besuchte er für drei Jahre das Gymnasium in Lübeck.

Er verließ das Gymnasium aber vorzeitig (1834) ohne einen formalen Abschluss. Er wollte lieber einen praktischen Beruf ergreifen. Auf den Rat eines Lehrers bewarb er sich beim Ingenieurcorps der preußischen Armee in Berlin, wurde jedoch abgewiesen. Daraufhin bewarb er sich bei der Artillerie in Magdeburg und wurde angenommen. Im Herbst 1835 wurde Siemens als Offizieranwärter für drei Jahre an die Berliner Artillerie- und Ingenieurschule kommandiert. Hier bekam er eine umfassende Ausbildung in naturwissenschaftlichen Gebieten wie Mathematik, Physik, Chemie und Ballistik und hörte nebenher Vorlesungen an der Berliner Universität. Diese Ausbildung beendete er 1838 als Artillerie-Leutnant.

Leutnant Siemens tat Dienst in Magdeburg und anschließend in der Garnison Wittenberg, wo er wegen der Teilnahme als Sekundant bei einem Duell zu fünf Jahren Festungshaft verurteilt wurde. Seine Zelle in der Zitadelle Magdeburg hat er zum Labor umgestaltet und dabei das schon erwähnte Verfahren zur Galvanisierung entwickelt. Er wurde jedoch bald begnadigt und 1842 zur Artilleriewerkstatt in Berlin versetzt.

Als Soldat entwickelte Siemens 1846 einen elektrischen Zeigertelegraphen mit Selbstunterbrechung. Im Jahre darauf erfand er ein Verfahren, um Drähte mit einer nahtlosen Umhüllung zu versehen. Damit konnten isolierte Leitungen und Kabel hergestellt werden. Am 12. Oktober 1847 gründete Werner Siemens - im Hauptberuf noch immer Offizier - mit dem Mechaniker Johann Georg Halske in Berlin die Telegraphenbauanstalt Siemens & Halske. Siemens und Halske ergänzten sich auf nahezu ideale Weise. Siemens hatte das Wissen, die Ideen und experimentierte gerne. Halske konstruierte die unendlich vielen Kleinigkeiten, um aus Ideen praktisch nutzbare Geräte zu machen.

1848 erhielt das junge Unternehmen einen wichtigen Auftrag - eine Telegraphenleitung von Berlin nach Frankfurt am Main zu legen, denn dort tagte in der Paulskirche die Nationalversammlung. Die Leitung wurde noch im Winter 1848/49 mit Geräten und Kabeln von Siemens & Halske gebaut. König Friedrich Wilhelm IV. von Preußen wusste schon eine Stunde nach der Abstimmung, dass die Nationalversammlung ihm die Kaiserwürde antragen wollte - eine Woche bevor die Delegation in Berlin ankam. So hatte er Zeit, die Angelegenheit zu überlegen - und er lehnte ab. Er scheute vor einer Würde zurück, die den „Ludergeruch der Revolution" an sich hatte. Durch diese Ablehnung vernichtete er das Werk der Versammlung, die wenige Monate zuvor den Willen und die Hoffnungen des ganzen deutschen Volkes auf Einheit verkörpert hatte. Die deutschen Farben, Schwarz-Rot-Gold, verschwanden überall wieder. Die letzten Kämpfer für die Sache der Paulskirche (z. B. in Sachsen) wurden mit den Zündnadel-Gewehren[2] der preußischen Truppen niedergemacht.

Die Firma Siemens & Halske aber wurde bekannt und weitere Aufträge in Preußen und den deutschen Staaten folgten. Auch im Ausland wurde Siemens & Halske

---

[2] Siehe Kapitel „Die Entwicklung moderner Handfeuerwaffen"

tätig. So wurden in Russland, Polen und England Telegraphenverbindungen gebaut. In England wurde sogar eine Kabelfabrik errichtet. Später im Jahre 1870 ging nach dreijähriger Bauzeit die Indo-Europäische Telegraphenlinie von London über Teheran nach Kalkutta in Betrieb - mit einer Länge von über 11.000 Kilometern. Die Welt begann zusammenzuwachsen.

1849 schied Siemens aus dem Militärdienst aus, um sich ganz dem Unternehmen und seinen Erfindungen zu widmen. 1866 baute er seine erste Dynamomaschine. Es hatte schon zahlreiche Laborversuche gegeben, Elektromotoren und Generatoren herzustellen. Das Wirkungsprinzip, eine stromdurchflossene Windung dreht sich im Magnetfeld, war bekannt. Siemens allerdings war der Erste, der die Selbsterregung erfand. Sein Generator kam ohne Fremderregung aus. Die Elektromagneten im Motor haben immer noch ein Restmagnetfeld, durch das beim Hochfahren ein kleiner Strom erzeugt wird, der die Elektromagneten in Funktion bringt. So konnte auf eine Batterie verzichtet werden. Es war nur ein Antrieb erforderlich, beispielsweise eine Dampfmaschine, um Strom zu erzeugen. Siemens glaubte fest an den Siegeszug der elektrischen Energie, der nun mit seiner Dynamomaschine möglich erschien. Aber es gab vorerst zu wenig praktikable Anwendungen, um der neuen Technologie zum Durchbruch zu verhelfen.

Erste Dynamomaschine von Siemens (1866)

Doch das hat sich bald geändert. Neben der Galvanotechnik war es das Bogenlicht, welches das Bedürfnis nach elektrischem Strom weckte. Die Städte wollten mehr und mehr ihre Gasbeleuchtung durch elektrische ersetzen. Siemens jedoch hatte noch eine andere Vision: die elektrische Kraftübertragung! Die elektrische Beleuchtung sei nur der Übergang zu der viel bedeutsameren elektrischen Kraftübertragung. Durch die elektrische Kraft kann der städtischen Bevölkerung Arbeitskraft auf mühelosem Weg zugeführt werden. Dadurch würden die kleine

Werkstatt, sowie der Einzelne in seiner Wohnung, in die Lage gebracht, die persönliche Arbeitskraft besser zu verwerten. Dieser Umstand, meinte Siemens, würde mit der Zeit einen vollständigen Umschwung unserer Arbeitsverhältnisse zugunsten der Kleinindustrie hervorbringen. Außerdem werde diese Kraftübertragung in den Häusern und Straßen Einrichtungen hervorrufen, welche zur Annehmlichkeit und Erleichterung des Lebens dienen - wie Ventilatoren, Aufzüge, Straßenbahnen usw.

Siemens sollte Recht behalten. 1879 wurden die erste elektrische Lokomotive und die erste elektrische Straßenbeleuchtung in Berlin in Betrieb genommen. Als die erste elektrische Lokomotive mit ein paar Wagen ihre Runden zog, setzte sich der Zug immer noch mit Dampf in Bewegung. Doch die Dampfmaschine war stationär mitsamt der Dynamomaschine in der nebenstehenden Fabrikhalle untergebracht. Die Kraftübertragung erfolgte über Kabel und Schleifleitung auf das bewegliche Teil. Um das Gefährt wieder zum Stehen zu bringen, musste der Riemen zwischen Dampfmaschine und Generator herunter geworfen werden.

1880 wurde der erste elektrische Aufzug in Betrieb genommen und 1881 gab es in Berlin die erste elektrische Straßenbahn (Berlin-Lichterfelde). Der Bedarf an elektrischen Strom stieg nun in den Städten. In Berlin wurde 1885 das erste Kraftwerk gebaut. Viele Städte schwankten noch, ob sie eine Gleichstrom- oder Wechselstromanlage bauen sollten. So entwarf die Firma Siemens für die Stadt Haag eine Gleichstromanlage, während gleichzeitig in Amsterdam eine Wechselstromanlage im Bau war. Doch zu der Zeit, als Siemens Gleich- und Wechselstromanlagen baute, entwickelte 1889 Dolivo-Dobrowolski, ein Assistent an der Technischen Hochschule Darmstadt, einen brauchbaren Drehstrommotor und Drehstromtransformator. Zu der Elektrotechnischen Ausstellung 1891 in Frankfurt / Main wurde Drehstrom von Lauffen am Neckar nach Frankfurt geleitet. Mit dieser Drehstromkraftübertragung von über 175 Kilometer begann die Zeit der Überlandversorgung. Die leichte Transformierbarkeit des Drehstromes und der einfache Bau des Drehstrommotors verhalfen dem Drehstrom zum Sieg.

In Anerkennung seiner Verdienste um Wissenschaft und Gesellschaft wurde Siemens durch Kaiser Friedrich III. 1888 in den Adelsstand erhoben. Siemens war auch auf anderen Gebieten fortschrittlich. 1872 gründete Siemens in seinem Unternehmen eine Pensions-, Witwen- und Waisenkasse, was völlig außergewöhnlich war. 1873 führte er den 9-Stunden-Arbeitstag ein. Vor diesen Maßnahmen hatte er schon die Löhne erhöht. Die übliche Entlohnung erschien ihm nicht ausreichend: *Mir würde das Geld wie glühendes Eisen in der Hand brennen, wenn ich den treuen Gehilfen nicht den erwarteten Anteil gäbe.* So sprach er und führte dazu noch eine Art von Erfolgsprämie für alle Arbeiter und Angestellten ein. Dadurch bekam er qualifizierte Mitarbeiter und einen festen Arbeiterstamm. Das wirkte sich in der Qualität und Arbeitsleistung aus und verlieh dem Unternehmen einen guten Ruf. Am 6. Dezember 1892 erlag *Werner von Siemens* in Berlin einer Lungenentzündung.

Die Idee mit dem elektrischen Strom ist damals vielen eingegeben worden, doch niemand hat so recht an seinen praktischen Nutzen geglaubt. Siemens aber war davon überzeugt und hat einen entscheidenden Schritt in die Zukunft getan. Damit hat er einen wichtigen Beitrag für die Kraftwerkslinie geleistet - die Energie in jedes Haus und zu jedem Menschen bringt. Elektrische Energie, hauptsächlich erzeugt von Dampfantrieben und transportiert über Kabel, wurde in den nächsten Jahrhunderten zur Leistungsquelle für jedermann. Der Alltag der Menschen wurde dadurch wesentlich erleichtert und verändert. Der andere Zweig, der sich aus der Waffenlinie abspaltete, ist die Entwicklung eines leistungsfähigen Verbrennungsmotors, der kabelunabhängig zum Antrieb von Wasser-, Land- und Luftfahrzeugen dient - und der letztlich ebenfalls durch einen Elektromotor ersetzt wird. Beide Linien kommen aus der Technik der Feuerwaffen, praktisch aus dem Pulvermotor von Huygens.

Wer heute aus der Steckdose elektrischen Strom entnimmt, denkt kaum daran, welche dramatischen Entwicklungen dahinter stecken und wie lang der Weg bis zu seiner flüchtigen Anwendung ist. Noch weniger wird er gewahr, wo die Energie eigentlich herkommt. Verstrickt in die engen Umstände seines kurzen Lebens merkt der Nutzer nicht, dass er mit Sternenenergie seine Wohnung saugt und seine Stube durch Energie aus Materie erhellt wird. Kommt der Strom von einem Atomkraftwerk, so stammt die Energie von einem bereits untergegangenen Stern. Stammt er von Solarzellen, einem Kohle-, Öl-, Gas-, Wasser- oder Windkraftwerk, dann kommt er von dem uns nächstliegenden Stern, der Sonne. Immer ist es Energie aus Materie, wenn auch in verschiedenen Zustandsformen gespeichert, die Arbeit für uns leistet – und immer ist, wenn auch geheimnisvoll versteckt, die Elektrokraft dabei.

Elektrische Energie- und Datenübertragung
Energieverteilung im 20. Jahrhundert

Mit der Dampfmaschine, unterstützt von der Eisenbahn, wuchs die Industrialisierung. Die Städte wurden größer, der Energiebedarf stieg laufend. Von den Kraftwerken mussten immer größere Mengen an elektrischen Strom zum Verbraucher transportiert werden - oft über weite Entfernungen. Es gibt kein Medium das hohe Leistungen so günstig transportieren kann wie der Elektronenstrom in einem Kabel. Ein Freileitungsseil mit 19 mm Durchmesser kann eine Leistung von etwa 50 MW (50 000 kW bei 110 kV Spannung), ohne Überschreitung der Seilendtemperatur von 80 °C, übertragen.

Als um 1880 der Erfinder *Thomas Edison* die Glühbirne entwickelte und erstmals zur Beleuchtung von Städten, wie beispielsweise New York, nutzte, setzte er auf Gleichstrom. Dabei erzeugten kleine Kraftwerke vor Ort eine relativ niedrige Spannung, die über wenige Kilometer transportiert und in den Haushaltungen zur Beleuchtung genutzt wurde. Ein Transport über längere Strecken war bei der niedrigen Spannung mit hohen Verlusten behaftet. Jeder Stadtteil benötigte daher eigene Kraftwerke. Sein Konkurrent *G. Westinghouse* entwickelte nahezu zeitgleich die

Wechselstromtechnik. Ihr Vorteil liegt darin, dass Wechselstrom mit Transformatoren auf höhere Spannungsebenen gebracht werden kann. Dies war damals für Gleichstrom nicht möglich. Bei hoher Spannung kann der Strom mit geringen Leistungsverlusten transportiert werden. So übertrug 1891 *Oskar von Miller* erstmals Drehstrom (Dreiphasen-Wechselstrom) aus einem Wasserkraftwerk in Lauffen am Neckar über 175 km Entfernung nach Frankfurt am Main.

Nachdem *Westinghouse* 1895 ebenso Drehstrom von den Niagara-Fällen in US-Großstädte leiten konnte, setzte sich die Wechselstromtechnik weltweit durch und prägte das Energiesystem bis heute. Der Hauptgrund dafür, dass Edisons Gleichstromtechnik in diesem Wettbewerb unterlag, bestand, wie gesagt, in der Nichttransformierbarkeit des Gleichstroms. Mit Transformatoren kann man die Spannung am Beginn einer Transportstrecke hoch- und am Ende wieder heruntersetzen. Dadurch wird die Stromstärke reduziert und es treten in der Leitung geringere Verluste auf. Der größte Anteil der Kraftwerksleistung kommt beim Verbraucher an. Die von der Strommenge direkt abhängigen ohmschen Verluste erwärmen die Leitung und können im schlimmsten Fall die Seile zum Glühen bringen, was nachts zwar einen beeindruckenden Anblick hervor rufen würde, den ohmschen Leiter-Widerstand aber weiter erhöht und die Festigkeit der Anlage gefährdet. Nach DIN EN 50431 dürfen Stromleiterseile im Dauerlastbetrieb sich nicht über 80 °C erwärmen. Im Kurzschlussfall darf bei auf Zug belasteten Freileitungsseilen (Alu/Stahl-Seil) die Höchsttemperatur 160 °C nicht übersteigen.

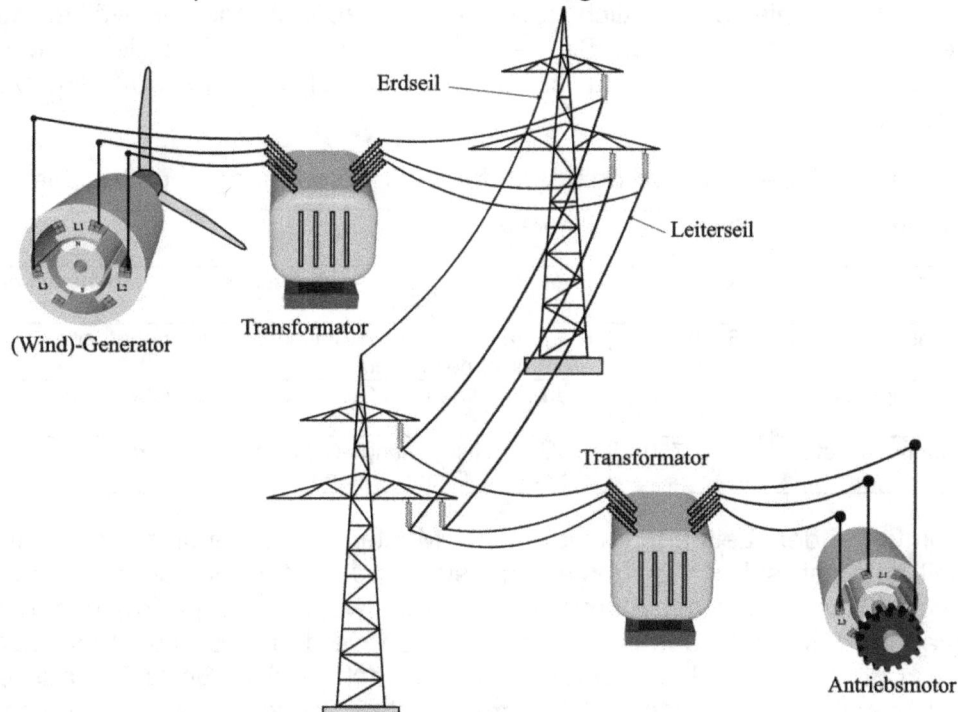

Schema einer Energieübertragung mittels Drehstrom

Die elektrische Energieverteilung innerhalb von Städten und Ortschaften wurde nach dem 2. Weltkrieg hauptsächlich auf Erdkabel umgestellt, da Freileitungen sich in vieler Hinsicht als nachteilig erwiesen. In ländlichen Gebieten, insbesondere zur Energieübertragung über große Entfernungen, werden dagegen die günstigeren Freileitungen bevorzugt. Dabei sind in Deutschland zurzeit Spannungen bis 380 kV üblich (im Ausland teilweise bis 1000 kV).

In einer Zeit wo Wert darauf gelegt wird, dass Gegenstände ein formschönes Design erhalten, wirken die rustikalen Freileitungs-Gittermaste wie ein Relikt aus vergangener Zeit. Doch der Schein trügt. Die Masten sind Zeugen der Moderne, in der der elektrische Strom Funktionsträger der Technik und des Lebens geworden ist. Diese Masten spannen ein „Spinnennetz" auf, das die unterschiedlichsten Kraftwerke auf dem Kontinent miteinander verbindet. Die verschiedenen Energieformen, wie Wasser, Kohle, Kernbrennstoff, Gas, Wind, Biomasse und Photovoltaik, auf einen Nenner bringt und über Freileitungen der Industrie sowie den Haushalten zur Verfügung stellt. Es ist wie ein gewaltiges Orchester, dass mit einer großen Zahl von Instrumenten eine Symphonie spielt, die alles zum Schwingen (Arbeiten) bringt. Abgestimmt ist das System auf den Grundton 50 Hertz. Der Dirigent ist die Informatik.

Die Leistungen die durch die Energienetze strömen sind gewaltig. Über einen Gittermast können durchaus über eine Million kW fließen. Der Energiehunger unsere Gesellschaft ist schier unersättlich geworden. Mit zunehmender Bevölkerung und wachsenden Wohlstand in den Schwellenländern wird der Energiebedarf weiter wachsen. Die Energieversorgung ist zur einer Schicksalsfrage auf dem Planten Erde geworden.

Die Stromnetze in der BRD werden nach folgenden Spannungen unterschieden.

Bezeichnung	Spannung in kV	Anwendung
Niederspannungsnetz	0,23/0,4	Energieversorgung von Wohnungen, Gewerbebetrieben und Landwirtschaft
Mittelspannungsnetz	6, 10, 20, 30, 60	Regionalnetz: Ortsnetzstationen, Industriebetriebe, große Wohneinheiten
Hochspannungsnetz	110, 220, 380	Kraftwerksverbund, Großstädte, Industriebetriebe
Höchstspannungsnetz	500, 750	HGÜ (Hochspannungs-Gleichstrom-Übertragung) für sehr große Entfernungen

Die stromführenden Leitungen werden an Masten mit Isolatoren befestigt. Das Leiterseil ist nicht isoliert. Es besteht meistens aus einer Stahlseele (wegen der Zugfestigkeit) umwickelt mit Aluminium-Drähten (wegen des geringen ohmschen Widerstands). Für Hoch- und Höchstspannungen werden in Deutschland fast ausschließlich diese Verbundseile verwendet, die nach **Bild 2, Seite 75,** aus einem Stahlseil bestehen, das mit Aluadern umseilt ist. Erdseile dienen dem Blitzschutz und der Erdung. In den letzten Jahren haben sie zunehmend auch Aufgaben der Nachrichtenübermittlung übernommen, zunächst zur innerbetrieblichen Fernüberwachung und Steuerung. Neuerdings werden sie aber auch verwendet um neue Datennetze ("Datenautobahnen") zu schaffen.

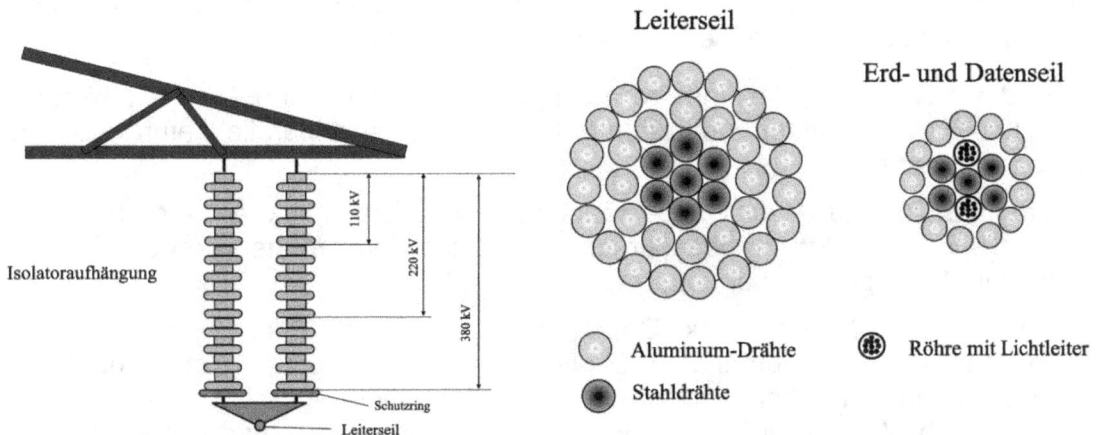

Bild 1: Isolatoraufhängung   Bild 2: Aluminium-Stahl-Seile

Hierzu werden ein oder mehrere Drähte des Seilkerns mit Edelstahlröhrchen ersetzt, in denen Lichtwellenleiter geführt werden. Ein Röhrchen schließt eine Anzahl von Glasfasern ein (z. B. 36), die durch ein besonderes Gel wasserdicht geschützt sind. Aber nicht nur Erdseile sondern auch Leiterseile werden mit Lichtleitern ausgerüstet.

Bild 3: Freileitungsmaste zwischen Neckarwestheim und Stuttgart

Hochspannungsleitungen werden üblicherweise mit Dreiphasenwechselstrom betrieben (ausgenommen Bahnstrom). Bei Leitungen im Hochspannungsnetz wird der Leitungsquerschnitt oft auf ein Bündel von Seilen verteilt (Zweier-, Dreier- und Vierer-Bündel). Die einzelnen Seile werden durch Abstandshalter auf Distanz zueinander gehalten. Durch den sich ergebenden größeren magnetischen Randfeldradius werden die Sprühverluste (Koronaentladung) begrenzt. Außerdem ist eine bessere Kühlung gewährleistet. Die Randfeldstärke eines Leiters ist umso größer, je kleiner der Radius ist. Wenn die elektrische Feldstärke rund um die Leitung so hoch ist, dass die Durchschlagfestigkeit der Luft fast erreicht wird, dann ionisiert sich die Luft, d. h. sie wird schwach leitfähig. Die Koronaentladung nimmt der Mensch als knistern wahr. Sie führt aber auch zu ultravioletten Lichtblitzen, die für den Menschen unsichtbar sind. Viele Tiere können UV-Licht jedoch wahrnehmen. Deswegen meiden manche Tiere Hochspannungsleitungen.

Auf **Bild 3, Seite 75,** sind einige Freilastungsmaste zu erkennen. Die Seile werden an diesem Bereich drunter und drüber geführt (jeweils zwei parallel geführte Stromtrassen kreuzen sich):

1. Tragmast für 220 kV mit Doppelhängeisolatoren. Die Isolatoren werden mechanisch und elektrisch beansprucht. Aus Sicherheitsgründen werden oft Doppelaufhängungen verwendet.

2. An dem Querträger sind links Drehstromleitungen mit 110 kV und rechts ein System mit 220 kV aufgehängt. Die Höhe der Spannung lässt sich an der Länge der Isolatoren erkennen. Die Isolatoren sind hier dreiecksförmig angeordnet. Durch Wind werden Seilschwingungen verursacht, die verhältnismäßig hochfrequent sind (etwa 30 Hz). Die Seilschwingungen verursachen an den Klemmstellen eine Wechselbiegebeanspruchung, die sich der statischen Beanspruchung überlagert und zur Ermüdung des Werkstoffes führen kann. Die Isolator-Anordnung an den betr. Masten reduziert die Schwingungsausschläge. Der Mast ist niedrig ausgeführt und hat nur eine Traverse, damit können seine Seile unter zwei andere Stromtrassen geführt werden.

3. Tragmast mit einem Querträger, an dem rechts wie links ein Drehstromsystem von 110 kV geführt wird.

4. Mit dem Tragmast werden die Seile (110 kV und 220 kV) die vom Mast 2 kommen (nach der Trassen-Unterquerung) wieder auf normale „Überlandhöhe" gebracht.

5. Gittermast für Bahnstrom. Der Mast hat eine Traverse an dem rechts und links jeweils zwei Leiterseile mit 110 kV hängen (siehe auch **Bild 1**). Die Bahn verwendet keinen Drehstrom sondern ein Zweileiter-System mit einer Frequenz von 16,7 Hz. Der Mast ist sehr hoch ausgeführt, damit seine Seile die querenden Stromtrassen überbrücken können.

Bild 1: Strom-Trassenkreuzung, in der Mitte ein Mast für Bahnstrom (110 kV)

Bild 1: Mast mit zwei Erd- und Datenseilen   Bild 2: Abspann- und Abzweigmast

In **Bild 1, Seite 76** (mitte) ist ein Mast für Bahnstrom zu sehen. Die zwei Übertragungssysteme bestehen, rechts wie links, jeweils aus zwei Seilen. Ein Seil dient zur Stromzuführung, das andere zur Stromrückführung. In einem Bahnunterwerk wird die Spannung von 110 kV auf 15 kV herunter transformiert. Auf der Gleisstrecke ist dann die Oberleitung als Schleifleitung ausgeführt. Die Schienen dienen zur Stromrückführung zum Unterwerk.

Bild 1 zeigt einen Hochspannungsmast der u. a. zwei Lichtleiterseile führt. Ein Seil ist wie üblich als Erdungsseil auf der Mastspitze befestigt. Das andere ist an der oberen Traverse zwischen den Hochspannungsseilen aufgehängt. Wie schon erwähnt, auch die Hochspannungsseile selbst können Glasfasern im Seilkern zur Signalübertragung mit sich führen. Diese Lichtwellenleiter können bis zu 40 Kilometer Entfernung ohne Zwischenverstärkung verwendet werden.

Bild 2 zeigt einen Abspannmast, der zugleich als Abzweigstützpunkt dient. Die Systeme verzweigen sich von dieser Stelle in zwei Richtungen. Beim Abspannmast ziehen die horizontalen Kräfte die Isolatoren auseinander. Sie müssen nicht nur das beachtliche Seilgewicht sondern auch die Zugkräfte aufnehmen. Etwa jeder 5. Mast ist als Abspannmast ausgeführt, dies entspricht den lieferbaren Seillängen. Mit einer Schlaufe, die die Trasse unterquert, werden die Seilenden miteinander verbunden

Bei der Energieübertragung mittels Hochspannungsleitungen treten Verluste durch den Leitungswiderstand auf. Dies äußert sich in der Erwärmung der Seile. Beim Betrieb einer Drehstrom-Hochspannungsleitung muss weiter deren Blindleistung kompensiert werden. Der Blindleistungsbedarf ergibt sich aus dem Kapazitäts- und Induktionsbelag, der unter anderem von der Form der Freileitungsmasten, von der Leiteranordnung und vom Leiterquerschnitt abhängt.

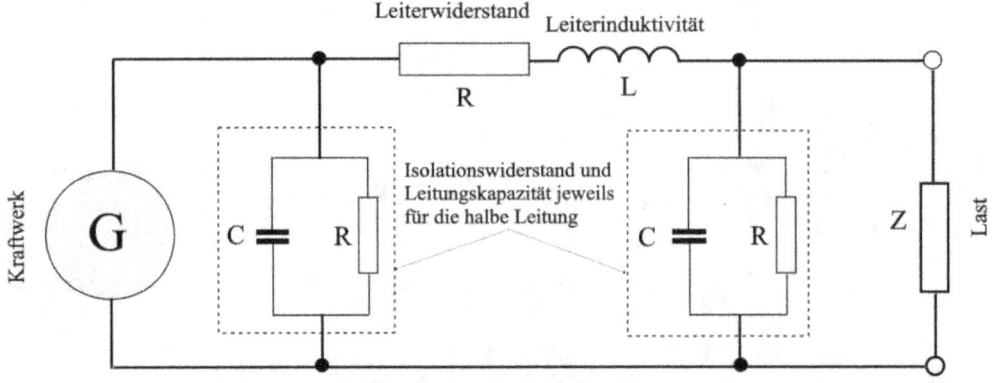

Bild 1: Ersatz-Schaltplan für Freileitungen

In **Bild 1** sind die Widerstände vereinfacht in einem Schaltplan dargestellt. Der ohmsche und induktive Widerstand liegen im Leiter hintereinander. Quer dazu werden die Kapazität und der Isolationswiderstand, jeweils zur Hälfte, am Anfang und Ende der Leitung eingezeichnet. Nach diesem Modell werden Trassen und ganze Netze berechnet.

Bei Drehstromleitungen ist eine der Grundvoraussetzungen, das die Kapazität zwischen Leitungen und Erdpotential klein bleibt, um die Blindleistungen gering zu halten. Bei Freileitungen lässt sich das durch ausreichenden Erdabstand erreichen. Bei Seekabeln dagegen ist bei über 30 km Länge kein wirtschaftlicher Betrieb mehr möglich. Erdkabel sollten nicht länger als 70 km sein. Darüber hinaus ist die Übertragung mit Gleichstrom zu empfehlen, weil es dabei keine Blindleistung gibt.

Der Energietransport mittels Mehrphasen-Wechselstrom über Freileitungen stößt in dem Bereich zwischen 400 bis 600 km an seine wirtschaftlichen Grenzen. Mit den Verlusten wird vor allem die Landschaft aufgewärmt, was weder im Interesse der Erzeuger noch der Verbraucher liegt. Bei langen Leitungen kommt nun doch wieder die Gleichstrom-Übertragung ins Spiel.

Die historischen Argumente gegen Gleichstrom sind aus heutiger Sicht teilweise überholt. Mit moderner Halbleiter-Elektronik kann auch Gleichstrom auf höhere Spannungsebenen gebracht werden. Dann ergeben sich einige Vorteile gegenüber dem Wechselstrom. An dem Ersatz-Schaltplan (Bild 1) lässt sich dies erläutern. Es fallen alle Widerstände weg, außer den ohmschen Leiter- und Isolationswiderständen.

Abgesehen von den bereits erwähnten Gleichstromanwendungen zu Edisons-Zeiten im städtischen Bereich, fand bereits 1882 ein Versuch zur Gleichstrom-Fernübertragung von Miesbach nach München statt. Die erste deutsche Hochspannungs-Gleichstrom-Übertragung (HGÜ) war die ab 1941 begonnene, aber nie in Betrieb gegangene Kabelübertragung zwischen dem Braunkohle-Kraftwerk Vockerode (bei Dessau) und Berlin. Die Leitung war ausgelegt für eine maximale Übertragungsleistung von 60 MW und einer Spannung von 200 kV gegen Erde.

Die Anlage wurde von der sowjetischen Besatzungsmacht abgebaut und 1950 zum Aufbau einer 100 Kilometer langen HGÜ-Leitung zwischen Moskau und Kaschira genutzt. Die Leitung ist inzwischen stillgelegt. Mit 580 Kilometern ist im September 2008 die längste HGÜ-Unterseeverbindung zwischen Feda in Norwegen und Emshaven in den Niederlanden eingeweiht worden. Die Trasse mit der derzeit höchsten Übertragungsspannung von ± 800 kV, einer Übertragungsleistung von 5.000 MW und einer Entfernung von 1.500 km, liegt zwischen den chinesischen Provinzen Guangdong und Yunnan. Der Betrieb wurde dort im Juni 2010 aufgenommen.

Im Zeichen der Energiewende ist auch in Deutschland die Hochspannungs-Gleichstrom-Übertragung (HGÜ) wieder aktuell geworden. Von den Offshore-Windkraft-Anlagen in der Nordsee muss der Strom in den Süden transportiert werden. Hier sind zurzeit (2013) „HGÜ-Stromautobahnen" in Planung. Um den Widerstand gegen die Errichtung von neuen Freileitungstrassen zu reduzieren, könnten nach entsprechender Änderung auch vorhandene Hochspannungsleitungen mit verwendet werden. HGÜ-Seile lassen sich zusammen mit den herkömmlichen Drehstromseilen an die Traversen der Gittermaste hängen.

Wasser-, Wind- und Solarkraftwerke

Eine besondere Beanspruchung für die Freileitungstrassen stellen, wegen ihrer Leistungsschwankungen, die Alternativenergien dar. Die fossilen Brennstoffe Öl und Gas werden in einigen Jahrzehnten aufgebraucht sein, zumal mit wachsender Weltbevölkerung der Energiebedarf ständig zunimmt. Die Kohle ist zwar noch länger verfügbar, aber auch nicht unbegrenzt. Jedoch nicht allein die schwindenden Brennstoffe, sondern auch das ständige Anwachsen des CO_2-Gehalts in der Atmosphäre verstärkt den Wunsch nach alternativen Energien, da der CO_2-Treibhauseffekt negative Folgen für die gesamte Menschheit hat. Zudem wird die Kernenergie wegen mangelnder Akzeptanz abgebaut.

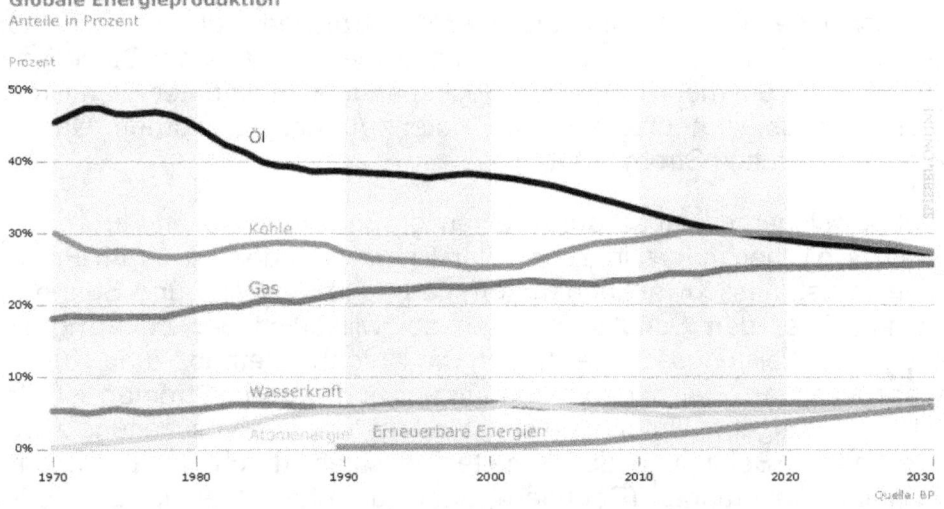

Weltweite Energieerzeugung. Der globale Anteil an erneuerbaren Energien ist noch wesentlich geringer als in Deutschland.

Unter Alternativenergie werden vornehmlich die regenerativen Energien verstanden, die sich ständig erneuern und somit dauernd zur Verfügung stehen. Es sind dies Wasser- und Windkraft sowie die Biomasse aus nachwachsenden Rohstoffen. Hinzu kommt die direkte Umwandlung der Sonnenenergie zur Stromerzeugung.

In einigen Ländern wird elektrische Energie fast ausschließlich aus Wasserkraft gewonnen, z. B. Norwegen mit 99,4 Prozent. In Deutschland beträgt der Anteil an dieser elektrischen Energieerzeugung z. Zt. 3,5 %, der kaum erhöht werden kann, da die Wasserkräfte nahezu vollständig ausgebaut sind.

Die Nutzung der Windenergie hat in den letzten Jahren stark an Bedeutung gewonnen. Ihre Anwendung im großen Leistungsbereich wird aber auf die windreichen Küstenzonen (Off-Shore-Windparks) beschränkt bleiben. Wind- und besonders Solarenergie steht in unseren Breitengraden nur beschränkt zur Verfügung. Die anfallende Energiedichte ist im Mittel gering und stark wechselnd. Dennoch ist Ende 2013 der Anteil der regenerativen Energien auf über 23 % gewachsen (weltweit nur auf 3 %). Diese Stromerzeugung setzt sich zusammen aus Photovoltaik = 4,5 %, Windkraft = 7,9%, Biomasse = 6,8 %, Wasserkraft = 3,5 %, der Rest sind sonstige Energieformen, wie z. B. Erdwärme.

Schutzeinrichtung und Netzregelung.

„Zu was Kraftwerke und Stromnetze? Der Strom kommt bei uns aus der Steckdose!" Diese Ansicht drückt aus, wie selbstverständlich die elektrische Energieversorgung geworden ist. Was für historische Entwicklungen und welcher technischer Aufwand dahinter steckt, ist wohl den meisten verborgen. Das Hochspannungsnetz verbindet alle Kraftwerke auf dem europäischen Kontinent mit den Verbrauchern. Praktisch und mathematisch ist es eine äußerst komplizierte Angelegenheit, die Lastverteilung in solch einem komplexen Netz im Griff zu behalten. Stellen wir uns zur Verdeutlichung ein Maschennetz ohne Schutzeinrichtungen vor. Durch Fehler oder Kurzschlüsse könnten das Netz oder die Kraftwerke durch Überlastung zusammenbrechen. In Europa gingen dann die Lichter aus. Aus der Steckdose käme dann eben kein Strom mehr. Dass das Hochspannungsnetz unter allen Umständen stabil bleiben muss, ist heutzutage zur Existenz-Aufgabe geworden. Unser Leben wurde vom elektrischen Strom abhängig.

Hohe Betriebssicherheit muss durch einen großen technischen Aufwand erkauft werden. Dies gilt besonders in Zeiten der Energiewende, wo es im Fernnetz zu erheblichen Leistungsschwankungen kommen kann, da Wind und Sonne nicht zu regeln sind. Unter den Schutzelementen sei willkürlich der **Leistungsschalter** herausgegriffen. Leistungsschalter haben die Aufgabe Betriebs- und Kurzschlussströme abzuschalten. Bei hohen Spannungen und großen Strömen ist dies eine anspruchsvolle Aufgabe. Unter allen Umständen muss die Abschaltung zuverlässig funktionieren. Die Betätigung der Schalter geschieht durch Schutzeinrichtungen, automatischen Steuerungen (Rechnern) oder durch das Bedienpersonal. Im Leistungsschalter werden dabei die Kontakte geschoßartig mit hoher Geschwindigkeit auseinander geschleudert. Dazu sind erhebliche Schaltkräfte erforderlich, die nur mit Druckluft-, Hydraulikantrieben oder Federkraftspeichern erreicht werden. Der entstehende Lichtbogen in der Schaltkammer wird dann quer zu seiner Längsachse mit Gas oder Öl wie eine Kerze ausgeblasen. Ein Leistungsschalter muss stets ausschaltbereit sein. Beim Druckluftantrieb muss der Luftdruck im Kessel ausreichen. Zeigt die Druckluftüberwachung einen zu geringen Druck an, muss sie den Ausschaltvorgang sperren.

Große Schalt- und Umspannanlagen verfügen heute meistens über Prozessrechner. Sie haben die Aufgabe die Lastverteilung im Netz optimal zu steuern, so dass die Übertragungsverluste niedrig und die Erzeugungskosten wirtschaftlich bleiben. Diese Rechner können auch Kurzschlüsse und Fehler zur Bestimmung von Einstelldaten für die Schutzeinrichtungen berechnen. D. h. für den Fall, dass ein Kurzschluss an einem bestimmten Punkt auftritt, berechnen sie welche Ströme in der Netzumgebung fließen und ab welcher Stromstärke die betr. Leitungsschalter auslösen müssen. Die Rechner führen auch Protokoll über das Netzgeschehen. Sowohl vor Ort als auch in der Leitzentrale können die aktuellen Daten abgefragt und verarbeitet werden (z. B. zur Störermittlung). In der höchsten Automatisierungsstufe können Prozessrechner Energieversorgungsnetze vollständig leiten, wobei Parallelrechner mit Dauerselbstüberwachung auch noch die Funktionalität der Schutzeinrichtungen überwachen.

Datenübertragung und Datenverarbeitung (Informatik)

Mit der elektrischen Energieverteilung ging auch die elektrische Nachrichtenübermittlung einher. Die Firma Siemens ist heute einer der größten Hersteller von HGÜ- und Energieversorgungs-Anlagen. Die ersten Fernleitungen, die Siemens gebaut hatte, dienten aber der Nachrichtenübermittlung. Die erste Telegraphenleitung wurde 1848/49 von Berlin nach Frankfurt am Main gelegt. Danach folgten Leitungen in Russland, Polen und England. Später im Jahre 1870 ging nach dreijähriger Bauzeit die Indo-Europäische Telegraphenlinie von London über Teheran nach Kalkutta in Betrieb – mit einer Länge von 11.000 Kilometern.

Die Informationstechnologie, die mit der Nutzung des elektrischen Stromes einherging, ist rasant angewachsen. Sie ist eine nicht zu unterschätzende Form der Elektromobilität geworden. Durch die elektrischen Kommunikations-Möglichkeiten rücken auf unserem Planeten die Sandkastenkinder enger zusammen. Isolierte „Inseln" ohne Fernmeldetechnik gibt es fast nicht mehr. Heute kann jeder, ohne sich örtlich zu bewegen, an einer Fernkonferenz mit seiner Stimme und Bild teilnehmen. Ja, er könnte, technisch gesehen, sogar vom anderen Teil der Erde mit seinem Handy die Heizung einstellen oder die Fenster-Rollladen herunter lassen. Die elektrische Datenübertragung dient nicht nur dem Informationsaustausch zwischen Menschen sondern auch der Steuerung von Maschinen und Anlagen.

Wie bereits berichtet, sind heutzutage Hochspannungsleitungen sowohl Energie- wie Datenträger. Elektrische Energieübertragung und Informationsvermittlung gehen Hand in Hand. Es werden damit nicht nur Stromnetze und Unterwerke ferngesteuert sondern auch komplette Kraftwerke (wie z. B. Wasser- und Windkraftwerke). In der Industrie steuern und regeln Programme, aus der Ferne und der Nähe, nicht nur einzelne Maschinen sondern ganze Fertigungsstraßen. Selbst in Personenhaushalten hat die systematische Verarbeitung von Informationen an Bedeutung gewonnen. Waschmaschinen und Heizungen werden in den allermeisten Fällen durch Programme gesteuert. Grundsätzlich kann alles, was durch elektrische Energie angetrieben wird, Anweisungen durch elektrische Informationen bekommen. Die Formel: *Energie + Information = Automatisierung*, ist die Gleichung der Zukunft. Die Technik in Zusammenwirken mit den elektrischen Prozessen der Steuerung, Selbstverwaltung und Regulierung haben in der jüngsten Vergangenheit immer mehr das Leben der Sandkastenkinder bestimmt. Mit der Informatik ist ein Jahrtausend angebrochen, in der uns die Elektrokraft weitgehend die Routinearbeiten abnimmt.

Würde einmal ein Diktator über einen Zentralcomputer Einfluss über alle Energieverteilungssysteme bekommen, wäre er Herrscher der Welt. Denken wir noch einen Schritt weiter. Irgendwann wird der Verkehr zu Lande, zu Wasser und in der Luft elektrisch angetrieben und über Leitsysteme gesteuert. Alle technischen und verkehrlichen Bewegungsabläufe funktionieren dann elektrisch. Hätte unser fiktiver Diktator dann über Hochspannungstrassen und Datensysteme seine Hand – wäre er auch Regent über Leben und Tod. Wenn er beispielsweise eine Stadt vom Energie- und Datenfluss abschaltet, dann gehen nicht nur die Lichter aus, sondern es kehrt auch Totenstille ein. Die Bäcker könnten kein Brot mehr backen, die Regale in den Supermärkten blieben leer. Der Straßenverkehr käme zu erliegen. Der Kontakt nach außen erlischt, der Fernseher verstummt, die Telefonverbindung schweigt. Diese „Science-Fiction-Vision" lässt erahnen, wie zunehmende Elektrifizierung zwar die Bequemlichkeit und den Wohlstand steigert, die Abhängig von der elektrischen Energie- und Informationsversorgung aber bedenklich vergrößert.

Das Weltlabor
Das CERN in Genf und der Kernfusionsreaktor in Cadarache

Die Sandkastenkinder hatten in ihrer begrenzten Welt zweifelsohne große Fortschritte in der Technik erzielt. Alles was sie zu dieser Entwicklung brauchten fanden sie in der Erde, die sie durchwühlten. Ihr Leben im Sandkasten wurde durch die Technik mehr verändert und erleichtert als durch irgendeine Philosophie, Religion oder Ideologie. Doch schwere Fragen über die Entstehung ihrer Welt blieben. Zu was sind wir überhaupt vorhanden? Wie und wodurch ist die Welt entstanden? Was waren die Mechanismen dafür. Existentielle Fragen, die den Sinn Ihres Daseins berühren, blieben bis heute offen. Warum!?

Den in die Zukunft blickenden Sandkastenbewohnern entging dazu nicht, dass ein großes Problem bevorsteht - die Energieversorgung des Sandkastens (der Erde). Alle bisher entwickelten Techniken beruhten im Wesentlichen auf der Verbrennungsenergie, und irgendwann werden die Vorräte verbraucht sein. Das heißt, die jetzige Technikgrundlage steht auf tönernen Füßen. Zurzeit wandelt sich Asien zum wirtschaftlich und politisch globalen Kraftzentrum. Um diese asiatische „Wachstumsmaschine" in Gang zu halten, bedarf es Energie. Deutlich mehr Energie, als derzeit zur Verfügung steht. Und deutlich mehr Energie, als – auf konventionellen, fossilem Weg gewonnen – der Region und der Welt gut tun würde. In den Jahren zwischen 2000 und 2010 ist der Energiebedarf in der Region Asien/Pazifik um 72,5 % gestiegen. Im Jahr 2050 wollen rund drei der dann fünf Milliarden Asiaten Auto fahren. Wenn keine neuen Energieformen in ausreichender Menge kommen, kann die Erde in Zukunft nur noch als Agrarplanet einen Bruchteil ihrer Bewohner versorgen.

Abgesehen von der Sinnfrage sind also zwei Grundfragen offen: 1. Wie entstand die Welt? und 2. Wie kann sie erhalten werden? D. h. wie wird künftig auf unserem Planeten das Energieproblem bzw. das Überleben gelöst? Fangen wir mit der ersten Frage an.

Im Jahr 1959 wurde in einem Vorort von Genf der damals größte Teilchenbeschleuniger der Welt eingeweiht. Der Betreiber heißt CERN. Das Akronym CERN steht für *Conseil Europeen de la Recherche Nucleaire*, auf deutsch *Europäischer Rat für Kernforschung*. CERN beschäftigt etwa 2.500 Angestellte. Mit Forschungsaufgaben sind aber nur etwa 10 Prozent beschäftigt, denn die meisten sind Ingenieure, Techniker oder Mitarbeiter der Verwaltung. Sie stellen die Infrastruktur, also die Beschleuniger und Einrichtungen für die Experimente zur Verfügung. Die eigentliche Physikforschung wird durch mehr als 7.000 Gastwissenschaftler von Universitäten und Forschungsinstituten der ganzen Erde betrieben. CERN ist damit zum Weltlabor geworden. Um die Kommunikation zwischen den Physikern aus der ganzen Welt zu erleichtern, wurde hier das World-Wide-Web erfunden. Die älteste Internet-Adresse heißt www.cern.ch (aus dem Jahr 1989).

Kein Wissenschaftler erfasst heute mehr das Ganze. Jeder ist nur mit einem Teilbereich beschäftigt. Die vielen Physiker in CERN sind zu einer Intelligenz zusammengeschmolzen, um in einem kollektiven Denkprozess die Geheimnisse der Materie zu lüften. Sie wollen in neue Dimensionen der Forschung eindringen und erwarten tiefe Erkenntnisse über Raum, Zeit und Materie, um ihre sichtbare Welt erklären zu können.

Der große Teilchenbeschleuniger, LHC (Large Hadron Collider) genannt, liegt tief unter der Erde in einem kreisförmigen Tunnel, der 27 Kilometer lang ist. Hadron ist der Name für Protonen und Atomkerne, die alle aus Quarks bestehen und mit dem LHC beschleunigt werden können. Collider deshalb, weil der LHC diese Teilchen mit sehr großer Bewegungsenergie zur Kollision bringt. Das Wort Large versteht sich bei einem Umfang von 27 km von selbst. Der Beschleuniger ist die größte Maschine der Welt. Der LHC hat etwa drei Milliarden Euro gekostet. Das jährliche Budget beträgt ca. eine Milliarde Euro und wird von 20 Mitgliedsländern entsprechend ihrer Wirtschaftskraft aufgebracht. Man lässt es sich etwas kosten, der Natur ein paar ihrer tiefsten Geheimnisse zu entreißen. Es ist bezeichnend, dass die aufwendigste Anlage des Technikzeitalters ausgerechnet dazu dient, zu erforschen wie unsere Welt entstanden ist und was hinter ihr steckt.

In dem Beschleuniger werden Protonen und Atomkerne durch starke Magnetfelder fast auf Lichtgeschwindigkeit beschleunigt. Sie durchlaufen 11.245-mal pro Sekunde ihre Umlaufbahn und werden ständig mit Energie aufgeladen. Das geht solange, bis die Teilchen nach ungefähr 20 Minuten ihre Endenergie erreicht haben. Die Masse ist dabei um das 7.000-fache angewachsen. Dann lässt man gegenläufige Teilchen aufeinander prallen. Wenn man – rein hypothetisch – ein Eisenstück mit 1 kg Masse im LHC in gleicher Weise beschleunigen könnte, wäre seine Masse am Ende 7.000 kg. Wenn nun zwei der Eisenstücke mit entgegengesetzter Geschwindigkeit aufeinander treffen, so haben sie wieder die Geschwindigkeit Null und ihr ursprüngliches Gewicht von 1 Kilogramm. Die Restmasse von 2 x 6.999 kg geht dabei in reine Strahlungs-Energie über, die sich wieder in neue Materie wandelt. Die Physiker haben damit im begrenzten Umfang die Situation wie beim Urknall hergestellt, wo aus reiner Energie das Weltall entstand. Bei diesen Experimenten kam man 2013 den Higgs-Teilchen auf die Spur. Das Feld, welches die Higgs-Teilchen aufspannen, ist dafür verantwortlich, das Masseteilchen mit ihrer charakteristischen Größe, Form und Eigenschaft aus Energie geboren wurden, und dass die Elektrokraft sowie die anderen drei Kräfte entstanden.

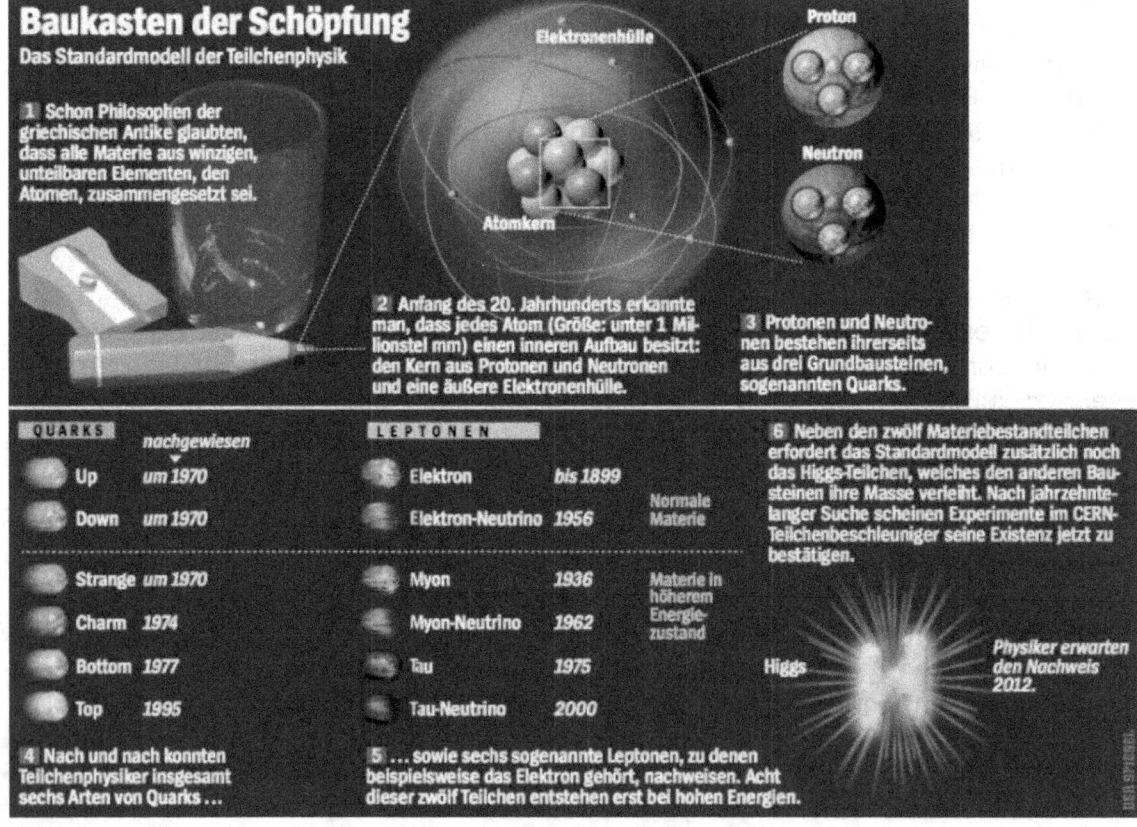

Grundbausteine der sichtbaren Welt

Betrachtet man die Vielzahl von Bedingungen, die für die Entstehung des Universums erfüllt sein mussten, dann kann man die Sandkastenkinder verstehen, wenn sie es als großen Zufall ansehen, dass sie überhaupt existieren. Denn wenn man die Naturgesetze, die aus reiner Energie entstanden sind, nur ein wenig verändert, könnte sich weder der Kosmos, geschweige denn Leben bilden. Das erkannten die Physiker in den siebziger Jahren und nannten es das „anthropische Prinzip".

Es scheint also, dass die Bedingungen im Universum zielgerichtet auf die Möglichkeit biologischer Evolution hin entstanden. Aber wodurch entstanden diese Bedingungen, oder wo kommen sie her? Wie kommt die Energie dazu, sich in dieser Weise selbst zu organisieren? War es ein „Atem aus ewiger Stille" der sich offenbarte - oder war es ein intelligenter Schöpfer der es am Anfang knallen ließ? Der scheinbar willkürliche Bruch von Symmetrien lässt darauf schließen. Und daraus folgen immerhin die Naturgesetze und damit die Gestalt unserer Welt. Das Higgs-Feld mit seinen Austauschteilchen ist sicherlich eine Brücke zur Lösung der noch offenen Hauptfragen. Der LHC wurde inzwischen auf die doppelte Leistungsfähigkeit gebracht. Damit will man nun noch tiefer in die Geheimnisse der sichtbaren Welt eindringen und z. B. auch die Dunkle Energie und die Dunkle Materie entschlüsseln.

Und nun kommen wir zum zweiten Punkt, der unsere Zukunft betrifft. Es geht um die globale Energieversorgung. Kohle, Öl und Gas sind gespeicherte Sonnenenergien. In vielen Millionen von Jahren wurden diese Energievorräte für die Sandkastenkinder angelegt. Im laufenden Jahrhundert werden voraussichtlich Öl und Gas verbraucht. Was dann? Es gibt zwar noch einen weiteren Energievorrat, der vor Milliarden von Jahren entstand und als Atomenergie bezeichnet wird. Hier handelt es sich um Stoffe, die schwerer als Eisen sind und in sterbenden Sternen aus leichteren Elementen zusammengepresst wurden. Beim radioaktiven Zerfall wird die hineingesteckte Energie wieder frei. Bei dieser Energie handelt es sich um ein Vermächtnis der Sterne. Nachdem wir ohnehin aus Sternenstaub bestehen, haben die Sterne bei ihrem Untergang uns noch etwas zum Leben mitgegeben. Doch auch diese Vorräte sind begrenzt und reichen nur für eine Überbrückungszeit von 200 Jahren. Man setzt zwar auf alternative Energien, und ist zurzeit kräftig dabei sie dienstbar zu machen. Werden aber Wind-, Wasser-, Solar- oder Bioenergien, bei einer wachsenden Menschheit ausreichen? Bis jetzt leben noch viele Teile der Erdbevölkerung in primitiver Armut, in der sie auf Dauer nicht bleiben wollen. Wird es in Zukunft Existenzkriege zur Reduzierung der Weltbevölkerung geben, damit die Energieversorgung reicht?

Die künftige Energieversorgung wird zur gravierenden Zukunftsaufgabe. Vielleicht besteht die Lösung darin: die Sonne auf die Erde zu holen. Das heißt, die auf der Sonne stattfindende Fusion von Wasserstoff zu Helium wird auf der Erde ausgeführt. Gelingt dies praktikabel, dann ist das Energieproblem für alle Zeiten gelöst.

Forscher des Max-Planck-Instituts für Plasmaphysik (IPP) in Garching sind zurzeit dabei „die Sonne auf die Erde zu holen". Ihre Maschine "Asdex Upgrade" ist die bislang größte Fusionsanlage Deutschlands. Doch nach tausenden Versuchen sind die Wissenschaftler immer noch nicht am Ziel. Sie suchen weiter nach der perfekten Zündung, bei der alles stimmt. Seit einem halben Jahrhundert quälen sich Physiker auf der ganzen Welt damit herum, das Fusionsfeuer zu entfachen. Nach so langer Zeit hat die Öffentlichkeit längst die Hoffnung verloren, dass bei ihrer Forschung jemals etwas Nützliches herauskommt. Doch ausgerechnet jetzt, da sich kaum noch jemand für ihre Arbeit interessiert, machen die Plasmaphysiker erstaunliche Fortschritte. Man nähert sich dem Durchbruch, es geht viel schneller voran, als viele denken. Mit einer Art Apollo-Programm der Kernfusion hätte man wahrscheinlich schon zur Jahrtausendwende einen Reaktor bauen können, der Strom und Wärme liefert - nur fehlte das nötige Geld für eine so große Maschine.

Im Innern von Sternen geschieht die Fusion von ganz allein. Unter gewaltigem Druck verschmelzen leichte Wasserstoffkerne zu Helium. Kaum fassbare Energiemengen werden dabei freigesetzt. Es ist diese seit Jahrmilliarden ablaufende Kernfusion, die das Leben auf der Erde unablässig mit Licht und Wärme versorgt - im Labor jedoch lässt sich die Sonne nicht so einfach nachbauen. Es scheitert schon daran, dass keine irdische Maschine so hohe Drücke wie ein Stern zu erzeugen vermag. Die Forscher versuchen, diesen Mangel durch noch höhere Temperaturen als in der Sonne auszugleichen: Sie erhitzen das elektrisch geladene Wasserstoffgas auf sagenhafte 100 Millionen Grad Celsius. Das so entstehende Plasma ist schwer zu bändigen. Starke Magnete müssen es in der Schwebe halten. Sobald es zu nah an den Kammerwänden gerät, wird es verunreinigt, kühlt dadurch ab - und der empfindliche Fusionsprozess bricht in sich zusammen.

Immerhin besteht das Problem nicht mehr darin, Wasserstoffkerne überhaupt dazu zu bringen miteinander zu verschmelzen. Futuristische Heizmaschinen, darunter riesige Mikrowellenapparate, bringen das hochverdünnte Gas sekundenschnell auf vielfache Sterntemperatur. Zum Arsenal der Garchinger Forscher gehört auch eine Partikelkanone: Sie schießt Teilchen in das Plasma hinein, die darin abgebremst werden und so einen Großteil ihrer Energie abgeben. Allerdings wird bei der Labor-Fusion bislang zu wenig Energie freigesetzt, um den Verschmelzungsprozess von selbst am Kochen zu halten. Ohne ständige Heizung von außen erlischt die Fusionsflamme. Es kommt den Forschern so vor, als würden sie nasses Holz anzünden. Die Isolierung des Plasmas ist einfach noch nicht gut genug, zu viel Energie geht verloren. Aber es gibt einen Ausweg: den Bau einer richtig großen Fusionsmaschine. Wenn das Volumen des Plasmas drastisch erhöht wird, sinken automatisch auch die Wärmeverluste.

Um den Beweis zu erbringen, dass die Fusion tatsächlich für die Energiegewinnung taugt, wurde eine Anlage der Superlative errichtet: Im Jahr 2009 begann im südfranzösischen Cadarache die Bauarbeiten am Fusionskraftwerk "Iter" (Internationaler Thermonuklearer Experimenteller Reaktor). Der 500-Megawatt-Versuchsreaktor soll erstmals zehnmal mehr Energie erzeugen, als für die Aufheizung seines Plasmas verbraucht wird - das wäre in der Tat der langersehnte Durchbruch.

Bis das Versuchskraftwerk zufriedenstellend läuft, wird es noch ein weiteres Jahrzehnt dauern. Erst ab 2050 würden dann die ersten kommerziellen Fusionskraftwerke ans Netz gehen. Doch wenn 'Iter' in zehn bis zwölf Jahren läuft, wird niemand mehr zweifeln, dass Energiegewinnung aus Kernfusion in einem Kraftwerk möglich ist.

Neben Europa beteiligen sich Russland, die USA, China, Indien, Japan und Südkorea an der Errichtung des Fusions-Kraftwerk. Schon jetzt steht fest, dass "Iter" am Ende über 16 Milliarden Euro kosten wird. Der europäische Anteil daran beträgt mindestens 6,6 Milliarden Euro. In der Förderperiode von 2014 bis 2020 sind von der EU 2,9 Milliarden Euro vorgesehen.

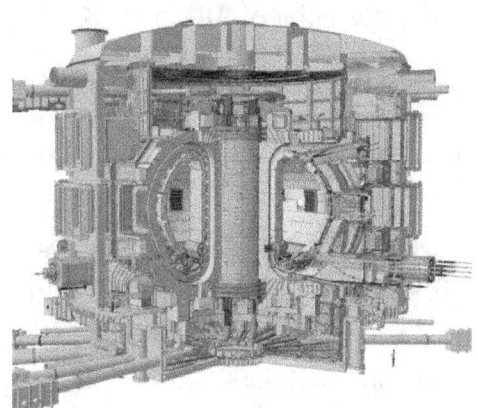

Fusionsreaktor und Versuchsanlage in Cadarache

Kritiker halten das für rausgeschmissenes Geld - und übersehen dabei, dass der Verzicht auf Kernfusionsenergie evtl. den Untergang der Zivilisation in den nächsten 300 Jahren bedeutet. Befürworter des Energie-Experimentes betonen, dass dies eine winzige Investition sei, wenn man den möglichen Gewinn berücksichtige. Tatsächlich werden alternative Energien mit weit größeren Summen unterstützt. So belaufen sich allein die für Solarenergie auf 20 Jahren garantierten Vergütungen (die auf den Strompreis umgelegt werden) auf insgesamt rund hundert Milliarden Euro – und das nicht etwa europa- oder gar weltweit, sondern nur in Deutschland. Wenn es um Existenzfragen geht, darf man sich nicht von Emotionen oder Mehrheiten leiten lassen. Es gilt nüchtern und leidenschaftslos abzuwägen, sowie zu berechnen was möglich und nötig ist. Es ist besser mit Kernfusionsenergien zu überleben als mit Alternativenergien zugrunde zu gehen. Das eine schließt aber das andere nicht aus. Man könnte sich beispielsweise auf das Motto einigen: Soviel Alternativenergien wie möglich und soviel Kernfusionsenergie wie nötig.

Wenn die Fusion tatsächlich klappt, wären die Energiesorgen der Menschheit wohl für alle Zeiten gelöst - der Traum von der (fast) sauberen Energie im Überfluss würde wahr werden. Sollten die Sandkastenkinder noch halbwegs bei Vernunft bleiben, können sie nicht ernsthaft darauf verzichten, eine Technik zu entwickeln, die sie unabhängig von den schwindenden Brennstoffen und den wenig zuverlässigen Alternativ-Energien macht.

Was Fusionskraftwerke - theoretisch - leisten, klingt wie Hexerei. Weil bei der Kernverschmelzung Materie in Energie umgewandelt wird (was auch die verheerende Vernichtungskraft von Wasserstoffbomben erklärt), käme ein 1.000-Megawatt-Fusionsreaktor mit verblüffend geringen Brennstoffmengen aus: Pro Stunde würde gerade Mal das Gewicht von zehn Zuckerwürfeln verfeuert. Unterm Strich könnte ein Kilogramm Wasserstoff so viel Strom liefern wie 11.000 Tonnen Kohle. Der als Brennstoff benötigte schwere Wasserstoff (Deuterium) ließe sich billig und in nahezu unbegrenzter Menge aus den Weltmeeren gewinnen; die Abhängigkeit von fossilen Rohstoffen wie Kohle, Öl und Gas wäre mit einem Mal beseitigt - vorausgesetzt die E-Mobilität kehrt im Verkehr ein. Im Unterschied zu einem Kohlekraftwerk bläst ein Fusionsreaktor zudem keinerlei Treibhausgase in die Atmosphäre. Die Gefahr eines Unfalls ist gleich null; denn schon bei der kleinsten Störung bricht die Fusion von selbst ab. Die radioaktiven Abfälle wiederum, die durch den Beschuss der Reaktorinnenwände mit energiereichen Neutronen entstehen, könnten aufgrund der geringen Halbwertzeit relativ leicht entsorgt werden.

Wenn es gelingt, das Sternenfeuer auf Erden anzuzünden, wird dies die Welt verändern. Mit drei Flaschen Wasser kann man dann eine Familie ein Jahr lang mit Strom versorgen!

Die Nutzung der Fusionsenergie in Kraftwerken ist ein folgerichtiger Schritt des Überlebens. Aus der Kanone hat sich der Verbrennungsmotor entwickelt, aus der Atombombe das Atomkraftwerk. Und nun entsteht aus der schon lange vorhandenen Wasserstoffbombe das Fusionskraftwerk. Die militärische Anwendung stand fast immer am Anfang, daraus hat sich die zivile Technik gebildet.

Mit dem letzten gewaltigen Schritt zur Sonnentechnik wird sich das Leben auf Erden grundsätzlich ändern. Antriebe von Schiffen, Eisenbahnen, Landfahrzeugen, Flugzeugen und Raumschiffen, sowie die Kraftwerkstechniken werden nicht mehr auf Verbrennungstechnik basieren. Der Verkehr wird abgasfreie Antriebsaggregate bekommen. Bei stationären Antrieben ist die Einführung der Elektromotoren schon lange erfolgt, nun steht die Elektromobilität bevor. Die Verkehrfahrzeuge in allen Bereichen werden künftig elektrisch antrieben und über Leitsysteme elektronisch gesteuert. In der Menschheitsgeschichte ist dies eine einmalige existenzielle Hersausforderung! Für Physiker, Ingenieure und Techniker gibt es in den nächsten 100 Jahren viel zu tun, um die technischen Lebensgrundlagen für die nächsten 1.000 Jahre zu schaffen.

Die Verkehrslinie

Die Eisenbahn
Mit Volldampf in ein neues Zeitalter (ab 1804)

Verbrennungsmotoren
Nikolaus Otto (1832 – 1891) und Rudolf Diesel (1858 – 1913)

Lösung des Zündproblems
Robert Bosch (1861 – 1942)

Der Traum vom Fliegen
Gebrüder Wright und der Beginn der Luftfahrt

Die Eisenbahn

Mit Volldampf in ein neues Zeitalter

Die Dampfmaschine, die James Watt verbessert hatte, wurde bald auch im mobilen Bereich eingesetzt. Schiffe, Landfahrzeuge, Dampfpflüge und sogar Fahrrädern wurden mit Dampf angetrieben. Die dominanteste Anwendung erfolgte in Schienenfahrzeugen. Wohl keine Erfindung des 19. Jahrhunderts hat die Lebensbedingungen und den Erfahrungshorizont der Menschen so radikal geändert wie die Eisenbahn.

Zum Beginn der zweiten Hälfte des 19. Jahrhunderts war das Eisenbahnnetz auf dem Gebiet des späteren Deutschen Reichs bereits auf 6.000 Kilometer angewachsen. Die Ausbaugeschwindigkeit des stählernen Netzes erfolgte mit einem Tempo, das alle anderen werdenden Industriestaaten übertraf. Die Vereinigten Staaten wurden um das dreifache und England und Frankreich um das Doppelte übertroffen. Es war als hätte Deutschland nach der großen Katastrophe des 30jährigen Krieges etwas aufzuholen. Zweifelsohne hatte die Eisenbahn eine maßgebenden Anteil daran, das Deutschland sich von den schlimmen Folgen des verheerenden 30jährigen Krieges erholen und zu einer bedeutenden Industrienation aufsteigen konnte.

Monat für Monat wuchs das stählerne Spinnennetz und die „silbernen Rollbahnen" verbanden Städte, Länder und Regionen und setzten neben einer ständig wachsenden Zahl von Gütern auch Jahr für Jahr mehr Menschen in Bewegung. Welche

Dimension der Mobilisierungsprozeß zu Beginn des Eisenbahnzeitalters annahm, mögen einige Beispiele illustrieren:

Im Mai 1839 benutzten auf der 60 Kilometer langen Strecke zwischen Augsburg und München 339 Personen die Postkutsche – sie waren auf dieser Strecke 10 Stunden unterwegs. Die am 4. Oktober 1840 eröffnete München-Augsburger Eisenbahn beförderte im gleichen Zeitraum 31.622 Passagiere – sie benötigten für die Strecke nur noch knapp drei Stunden.

1838 benutzten 27.500 Personen die Postkutsche zwischen Frankfurt und Mainz. Die Taunus-Eisenbahn beförderte 1843 auf fast derselben Route 745.000 Passagiere.

1845 waren zwischen Frankfurt und Heidelberg etwa 36.500 Personen mit der Postkutsche unterwegs, zwei Jahre später mit der Main-Neckar-Eisenbahn 770.000.

Die Eisenbahnplaner und -unternehmer wurden von dem Ansturm aus allen Bevölkerungskreisen weitgehend überrascht.

Das Material für die Eisenbahnen, also der Wagen- und Lokomotivpark, sowie die Schienen und das nötige Zubehör musste am Anfang vor allem aus England importiert werden. Das bedingte auch die Übernahme der dortigen Abmessungen, einschließlich der Spurweite. Selbst die Lokomotivführer kamen bis in die Hälfte der 1840er Jahre noch vielfach aus England. Das deutsche Eisenbahnwesen und vor allem der Maschinenbau sind auf „englischen Krücken" emporgekommen.

1837 wurde bei München die Firma J. A. Maffei und in Berlin die Firma Borsig gegründet - die größten deutschen Lokomotivhersteller der folgenden Jahrzehnte. Bereits 16 Jahre nach Gründung des Unternehmens stammten 414 der 729 auf preußischen Bahnen laufenden Lokomotiven von Borsig. 20 Jahre später hatten bereits mehr als 4.000 Loks das Berliner Werk verlassen. Auch die Firmen Kessler, Egestorff, Hartmann, Henschel und Wöhlert, die in dieser Zeit ebenfalls Lokomotiven auf den Markt brachten standen den Marktführern sowohl von der Qualität ihrer Maschinen wie den permanent steigenden Produktionszahlen kaum nach. Sie eroberten in der Folgezeit erhebliche Teile des europäischen Marktes mit Russland an der Spitze.

Mit dem neuen aufstrebenden Verkehrsmittel verbanden sich hochgespannte Erwartungen. Für die damaligen Zeitgenossen verkörperte die Eisenbahn Aufbruchstimmung, Zukunftserwartung und Fortschritt. Die Bahnhöfe in den großen Städten wurden zu „Kathedralen des Fortschrittes". Diese Bauwerke der Moderne wurden manchmal, wie in Köln, direkt neben den eigentlichen Kathedralen errichtet und in ihnen entfaltete sich die säkulare Religion des 20. Jahrhunderts. Die Religion der Technik und des Fortschrittes. Von daher erklärt sich, dass alles was mit der Eisenbahn zusammenhing mit der größten Aufmerksamkeit und weitgehender Zustimmung aufgenommen wurde. Das Interesse an der Eisenbahn durchdrang alle Volksschichten. Millionen ließen sich von einem neuen Lokomotivtyp faszinieren.

Spielzeugeisenbahnen aus Holz und Blech waren der Traum eines jeden Kindes. Die Firma Märklin präsentierte 1891 auf der Leipziger Frühjahrsmesse die erste auf Schienen laufende Modelleisenbahn, die einen förmlichen Boom auslöste.

Vor diesem faszinierenden Hintergrund fiel es nicht schwer, trotz mäßiger Bezahlung, den Nachwuchs für das ständig wachsende Riesenheer der Eisenbahner zu rekrutieren. Kaum gab es einen Jungen der nicht einmal Lokführer werden wollte. Selbst der kleinste Schaffner nahm noch Teil an der Aura der Modernität die das neue Verkehrsmittel umgab. 26.000 Personen hatten die Bahnen bereits 1850 beschäftigt. Sie waren schon damals der größte Arbeitgeber in Deutschland. 1873 war die Zahl der Eisenbahner auf 234.000 Personen gestiegen. Im letzten Friedensjahr 1913, waren bei den deutschen Staatsbahnen (90 % der deutschen Eisenbahnen) rund 700.000 Personen angestellt, davon fast 40 % als Beamte. Während des Ersten Weltkrieges stieg die Anzahl der Eisenbahner noch einmal beträchtlich. Ende 1919, also kurz vor Gründung der Reichsbahn, waren mehr als 1,1 Millionen bei der Bahn tätig. Das heißt rund vier Prozent aller Erwerbstätigen waren auf dem Höhepunkt der Entwicklung Eisenbahner. Danach gingen die Beschäftigungszahlen wieder zurück. Zur Jahrtausendwende waren 230.000 Mitarbeiter bei der Deutschen Bahn beschäftigt.

Zu Beginn des 20. Jahrhunderts war die Eisenbahn der bei weitem größte zivile Arbeitgeber in Deutschland. Er setzte mit seinem Lohn- und Gehaltsgefüge, mit seinen Sozialleistungen, mit den Hierarchien in seinem Betrieb, Maßstäbe für die gesamte Arbeits- und Lebenswelt. Dazu kam, dass die Bahn auch der größte zivile Auftraggeber war und Einfluss auf die Preisgestaltung großer Industriebereiche ausüben konnte. Zu ihnen zählte in vorderster Linie die Montanindustrie, die im stärksten Maße vom Eisenbahnbau profitierte. Aber auch die Bau- und Holzindustrie sowie die Schotterhersteller, die Bettungsstoffe für die Gleisanlagen lieferten, konnten mit regelmäßigen Aufträgen rechnen. Enorme Summen flossen in den Maschinenbau für die Beschaffung von Lokomotiven, Personen- und Güterwagen.

Gleichzeitig griff die Bahn über den Kohlepreis tief in die Produktionsverhältnisse ein. Die Transportkosten für Kohle sanken durch die Eisenbahn enorm. Vorher kostete ein Tonnenkilometer 13 bis 14 Pfennige. Mit der Eisenbahn betrug der Normalkohlentarif 2,2 Pfennige und mit Ausnahmetarif nur 1,25 Pfennige pro Tonnenkilometer. Die Kohle war der Hauptenergieträger der damaligen Zeit und für die Industrie waren deshalb Tarife und Streckenführung von zentraler Bedeutung.

Die deutschen Bahnen waren in den Jahrzehnten vor dem Ersten Weltkrieg, von Ausnahmen abgesehen, moderne und beispielhafte Unternehmungen. Sie standen für ökonomische Leistungsfähigkeit und Innovationskraft der deutschen Wirtschaft. Mit Hilfe der Bahn schickte Deutschland sich an, England, „the first industrial nation", zu überflügeln. Um 1900 verfügten die deutschen Eisenbahnen nicht nur über das größte Streckennetz in Europa (ca. 50.000 Kilometer), sondern erzielten auch den größten Überschuss in Relation zum Anlagekapital. Dabei waren die Tarife, sowohl im Personen- als auch im Güterverkehr, im europäischen Vergleich außerordentlich günstig. Rund 900 Millionen Fahrgäste beziehungsweise 21 Milliarden

Personenkilometer zählten die deutschen Bahnen in dieser Zeit im Jahr und beförderten Güter im Umfang von etwa 320 Millionen Tonnen. Die Eisenbahnen bestimmten und beherrschten beim Eintritt in das 20. Jahrhundert fast die gesamte wirtschaftliche Infrastruktur des Landes. Von ihrer Präzision, Leistungsfähigkeit und Modernität hing die wirtschaftliche Entwicklung und Zukunft des Reiches entscheidend ab.

Technische Entwicklung der Dampflokomotiven

Im Jahre 1804 gelang es dem Engländer Trevithik eine Dampflokomotive zu bauen. Sie wurde auf einer Pferdebahn mit zwei weiteren Loks von ihm eingesetzt. Die Loks von Trevithik waren nur kurze Zeit in Betrieb, da die gusseisernen Schienen dem hohen Lokgewicht nicht standhielten.

Man glaubte, mit leichten Maschinen keine Lasten schleppen zu können, deshalb versuchte man zunächst die Reibung zwischen Rad und Schiene durch andere Übertragungsmittel zu ersetzen. Es entstanden Zahnradlokomotiven, Seiltrommellokomotiven und Loks, bei denen sich mehrere maschinell angetriebene Stützen wie Hinterbeine eines Pferdes gegen den Erdboden stemmten. Erst im Jahre 1813 wies der Engländer Blackett nach, dass die Reibung zwischen Rad und Schiene genügt, um auch schwere Lasten fortzubewegen. Im gleichen Jahr baute William Hedlay eine Lokomotive, Puffing Billy genannt, die auf glatten Schienen lief.

Die Haftung zwischen Stahlrädern und Schienen ist in der Tat gering. Der Reibungskoeffizient liegt je nach Oberflächenbeschaffenheit zwischen 0,1 und 0,3. Das bedeutet im ungünstigsten Fall, das die Zugkraft nur 10 % des Lokgewichts betragen kann, bevor die Räder durchrutschen. Da aber auch der Rollwiderstand

Trevithiks Dampfwagen

eines Wagenzuges auf stählernen Schienen sehr gering ist, ist es trotzdem möglich in der Ebene große Lasten zu schleppen. Zur Verbesserung der Reibungsverhältnisse erhielten in der Folgezeit alle Schienenfahrzeuge Sandstreueinrichtungen um die Haftung auf schlüpfrigen Schienen, bei schweren Anfahrten oder beim Bremsen, zu erhöhen.

Dampflokomotive „Puffing Billy". Über dem Kessel sieht man den Waagebalken der typisch war für die Dampfmaschinen von James Watt

Die „Puffing Billy" hatte zwei stehende Zylinder, die über Hebel und Stangen auf eine zwischen den beiden Treibachsen liegende Blindwelle arbeiteten. Die Blindwelle war durch Zahnräder mit den Treibachsen gekuppelt. Diese Maschine blieb längere Zeit in Betrieb.

Die Dampflokomotive „Rocket"

Im Jahre 1829 schrieb die Manchester-Liverpool-Eisenbahn einen Wettbewerb aus, um für ihre neu gebaute Bahn die besten Lokomotiven zu bekommen. Sie sollten das Dreifache ihres Eigengewichtes mit einer Geschwindigkeit von 16 km/h ziehen können. In einem weltbekannten Wettrennen ging die Lokomotive „Rocket" des Ingenieurs Stephenson als überlegener Sieger hervor. Sie erreichte eine Höchstgeschwindigkeit von 46,6 km/h. Die unmittelbare Kraftübertragung vom Zylinder auf die Treibachse und die Abfederung des Rahmens wurden bis zum Ende des Dampflokomotivbaues beibehalten. Mit der „Rocket" beginnt die eigentliche Geschichte der Dampflokomotive.

Die erste Lok in Deutschland, der „Adler", musste noch aus England bezogen werden. Ebenfalls kam der Lokomotivführer dafür aus England. Er verdiente damals mehr als der Direktor der betreffenden Eisenbahngesellschaft. Die Lok wurde auf der Strecke zwischen Nürnberg und Fürth eingesetzt, die am 7. Dezember 1835 eröffnet wurde. Der „Adler" von Stephanson und Co. in Newcastle als 118. Lokomotive gebaut, lässt gegenüber der „Rocket" bereits deutliche Fortschritte erkennen. Die beiden Zylinder liegen waagrecht zwischen den Rädern, was sich jahrzehntelang als englische Normalform erhalten hat. Kessel und Feuerbüchse sind größer. An den Langkessel schließt sich eine Rauchkammer an. Die Lok hat vorn und hinten eine fest im Rahmen gelagerte Laufachse. Die großen Räder der Treibachse haben keinen Spurkranz. Der Kesseldruck betrug 3,3 bar.

Nachbau der Adler-Lok mit Wagenzug

Über 100 Jahre lang ging die Dampflokentwicklung weiter. Die Leistung ist auf das 50 – 60fache gewachsen, die Geschwindigkeit auf das fünf- bis sechsfache erhöht, das Gewicht von 7,5 Tonnen auf 200 Tonnen gestiegen.

Trotzdem hat der „Adler" bei den Fahrgästen des Jahres 1836 wohl mehr Staunen und Bewunderung erregt, als der Fortschritt im Lokomotivbau später. Der Sprung von der langsamen Postkutsche in den mit 40 km/h „dahinrasenden" Eisenbahnzug war für die Menschen damals riesengroß, und es gab nicht wenige, die bei solchen Geschwindigkeiten ernstlich um die Gesundheit der Fahrgäste bangten.

Den Lokomotivbauern wurde bei der weiteren Entwicklung eine harte Fessel auferlegt, das Streckenprofil, das den Ausbau der Lokomotive in Höhe und Breite begrenzte. Den steigenden Leistungsanforderungen konnte die Lokomotive fast nur durch Entwicklung in die Länge angepasst werden. Dies bereitet viel Kopfzerbrechen, da man die Leistungsverbesserung nicht mit schlechterer Kurvenläufigkeit erkaufen wollte.

Die leichten Züge der ersten Eisenbahnzeit ließen sich noch vom „Adler" befördern. Damals kannte man noch keinen Unterschied zwischen Güterzug- und Reisezuglokomotiven. Je mehr Last man aber der Lok zumutete, desto größer musste der Kessel werden und desto mehr Räder mussten das Gewicht tragen. Eine Treibachse reichte bald nicht mehr aus, um einen schweren Zug zu bewegen, ohne dass die Treibräder ins Gleiten kamen. Die Vorräte an Kohle und Wasser wuchsen mit der Ausdehnung des Streckennetzes.

Viele Kinderkrankheiten waren in den ersten Jahren zu beseitigen. Der kurze Kessel des „Adlers" nutzte die Wärme schlecht aus, die richtige Abstimmung zwischen Größe der Feuerbuchse, des Kessels und seiner Rohre musste erst gefunden werden. Die Einführung des Überhitzers und damit des Heißdampfes brachten den Dampflokbetrieb um die Jahrhundertwende einen bedeutsamen Schritt vorwärts (siehe Kapitel: *Verbesserung der Wärmekraftmaschinen*). Der „Adler" arbeitete noch mit Nassdampf und ohne Dampfdehnung, nützte also die im Frischdampf enthaltene Energie sehr unvollkommen aus.

Die Laufsicherheit der ersten Loks in Geraden und Krümmungen ließen zu wünschen übrig. Verschiedene Mittel wurden erprobt, um die Laufruhe zu verbessern. Dazu gehörten: Laufachsen, Drehgestelle, Radsätze ohne Spurkranz und seitenverschiebbare Achsen.

Die Aufgaben des Schnellzug- und Güterzugdienstes gingen bald auseinander. In einem Betriebszweig handelt es sich um rasche Beförderung geringer Lasten, im anderen um langsame Beförderung schwerer Lasten. Für die verschiedenen Aufgaben wurden entsprechende Lokomotiven konstruiert. Der Schnellzugdienst verlangte Maschinen mit großen, der Güterzugdienst solche mit kleinen Rädern.

Auf dem Gebiet des Schnellverkehrs setzte in den Jahren 1931 bis 1939 ein lebhafter Wettbewerb zwischen motor- und dampfgetriebenen Fahrzeugen ein. Man wünschte rasche Verbindungen zwischen Großstädten, die nur mit Fahrzeugen zu schaffen waren, die längere Strecken mit hoher Geschwindigkeit ohne Halt durchfahren konnten. Oberhalb 100 km/h steigt aber der Luftwiderstand rasch auf hohe Werte an. Das Verringern des Fahrwiderstandes musste daher im Vordergrund aller Schnellfahrbemühungen stehen.

Nach dem Erfolg des 1931/32 gebauten „Fliegenden Hamburgers", einem Schnelltriebwagen mit Dieselmotor und einer Höchstgeschwindigkeit von 160 km/h, entschloss man sich, auch Dampflokomotiven für Geschwindigkeiten bis zu 175 km/h zu bauen. Versuchsfahrten mit einer Einheitslok der Baureihe 03 zeigten, dass der Luftwiderstand schon bei 140 km/h eine erhebliche Rolle spielte. Von 100 im Zylinder erzeugten PS verbrauchte die Lok dabei 58 PS für die eigene Fortbewegung. Zur Zugförderung blieben dann nur noch 42 PS übrig. Dabei muss allerdings berücksichtigt werden, dass die Lok auch einen wesentlichen Teil des Luftwiderstandes des Wagenzuges mit aufnimmt. Um bei Schnellfahrten noch ausreichende Zuggewichte befördern zu können, muss entweder die Leistung der Lok kräftig gesteigert oder ihr Eigenverbrauch gesenkt werden. Da der Luftwiderstand auch von der Form und Oberflächenbeschaffenheit der Fahrzeuge abhängt, ergab sich als einfache Wirkungsgradverbesserung die stromlinienförmige Verkleidung.

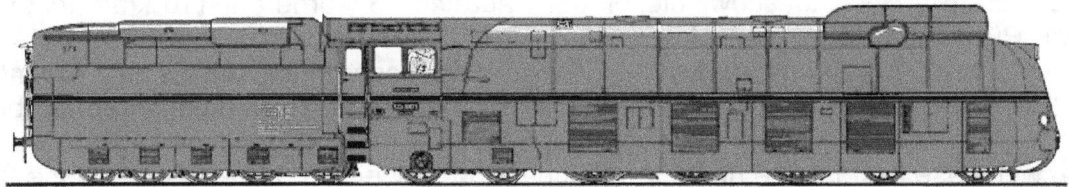

Mit einer Dampflok der Baureihe 05 wurde ein Geschwindigkeitsweltrekord aufgestellt

Nachdem durch Windkanalversuche die beste Form der Verkleidung gefunden war, wurde als erste Stromlinienlok die Baureihe 05 in zwei Ausführungen von den Borsig-Werken gebaut. Mit der Lok 05 002 wurde bei einer Versuchsfahrt im Jahr 1936, mit 3 Reisezugwagen und einem Messwagen, eine Geschwindigkeit von knapp über 200 km/h erreicht. Sie wurde damit zur schnellsten Dampflok der Welt. Die Treibräder hatten einen Durchmesser von 2.300 Millimeter. Der Dampfdruck betrug 20 bar. Die Spitzenleistung lag während der Rekordfahrt bei 3.500 PS.

Nach dem 2. Weltkrieg wurden weiterhin Dampflokomotiven gebaut. Der zweite Weltkrieg war für die Eisenbahn ein harter Lehrmeister. Je tiefer das deutsche Heer in Russland eindrang, desto mehr verlagerten sich die Transportaufgaben auf die Eisenbahn. Am Jahresende 1942 erreichte das im besetzten Osten betriebene Streckennetz mit rund 42.000 Kilometern seine größte Ausdehnung. Die russische Breitspur (1.524 mm) wurde dabei auf die europäische Normalspur (1.435 mm) „umgenagelt". Der Höchstleistungsfahrplan, unter teilweisen extremen Witterungsverhältnissen gefahren, nötigte von Mensch und Maschine das Letzte ab. Täglich rollten bis zu 2.500 Züge für die Wehrmacht.

Für die Einheitslokomotiven nach 1950 wurden aus den Erfahrungen der Vergangenheit folgende Baugrundsätze neu aufgestellt:

- Hochwertige Vollisolierung von Kessel und dampfführenden Teilen.
- Allseitig geschlossener Führerraum mit bequemer Sitzgelegenheit.
- Laufwerk für hohe Rückwärtsgeschwindigkeit.

- Zusammenfassen der Anzeigegeräte in einem Pult.
- Zentralschmierung schwer zugänglicher Stellen des Laufwerks, der Steuerung und anderer Teile.
- Kleine Windleitbleche.
- Vollständige Schweißung von Kessel, Rahmen und Tender.
- Sparsame Bemessung der Rostfläche, um die Verluste im Stillstand einzuschränken.
- Rollenlager in Achsen und Stangen.

Die letzten Neubauloks der Deutschen Bundesbahn waren die der Baureihe 23. Diese Loks sollten die legendären preußischen P 8-Lokomotiven (Baureihe 38) ersetzen. Die Höchstgeschwindigkeit der Baureihe 23 wurde auf 110 km/h festgelegt. Rückwärts durfte die Lok mit Rücksicht auf die Sichtverhältnisse nur mit 85 km/h fahren, obwohl das Laufwerk eine Rückwärtsgeschwindigkeit bis zu 110 km/h zuließ. Die Leistung betrug 1.800 PS. Der günstigste Gesamtwirkungsgrad lag bei einer Geschwindigkeit von 44 km/h bei 9,5 %. Wegen ihrer günstigen Eigenschaften war diese Lokomotive noch beweglicher und vielseitiger, als es die Baureihe 38 schon war.

In mehreren Serien lieferten die Lokfabriken Esslingen, Henschel, Jung und Krupp zwischen 1951 und 1959 insgesamt 105 Lokomotiven aus. Die letzten drei Loks der Baureihe 23 wurden 1975 im Bahnbetriebswerk Crailsheim ausgemustert.

Die Lok 23 105 im Hbf Stuttgart. Sie ist die letzte in Deutschland gebaute Dampflok.

Die letzte für die Bundesbahn beschaffte Lok war die „*23 105*". Sie wurde am 2.12.1959 von der Lokfabrik Jung unter der Fabriknummer 13113 ausgeliefert und wurde beim Bahnbetriebswerk Minden (Westf) bis 1968 eingesetzt. Danach kam die Lok zu den Bahnbetriebswerken Crailsheim, Saarbrücken und wurde schließlich 1972 in Kaiserslautern aus dem Plandienst genommen. Als beliebte Museumslok führte sie danach unzählige Sonderfahrten aus. Am 18.10.2005 wurde sie in Nürnberg bei einem Museumsbrand erheblich beschädigt. Die nicht mehr fahrtüchtige *23 105* steht nun im *Süddeutschen Eisenbahnmuseum Heilbronn*.

Antriebsarten für Schienenfahrzeuge

Die Dampfmaschine war in der ersten Zeit der Eisenbahn die einzige brauchbare Antriebsmaschine. Fast ein Jahrhundert verging, ehe der Verbrennungs- und Elektromotor ernsthaft mit der Dampfmaschine in Wettbewerb treten konnte. Die Vorteile der Dampflok lagen in der einfachen Bauart von Maschine und Steuerung. Aus einigen großen und nicht allzu schnell laufenden Teilen gebaut, war die Dampfmaschine relativ wenig störanfällig. Dieser Vorzug galt vor allem im 19. Jahrhundert, als man in der Eisenherstellung und -verarbeitung noch nicht so weit fortgeschritten war. Die Dampflokomotive hat aber auch gravierende Nachteile. Die Strecke die eine Dampflok durchfahren kann ist begrenzt. Zur Rostreinigung und Bekohlung muss ein Bahnbetriebswerk aufgesucht werden. Für diese Arbeiten sind umfangreiche Anlagen nötig. Im Jahre 1956 erreichten die Dampflokomotiven der DB eine durchschnittliche Laufleistung von 225 km/Tag.

Der Gesamtwirkungsgrad der Dampfloks mit 5 - 8% ist bescheiden. Auf dem durch das Streckenprofil begrenzten Raum lässt sich die Lokfeuerung nicht so günstig gestalten wie bei einem ortsfesten Kessel. Die Dampflok verbraucht auch im Stillstand Kohle durch Abbrand und Abstrahlungsverluste und hat einen schlechten Wirkungsgrad im Teillastbetrieb. Verluste treten außerdem beim Ausschlacken, Auswaschen und nachfolgenden Wiederanheizen auf. Hinzu kommt, dass die Dampflok durch den Zwang zur Mitführung der Dampferzeugungsanlage und der beachtlichen Betriebsvorräte eine große tote Last befördern muss. Die Leistung der Dampflok ist durch die Größe des im Streckenprofil unterzubringenden Kessels in Europa auf ca. 2.500 – 3.000 PS begrenzt.

Antrieb mittels Elektromotor

Die Energieausnutzung in wenigen großen Kraftwerken ist günstiger als in kleinen Kesseln der Dampfloks. Während im Lokkessel hochwertige Kohle verfeuert werden muss, kann ein ortsfester Großkessel auch Braunkohle oder Müll verfeuern. Außerdem lässt sich Wasser- und Windkraft zur Stromerzeugung heranziehen.

Durch die zentrale Stromerzeugung steht dem einzelnen Triebfahrzeug jederzeit genügend Energie zur Verfügung. In elektrische Lokomotiven lassen sich daher wesentlich größere Antriebsleistungen einbauen als in Dampflokomotiven. Darüber hinaus ist der Elektromotor kurzzeitig überlastbar, ein Vorteil, der sich vor allem beim Beschleunigen und auf Steigungsstrecken günstig auswirkt. Elektrische Loks überschreiten die Leistung ihrer „Dampfschwestern" um mehr als das Doppelte. Trotz höherer Leistung kann die Elektrolok leichter als eine Dampflok gebaut werden, da das Gewicht des Kessels und der Betriebsvorräte entfallen. Kessel, Wasser und Kohle bleiben im Kraftwerk – nur die Energie wird auf die Reise geschickt. Die Belästigung der Reisenden durch Rauch und Ruß unterbleibt. Dem Lokpersonal werden bessere Sichtverhältnisse und Arbeitsbedingungen geboten, die große körperliche Anstrengung beim Feuern des Kessels entfällt.

Eine elektrische Lok ist teurer als eine Dampflok. Dazu kommen aufwendige Energieerzeugungs- und Stromverteilungsanlagen. Stromausfälle wirken sich auf ganze Streckenausschnitte aus. Aus Gründen der Betriebssicherheit müssen daher umfangreiche und kostspielige Schaltanlagen geschaffen werden. Der elektrische Betrieb ist daher nur bei hoher Zugförderleistung wirtschaftlich.

Antrieb mittels Dieselmotor

Ähnlich wie Elektroloks haben Dieseltriebfahrzeuge folgende Vorteile:

- Lange Einsatzzeiten
- Geringes Gewicht
- Gute Arbeitsbedingungen des Personals
- Einfache Behandlungsanlagen

Mit der Dampflokomotive gemeinsam hat das Dieselfahrzeug den Vorteil, dass die Energiekosten von der Streckenbelastung unabhängig sind, und der Betrieb nicht auf ein elektrifiziertes Steckennetz angewiesen ist.

Der Dieselmotor lässt sich in Triebwagen ebenso leicht wie der Elektromotor unterbringen. Er hat von allen Antriebsmaschinen den besten Wirkungsgrad. Der technische Vorteil wird jedoch erheblich dadurch beeinträchtigt, dass der Betriebsstoff aus außereuropäischen Ländern eingeführt werden muss. Beispiel: In der DDR wurde 1985 der Dampflokbetrieb durch die Dieseltraktion ersetzt. Die Deutsche Demokratische Republik hatte feste Lieferverträge über Dieselöl mit der Sowjetunion und kaufte und baute im Vertrauen auf seinen „verlässlichen" Partner Dieselloks. Nach der ersten Ölkrise reduzierte die Sowjetunion die Öl-Lieferungen erheblich und der wesentliche Teil des Streckennetzes musste elektrifiziert werden. Milliarden waren in den Sand gesetzt.

Ein weiterer Vorteil des Dieselmotors ist, dass der Brennstoffverbrauch sofort mit dem Stillsetzen des Fahrzeuges aufhört. Im leichten und mittleren Rangierdienst, wo immer wieder größere Rangierpausen eintreten, werden bis heute überwiegend Dieselloks eingesetzt. Nachteilig beim Dieselantrieb ist, dass er nicht unter Volllast anlaufen kann. Zum Anfahren muss zwischen Motor und Treibachse ein Schaltgetriebe verwendet werden.

Schlussbetrachtungen

Die Eisenbahn ist ein bedeutsamer Teil der Technikgeschichte geworden. Sie hat den Fortschritt beflügelt und den Weg in eine Industriegesellschaft und damit in die Moderne gebahnt. Aufgrund der stählernen Rollbahnen können schwere Lasten mit geringem Energieaufwand transportiert werden. Kein anderes Transportmittel kann da mithalten. Die Bahn ist zudem das sicherste Verkehrsmittel, nirgends sind die Unfallzahlen bezogen auf die Verkehrsleistung geringer als bei der Eisenbahn.

Trotz ihrer segensreichen Erfolgsgeschichte liegt ein Schatten auf dem schienengebundenen Verkehrsunternehmen. Es war nicht nur Haupttransportträger in zwei Weltkriegen, sondern spielte auch im planmäßig organisierten Völkermord während der Zeit des Nationalsozialismus eine unheilvolle Rolle. Die Bahn hat maßgeblich zur „Endlösung der Judenfrage" beigetragen. Insgesamt wurde mehr als die Hälfte aller ermordeten Juden, ca. drei Millionen Menschen, mit der Eisenbahn in die Todeslager im Osten transportiert. Von der Transportleistung her gesehen waren 10 bis 20 Deportationszüge täglich von keiner allzu großen Bedeutung. Bei einem Gesamtaufkommen von 20.000 Zügen pro Tag (1942) wirkten die im Verhältnis dazu wenigen Deportationszüge wie ein logistisches Randproblem.

In moralischer Hinsicht war es jedoch kein Randproblem. Im Prinzip beförderte die Reichsbahn gegen Bezahlung jede Personengruppe, mochte sie nun freiwillig oder gezwungen reisen. Bei den Deportationen war der Auftraggeber das Reichssicherheitshauptamt bzw. die SS, die auch die Fahrtkosten zahlten. Diese „Institution" holte sich das ausgelegte Fahrgeld aber wieder. Letztlich mussten die Opfer zahlen, wo immer es im Bereich des Möglichen lag. Wenn es um Transporte aus dem Ausland ging mussten die Heimatländer der jüdischen Bevölkerung die Fahrt in die Gaskammern zahlen. So mussten zum Beispiel die Kosten für die Deportation französischer Juden vom französischen Staat getragen werden. Grundlage der Berechnung war der gültige Personenbeförderungstarif der 3. Klasse, der 1942 vier Pfennige pro Personenkilometer betrug. Kinder unter zehn zahlten die Hälfte, Kinder unter vier Jahren fuhren umsonst in den Tod. Auf Antrag wurde ein Sondertarif für Gruppenreisen gewährt.

Trotzdem der reguläre Fahrpreis bezahlt wurde, waren die Transportbedingungen für die meistens in Güter- und Viehwaggons gepferchten Opfer bestialisch. Ohne Nahrung, Getränke und Toilette wurden zwischen 60 und 120 Personen in die Waggons gesperrt. Häufig waren unvorstellbar lange Fahrtzeiten in Kauf zu nehmen, weil Wehrmachts- und Materialzüge Vorfahrt vor den Deportationszügen genossen. Diese mussten in glühender Hitze oder bei klirrenden Frost Stunden auf Abstellgleise verharren, wo Zeugen die Opfer nach Wasser und Brot schreien hörten.

Die Verantwortlichen bei der Bahn konnten so tun als ob sie nichts vom Zweck der Reise wussten. Sie konnten auch sagen, dass sie nur für den Transport zuständig sind und nicht für das was am Ziel geschieht. Fahrgäste aber, die den vollen Fahrpreis bezahlt haben, in solch einer diskriminierenden und unmenschlichen Weise zu befördern, verstieß auch damals gegen die Beförderungsregeln und gegen jeden Anstand. Wie konnte es Geschehen, dass gewöhnliche Beamte auf allen Stufen der Hierarchie, sich unter der Maske der Pflichterfüllung an einem solch beispiellosen Großverbrechen beteiligten? Die Antwort ist schwierig und soll auch hier nicht gegeben werden. Der Makel bleibt aber auf der Reichsbahn und ist in der Geschichte für immer festgehalten.

Technikgeschichte! Sie hat zwei Seiten. Die „Religion der Technik und des Fortschrittes" hat gerade im 20. Jahrhundert ihre Kehrseite gezeigt. Die Möglichkeit eines Technik-Missbrauches ist immer gegeben. Der Mensch als Technik-Schöpfer ist ethisch verpflichtet sie zum Guten zu verwenden, sonst wird zum Fluch, was zum Segen war gedacht.

Verbrennungsmotoren
Nikolaus August Otto (1832 – 1891)
Rudolf Diesel (1858 – 1913)

Noch im späten Mittelalter war der Mensch sehr sesshaft. Generation um Generation verbrachte ihr mühsames Leben meist an einem Ort. Nur relativ wenige nahmen weite und beschwerliche Reisen auf sich. Auch gab es keinen Urlaub, den man hätte nutzen können, um die weitere Umgebung anzusehen. Die Dampflokomotive und noch mehr der Verbrennungsmotor als Antrieb von Land-, Wasser- und Luftfahrzeugen hat dieses Verhalten geändert. Aus den ortsgebundenen Sandkastenkindern wurde eine mobile Gesellschaft. Heute setzen zu Urlaubszeiten ganze Völkerwanderungen ein. Manche nehmen sogar, wie eine Schnecke, ihre Behausung (Wohnwagen) mit. Wie entstand der Motor, der so viel Gewimmel auf dem Planeten Erde verursachte?

Nikolaus August Otto hatte wesentliche Entwicklungen für diesen Motor geleistet. Nach ihm wird der Benzinmotor bis heute genannte. 1868 wurde auf der Pariser Weltausstellung zum ersten Mal ein neuer Gasmotor der Öffentlichkeit präsentiert. Diese neue Motorenentwicklung verbrauchte nur noch ein Drittel des Kraftstoffes der bis dahin bekannten Motoren. Dieser Gasmotor wurde mit einer Goldmedaille ausgezeichnet. Sein Erfinder oder Erbauer war Nikolaus August Otto.

Otto war der Sohn eines Bauern. Sein Vater hatte dazu die Posthalterei von Holzhausen an der Haide / Taunus. Dort wurde Nikolaus geboren. Er durchlief eine Lehre als Kaufmann und verdiente danach seinen Lebensunterhalt als Handlungsgehilfe in den Städten Frankfurt am Main und Köln. Als junger rheinischer Kaufmann interessierte er sich aber vorwiegend für die Technik. Vor allem die Berichte über die Gasmaschine von dem Belgier Etienne Lenoir faszinierten ihn.

Lenoir hatte 1860 in Paris eine erste brauchbare Konstruktion dieser Maschine vorgeführt. Ein Leuchtgas-Luftgemisch wurde dabei mit Hilfe einer Flammzündung gezündet. 1863 baute Lenoir seine Gasmaschine sogar in ein Fahrzeug ein und fuhr damit 15 Kilometer weit. Angeregt durch die Arbeiten von Lenoir begann Otto mit seinen ersten Experimenten auf diesem Gebiet. Der Holländer Huygens ist es gewesen, der - wie ja schon berichtet - auf die Idee kam, mit Hilfe von Explosionsgasen (Pulvergasen) den Kolben einer Maschine mittelbar anzutreiben. Daraus entstand die atmosphärische Dampfmaschine. Anderthalb Jahrhunderte später wurde nun der Gedanke wieder aufgegriffen.

Genau nach diesem Prinzip von Huygens baute Otto seine ersten Gasmotoren. Ein Gasgemisch wird gezündet und schleudert einen Kolben im Zylinder im Leerlauf nach oben bis zum Anschlag. Das verpuffende Verbrennungsgas erzeugt ein Vakuum und der atmosphärische Luftdruck drückt den Kolben im Arbeitsgang nach unten. Der Kolben ist mit einer Zahnstange verbunden und im Abwärtsgang wird eine Welle angetrieben.

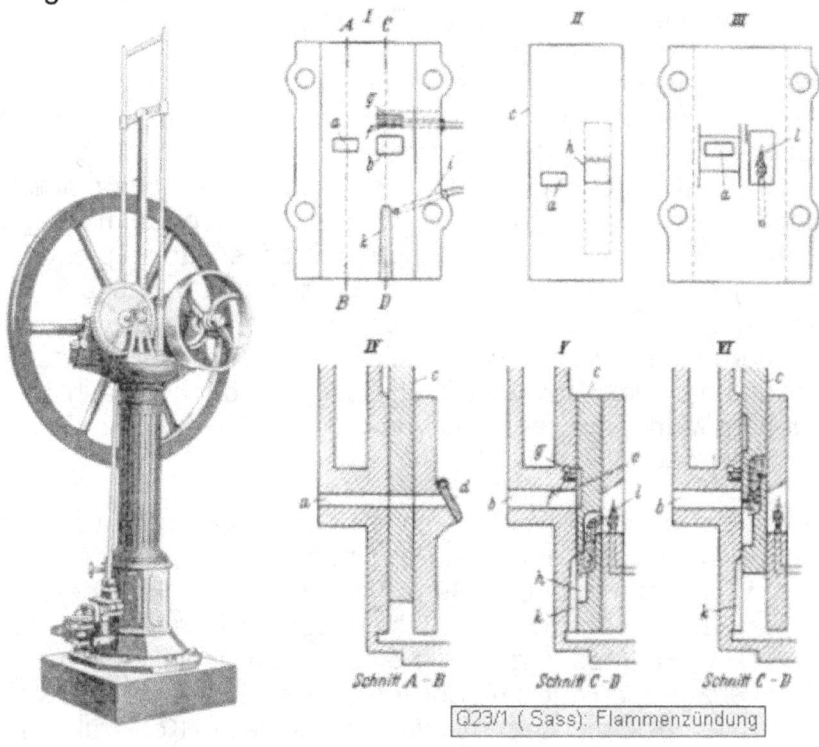

Flugkolbenmotor von Otto. Zur Zündung wird ein Glühröhrchen ständig durch eine Flamme heiß gehalten. Zum gegebenen Zeitpunkt wird das Glühröhrchen mittels Schieber zur Zündöffnung gebracht.

Ottos erste Maschine war also ein atmosphärischer Gasmotor. 1864 gründete Otto zusammen mit dem Ingenieur Eugen Langen die erste Motorenfabrik der Welt. Zuerst hieß sie „N. A. Otto Cie", dann ab 1869 „Gasmotorenfabrik Deutz". In 10 Jahren wurden von dem „Flugkolbenmotor", man könnte ihn auch als „Geschosskolbenmotor" bezeichnen, etwa 5.000 Exemplare abgesetzt, vornehmlich als Antrieb für Pumpen und für den Einsatz in Buchdruckereien. Die Maschine lief zuckend und stoßend und war äußerst geräuschvoll. Sie war 1,7 Meter hoch, mehr als 3 PS konnte sie aber nicht leisten. Trotzdem wurde sie 1867 auf der Pariser Weltausstellung mit einer Goldmedaille ausgezeichnet.

In zäher Arbeit suchten N. A. Otto und E. Langen nach einer Gasmaschine, die frei war von den Nachteilen des atmosphärischen Zweitaktmotors. 1876 konnte Otto endlich mit einem leistungsfähigen Viertaktmotor hervortreten, der sich gegenüber der atmosphärischen Maschine durch ruhigen Lauf und beträchtliche Raum- und Gewichtsersparnis auszeichnete. Nun leistete nicht mehr der Luftdruck die Arbeit, sondern der Explosionsdruck des entzündeten Gasgemisches. Das Ansaugen, Verdichten, Verbrennen und Auspuffen war in einen einzigen Zylinder verlegt. Auf der Pariser Weltausstellung von 1878 wurde der Motor die größte Erfindung im Kraftmaschinenbau seit James Watt genannt. Freilich war der Deutzer Gasmotor noch von der Gasleitung abhängig, wenn man auch schon Versuche mit Benzin als Treibstoff machte und an den Antrieb von Fahrzeugen dachte.

Im Übrigen geht der Name Benzin auf ein arabisches Wort zurück, das Weihrauch bedeutet, denn es lässt sich schon bei relativ niedrigen Temperaturen in gasförmigen Zustand überführen und dementsprechend kann man es gut riechen. Der deutsche Chemiker Mitscherlich hat das Wort 1833 für die betreffende Kohlenwasserstoffverbindung eingeführt. Doch es war erst Gottlieb Daimler und Wilhelm Maybach vorbehalten, an Ottos und Langens Arbeiten anknüpfend, 1883 einen entwicklungsfähigen leichten und schnellen Benzinmotor zu schaffen. Ottos Viertaktmotor machte 150 bis 180 Umläufe in der Minute. Daimlers neuer Motor aber lief mit 900 Umdrehungen in der Minute. Die Möglichkeit der Fahrzeugmotorisierung und der Luftfahrt wurde damit eröffnet. Es kamen dann tatsächlich bald Motorfahrzeuge auf dem Markt, die seit 1885 von Gottlieb Daimler und Carl Benz unabhängig voneinander gebaut wurden.

Gottlieb Daimler, der Bäckersohn aus Schorndorf, baute seinen Motor zunächst in ein Zweirad ein. Ein Jahr später stattete er einen stabilen Pferdewagen mit einem verbesserten 1,5 PS-Motor aus. Carl Benz hingegen, der Lokführersohn aus Karlsruhe, konstruierte einen liegenden Viertakter, den er in ein dreirädriges Gefährt einbaute. Mit diesem Fahrzeug erzielte er eine Geschwindigkeit von 16 Stundenkilometern. Carl Benz propagierte im Jahr 1888 seinen Patent-Motorwagen mit abnehmbarem Halbverdeck mit dem Hinweis, dass seine Konstruktion einen vollständigen Ersatz für Wagen mit Pferden darstelle: „Er spart den Kutscher, die teure Ausstattung, Wartung und den Unterhalt der Pferde. Keine besondere Bedienung nötig. Sehr geringe Betriebskosten." Ab dieser Zeit hatte das Pferdekutschengeschäft keine Zukunft mehr.

Nikolaus August Otto ist am 26. Januar 1891 in Köln gestorben. Mit ihm begann die dritte Entwicklungslinie, die vor allem für den Verkehr von großer Bedeutung wurde. Die Mobilisierung in der Welt begann, jeder Ort wurde schneller erreicht. Doch noch ein anderer Motor hat hier mitgemischt, wenn auch mit anderem Zündmechanismus.

Rudolf Christian Karl Diesel war der Sohn eines Augsburger Lederfabrikanten. Er wurde am 18. März 1858 in Paris geboren. Nach seinem Schulabschluss am Holbein-Gymnasium in Augsburg fasste Diesel den Entschluss Mechaniker oder Ingenieur zu werden. Er besuchte die Gewerbeschule und die Industrieschule, wo er die Ausbildung jeweils als Bester abschloss. Dann begann er 1875 sein Studium an der Technischen Hochschule in München, das er zeitweilig unterbrach. 1880 holte er jedoch das Abschlussexamen nach - mit der besten Leistung, die seit Bestehen der Schule je erbracht wurde. Einer seiner Lehrer dort war Professor Carl von Linde. Bei ihm hörte er Vorlesungen über die Wärmelehre (Thermodynamik). Er hörte dort vom Carnotschen idealen Kreisprozess und dem thermischen Wirkungsgrad. In dieser Zeit entstand in ihm der Wunsch, eine Wärmekraftmaschine zu erfinden, die die Dampfmaschine übertreffen soll. Trotz aller Verbesserungen konnte die Dampfmaschine nur etwa 5 % der im Brennstoff verfügbaren Wärme in nutzbare Energie umwandeln. Diesel war dank seines Lehrmeisters klar, dass die Temperatur in seinem Visions-Motor während des Verbrennungsprozesses möglichst hoch sein musste, um einen guten Wirkungsgrad zu erreichen. Später, bei seinen Experimenten, erkannte er, dass dies in der Praxis bedeutet mit hohem Druck zu arbeiten.

Nach zahlreichen Fehlschlägen kam Diesel der entscheidende Gedanke: Die angesaugte Luft so hoch zu verdichten, dass sie sehr heiß wird. Wenn diese hoch erhitzte Luft mit fein verteiltem Brennstoff durchsetzt wird, kommt es zur Selbstzündung (Explosion). Rudolf Diesel benutzte für seine Experimente zunächst Benzin, was aber wegen der hohen Entzündungstemperatur nicht funktionierte. Er wich daher auf Petroleum aus, um überhaupt Zündungen zu erreichen. Der Brennstoff wurde über einen umgebauten Vergaser zerstäubt, mit Luft vermischt und unter Hochdruck in den Brennraum geblasen. Zur Druckerzeugung diente ein Kompressor, die sogenannte Einblasmaschine. Eines der Probleme war, dass das verdichtete Brennstoffgemisch nicht zu heiß werden durfte, sonst würde das Petroleum schon im Rohr verbrennen - was auch geschah. Es wurde also mehrstufig verdichtet und gekühlt. Trotzdem musste die heiße Luft im Zylinder in der Lage sein, das eingeblasene extrem fette Gemisch zu entzünden.

Aufgrund seiner wärmetheoretischen Überlegungen und Experimente entwickelte Rudolf in der Maschinenfabrik Augsburg ab 1893 den Dieselmotor. 1897 war das erste funktionstüchtige Modell dieses Motors fertig. Der Motor lief mit einem sensationellen Wirkungsgrad von 26,2 %. Als stationäre Maschine eroberte sich der Dieselmotor bald ein weites Wirkungsgebiet. Am 1. Januar 1898 wurde die Dieselmotorenfabrik Augsburg gegründet. 1903 wurden bereits die ersten Schiffe mit Dieselmotor ausgerüstet. Allgemein wurde der Dieselmotor als „Motor der Zukunft" bezeichnet. Diesel wurde mehrfacher Millionär. Der Motor war aber immer noch so konzipiert, dass der Brennstoff gasförmig in den heißen Verbrennungsraum gedrückt werden musste. Diesel hatte aber auch bereits die Idee, seinen Motor mit Erdöl oder Pflanzenöl zu betreiben. Doch dazu kam es nicht mehr, denn Rudolf Diesel verließ das Glück. Durch Spekulationen verlor er große Teile seines Vermögens. Wirtschaftlich ging es bergab. 1911 wurde die Dieselmotorenfabrik Augsburg wieder aufgelöst.

Jahrelange Patentprozesse zerrütteten dazu Diesels Gesundheit. Am 29. September 1913 ging Rudolf Diesel in Antwerpen an Bord des Postdampfers „Dresden", um in London an einem Treffen der Dieselmotorhersteller teilzunehmen. Er schien guter Laune zu sein, wurde aber, nachdem er abends in seine Kabine gegangen war, nie wieder gesehen. Am 10. Oktober sah die Besatzung des holländischen Regierungslotsenbootes „Coertsen" bei heftigem Seegang die Leiche eines Mannes im Wasser treiben. Sie konnten die in Auflösung befindliche Leiche nicht bergen, sondern nur den Kleidern einige kleine Gegenstände entnehmen (Pastillendose, Portemonnaie, Taschenmesser, Brillenetui), die vom Sohn Eugen Diesel am 13. Oktober in Vlissingen identifiziert wurden.

Mit seinem Freitod unterlag Diesel einem doppelten Irrtum. Einmal meinte er, seine Situation könnte sich nicht mehr bessern. Im Sandkastenspiel aber ändert sich ständig alles. Der Dieselmotor stand erst am Anfang seines Siegeslaufes. Der effektive Motor trug den Namen von Diesel und der Erfinder hatte Patente darauf. Es hätte finanziell durchaus wieder aufwärts gehen können. Der andere Irrtum bestand darin, dass er meinte, mit der Kurzschlusshandlung die Situation zu verbessern oder ihr zumindest zu entrinnen. Diesel hatte Schulden. Aber mit seinem Abschied im Ärmelkanal hat er die Schulden nicht bezahlt, sondern sich die Möglichkeit genommen die Schulden zu begleichen.

Doch wieder zur Technik. Wir haben über die Entwicklung von zwei Motoren gesprochen: den Ottomotor und den Dieselmotor. Die Verwendung des Dieselmotors erfolgte erstmals nur stationär oder in Schiffen. Er musste hohe Drücke aushalten, war schwer und für die Brennstoffzuführung brauchte er einen eigenen Kompressor. Der Ottomotor war dagegen leicht und saugte über einen Vergaser den Kraftstoff selbst ein. Er war vor allem für Straßenfahrzeuge und später auch für Flugzeuge geeignet. Der Dieselmotor mit seinem besseren Wirkungsgrad eignete sich dagegen vorwiegend für Fabriken, Kraftwerke, Schiffe und Lokomotiven. Von daher war die Entwicklungs-Aufspaltung des Pulvermotors von Huygens in zwei Richtungen sinnvoll. Bei der späteren Entwicklung zeigte es sich jedoch, dass der Dieselmotor auch bei den Straßen- und Luftfahrzeugen dem Ottomotor immer mehr Konkurrenz machte. Am Anfang des 21. Jahrhunderts wurde der Dieselmotor fast gleichwertig neben dem Ottomotor in Kraftfahrzeugen verwendet. Doch da geht die Ära der Explosionsmotoren ohnehin zu Ende und die Sandkastenkinder sehen der Elektromobilität entgegen.

Lösung des Zündproblems
Robert Bosch (1861 – 1942)

Bei der Energieumsetzung mit Dampf gab es keine Zündprobleme. Man musste nur Feuer unter einem Kessel anzünden und dann kam der Prozess in Gang. Die wechselseitige Beaufschlagung der Kolben mit Dampf wurde über Ventile gesteuert. Noch einfacher war später der Antrieb von Dampfturbinen, die im Prinzip wie Wasserräder oder Windmühlen funktionierten. Hier brauchte nur ein Ventil zum Anfahren aufgemacht und zum Abstellen geschlossen werden. Ganz anders ist es aber bei den Verbrennungsmotoren. Hier muss ein explosibles Gemisch x-mal in der Minute gezündet werden. Man hat nur einen wahnsinnig kurzen Moment für den Zündvorgang und trotzdem muss die Zündung zuverlässig erfolgen. Dass damit von den Technikern kein leichtes Problem zu lösen war, lässt sich leicht vorstellen. Robert Bosch war nicht derjenige, der dies von der Theorie her gelöst hat. Doch hat er die vorhandenen Ansätze verbessert und zu einer industriellen zuverlässigen Lösung geführt – und dies sowohl beim Otto- als auch beim Dieselmotor.

In Württemberg war Ende des 19-Jahrhunderts die Industrialisierung schon weit fortgeschritten. Es gab ein ganzes Bündel von Ursachen dafür. Möglich gemacht wurde sie jedoch durch die rasche Ausbreitung der Elektrizität, die nutzbare Energie in jede Werkstatt brachte. Die anfänglich leise Angst vor dem „Teufelszeug" hatte in den allermeisten Fällen nicht lange Bestand gehabt. Der ausgeprägte Sinn der Schwaben fürs Nützliche und Verwertbare hatte gesiegt. Einer der vielen Unternehmer, die sich im mittleren Neckarraum niederließen, war Robert Bosch. Am 15. November 1886 gründete der damals 25-jährige in Stuttgart eine Werkstatt für Feinmechanik und Elektrotechnik.

Robert Bosch wurde als elftes von zwölf Kindern am 23. September 1861 in Albeck, einem kleinen Ort zwischen Ulm und Heidenheim geboren. Der Vater Servatius Bosch hatte eine Landwirtschaft mit etwa 100 Hektar. Neben etwa 25 Stück Großvieh waren noch 6 bis 8 Pferde vorhanden, die für den Frachtverkehr auf der Handelsstraße Ulm-Nürnberg zum Vorspann gebraucht wurden. Roberts Mutter musste oft mitten in der Nacht aufstehen, um den spät kommenden Fuhrleuten zu kochen, denn Servatius Bosch war auch Besitzer des Gasthauses „Zur Krone". Er war Freimaurer und über seinen Stand hinaus gebildet. Er legte daher besonderen Wert auf eine gute Ausbildung seiner Kinder. Von 1869 bis 1876 besuchte Robert Bosch die Ulmer Realschule und absolvierte danach eine Mechanikerlehre. Drei Jahre nach dem Ende seiner Lehrzeit packte Robert Bosch seine Siebensachen und machte sich auf Wanderschaft. Diese hat er freilich weiter ausgedehnt als es in dieser Zeit üblich war. Nur unterbrochen durch eine einjährige Militärzeit arbeitete er bis Herbst 1883 bei den Firmen Fein in Stuttgart und Schuckert in Nürnberg.

Im Wintersemester 1883/84 besucht er die Technische Hochschule als Gasthörer, um seine Kenntnisse in der Elektrotechnik zu verbessern. Einer seiner Professoren empfiehlt ihm, nach Nordamerika zu reisen und gibt ihm ein Empfehlungsschreiben mit auf den Weg. Nach der Arbeit in den „Edison Machine Works" geht es nach England zu „Siemens Brothers" und 1885 wieder nach Hause. Nach kurzem Gastspiel in der Magdeburger Gasmotoren- und Tachometerfabrik fühlt sich Robert Bosch gut gerüstet für die Gründung der eingangs erwähnten Werkstätte für Feinmechanik und Elektrotechnik. Er beschäftigte zunächst nur einen Gesellen und einen Lehrjungen in seinem kleinen Handwerksbetrieb.

Er installierte und baute alles was die Kundschaft verlangte. Über diese Zeit schreibt er in seinen Erinnerungen, dass es ein „böses Gewürge" gewesen sei. Dieser Ausdruck bezog sich freilich auf den finanziellen Bereich, denn er lieferte stets erstklassige Arbeit. Einer seiner Grundsätze war: „Lieber Geld verlieren als Vertrauen. Die Unantastbarkeit meiner Versprechungen, der Glaube an den Wert meiner Ware und an mein Wort standen mir stets höher als ein vorübergehender Gewinn." Dieser Glaubenssatz Boschs ist charakteristisch für das frühe württembergische Unternehmertum, das pietistische mit merkantilen Tugenden zu verbinden wusste: Gottesfurcht gepaart mit Erwerbssinn, Bibeltreue mit Nützlichkeitsdenken, Meditation mit Tüftelei, Fleiß mit Hartnäckigkeit. In Bezug auf soziale Fürsorge war Bosch immer ein Stück voraus. Als erster Unternehmer führte er 1894 den Neunstundentag ein, 1906 den Achtstundentag und vier Jahre später den freien Samstagnachmittag. Außerdem zahlte er hohe Löhne. Den Unternehmerkollegen gefiel das weniger. Sie bezeichneten ihn als den „roten Bosch". Der aber erklärte offen, er zahle nicht hohe Löhne, weil er reich geworden sei, sondern er sei reich geworden, weil er hohe Löhne zahle.

Am Anfang jedoch stand das Geschäft von Bosch nicht gut da. Manchmal war er am Ende seiner finanziellen Kraft und musste von seinen Verwandten und der Stuttgarter Gewerbekasse Geld aufnehmen. Im Sommer 1887 kam aber ein Ingenieur von der Maschinenfabrik Deutz und gab ihm den Auftrag, einen Magnetzündapparat mit Abreißvorrichtung zu bauen. Der Apparat sollte dazu dienen, einen elektrischen Funken zu erzeugen, um das Gasgemisch in einem stationären Verbrennungsmotor zur Explosion zu bringen. Robert Bosch verbesserte einen nicht patentierten Magnetzünder und führte ihn auch Gottlieb Daimler vor, der eben zu jener Zeit in Stuttgart einen hochtourigen Explosionsmotor für ortsfeste Maschinen baute. Daimlers Motor machte etwa 600 Umdrehungen pro Minute. Nachdem Bosch seinen Apparat an die Firma Deutz abgeliefert hatte, baute er gleich drei weitere, die zu Versuchszwecken von den damals bestehenden Gasmotorenfabriken gekauft wurden, weil sie die Absicht hatten, Benzinmotoren zu bauen.

Doch es brauchte noch 10 Jahre, bis es Bosch erstmals gelang, einen solchen Magnetzünder an einem Kraftfahrzeugmotor zu adaptieren. Damit löste er eines der größten Probleme der noch jungen Automobiltechnik. Carl Benz hatte das Zündproblem als das „Problem aller Probleme" bezeichnet. 1901 entwickelte Boschs erster Ingenieur Gottlob Honold den Hochspannungs-Magnetzünder. Dabei wird über eine zweite Drahtwicklung die Primärspannung auf über zehntausend Volt hoch transformiert. Der daraus kommende heiße Funke zündete bei allen

Drücken und Temperaturen zuverlässig und rasch. Damit wurde der Bau von sehr schnell laufenden Benzinmotoren möglich.

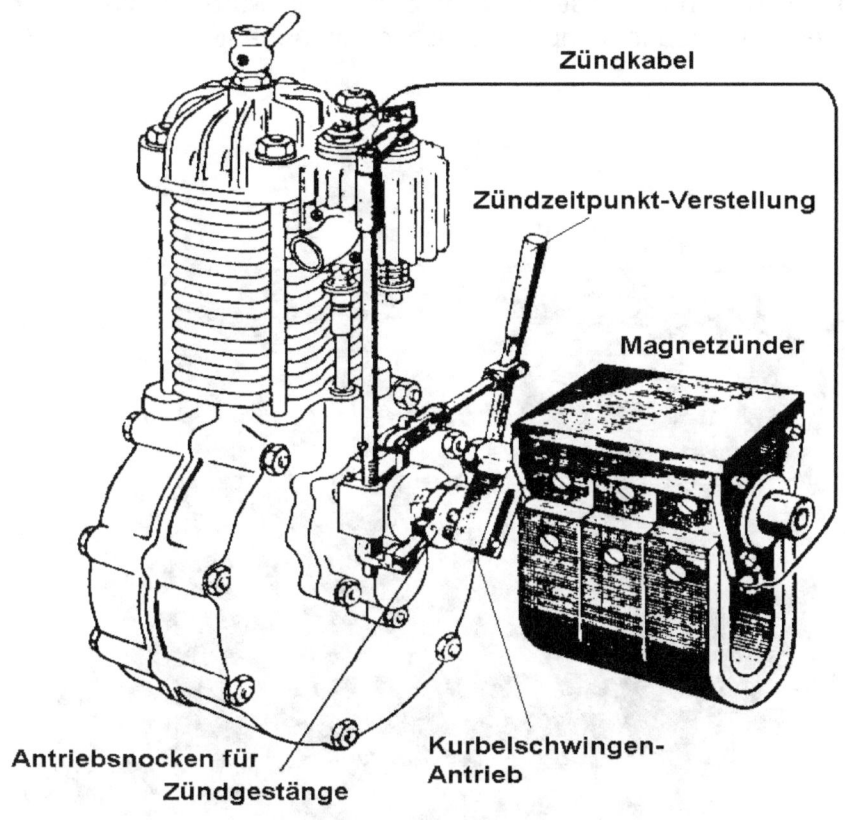

Niederspannungsmagnetzünder (1897) an einem Luftgekühlten Motor. Der Funke entsteht durch Unterbrechung eines Stromflusses (Abrissfunken).

Mit dem Magnetzünder florierte und expandierte das Unternehmen. 1901 bezog Bosch mit nunmehr 45 Mitarbeitern sein eigenes Fabrikgebäude mitten in Stuttgart. Bereits 1909 reichten die Werksanlagen dort nicht mehr aus. Robert Bosch erwarb ein großes Gelände in Feuerbach. Auch dieses Werk wuchs rasch. In der Zeit bis 1910 entwickelte sich Bosch zur Weltfirma. Magnet-Zünder und Zündkerzen wurden in alle Welt exportiert. Neben zahlreichen Auslandvertretungen wurden in den USA und in Frankreich Fertigungsbetriebe eingerichtet.

Im Jahr 1927 löste Bosch zum zweiten Mal ein Zündproblem in der Fahrzeug-Technik. Denn in diesem Jahr wurde die erste Einspritzpumpe für Dieselmotoren serienreif. Der Traum von Rudolf Diesel, seinen Motor direkt mit Öl zu betreiben, wurde nun wahr. Zu Lebzeiten von Diesel musste der Kraftstoff vergast, mit Luft vermischt und mit einem Kompressor unter hohen Druck in den Zylinder eingeblasen werden. Die Bosch-Einspritzpumpe ermöglichte nun den Bau von schnelllaufenden, leistungsfähigen und kompakten Dieselmotoren, die auch in Kraftfahrzeugen und Flugzeugen eingesetzt werden konnten. Die Einspritzpumpe spritzte dabei eine dosierte Kraftstoffmenge zum richtigen Zeitpunkt direkt in den Zylinder ein.

Über eine Düse wird dabei der Kraftstoff fein verstäubt und in der heiß verdichteten Luft kommt es zur Selbstzündung. Auch nach diesem Produkt wuchs die Nachfrage ständig. Bei der Automobilausstellung 1933 in Berlin waren in allen ausgestellten Dieselmotoren die Einspritzpumpen von Bosch eingebaut.

Bosch-Einspritzanlage an einem Personendieselmotor (1936)

Bosch hat sich aber nicht mit diesen Erfolgen begnügt. Er hat sein Unternehmen zu einem universellen Automobilzulieferer ausgebaut, das fast alle elektrischen Komponenten eines Kraftfahrzeuges herstellte. Bosch wurde zu einem weltweit tätigen Elektro-Konzern.

Bosch hat das Zündproblem für Fahrzeugmotoren industriell gelöst. Bei den Handfeuerwaffen stand früher das gleiche Problem an. Das Luntenschloss entspricht der Flammzündung, das Steinschloss der Lösung mit einem Funken und das Perkussionsschloss entspricht der Selbstzündung durch verdichten der Materie. Bosch hat die letzten beiden Möglichkeiten für den Explosionsmotor praktikabel gemacht.

Der Traum vom Fliegen
Wilbur Wright (1867 – 1912) und der Beginn der Luftfahrt

Wie oft mögen die Sandkastenkinder sehnsuchtsvoll den Blick zum Himmel emporgehoben und die Vögel beobachtet haben. Der Traum von der Eroberung der Lüfte ist uralt. Doch Jahrtausende sollten vergehen, bis der Mensch es den Vögeln gleichtun, ja sie sogar übertreffen konnte. Die Luft ist ein unbestechlicher Lehrmeister. Alles was nicht seiner Anforderung an Statik, Festigkeit und Aerodynamik entspricht, wirft er zu Boden, um es zu zerschmettern. Nach der griechischen Mythologie wurde Ikarus mit dem Tod bestraft, als er sich in seinem Übermut über die Naturgesetze erheben wollte. In keinem Element wurde es den Sandkastenkindern schwerer gemacht. Hier durfte wirklich nichts übersehen werden. Gewissenhaft, penibel und sorgfältig mussten die betreffenden Naturgesetze erforscht und angewandt werden, wollte man nicht mit dem Leben bezahlen.

Erst als bei Wissenschaft und Technik sich ein kontinuierlicher Fortschritt einstellte, rückte die Möglichkeit zu fliegen in greifbare Nähe. Bereits um 1500 beschäftigte sich Leonardo da Vinci mit der Konstruktion von Flugmaschinen die mit Muskelkraft angetrieben werden sollten. Im 17. Jahrhundert folgten Ballonprojekte, bis mit der Erfindung des Warmluftballons im 18. Jahrhundert die bemannte Luftfahrt begann. Doch es sollte bis zum Anfang des 20. Jahrhunderts dauern, bis die Eroberung der Lüfte mit steuerbaren Maschinen, die schwerer als Luft waren, Wirklichkeit wurde. Diese Errungenschaft wurde im wahrsten Sinn des Wortes zu einem Höhepunkt der technischen Evolution. Der Deutsche Otto von Lilienthal hatte den Anfang gemacht und mit seinem Gleiter die Grundlagen für die Erfindung des Flugzeuges geschaffen. Nachdem er bei einem Flugversuch tödlich verunglückte, beschäftigten sich zahlreiche Ingenieure, Techniker und interessierte Laien mit der Weiterführung seiner Idee.

Im Nachhinein können wir sagen, dass die Entwicklung des Flugapparates eine Erfolgsgeschichte war, die in relativ kurzer Zeit die Welt globalisierte. Die entstehende Luftfahrt schlug ein neues Kapitel im Bereich der Mobilität auf. Die Erdteile rückten zusammen. Politiker und Geschäftsleute können heute binnen Stunden sich an irgendeinen Ort auf dem Planeten treffen. Die Familie *Jedermann* fliegt über Land und Meer zu ihrem fernen Urlaubsort, ohne sich der Besonderheit noch bewusst zu sein. Der entstehende Weltverkehr erzwang auch eine Sprache zur Verständigung – Englisch, und eine einheitliche Weltzeit (Greenwich Mean Time). Durch den regen Austausch, den das Flugzeug nun ermöglicht, vermischen sich allmählich die Kulturen und Rassen. Es entwickelt sich eine Weltgesellschaft.

Die Erfindung des Flugzeuges wird in diesem Kapitel etwas ausführlicher dargestellt als die übrigen technischen Entwicklungen. Die Entstehung des ersten Flugzeuges steht auch beispielhaft für die Entwicklung eines komplexen Produktes schlechthin. Dieses langwierige, mühsame und von vielen Enttäuschungen geprägte Verfahren durchliefen auch alle anderen bedeutsamen Erfindungen, nur dass man dabei nicht immer Kopf und Kragen riskierte. Von kleineren und mittleren

Unternehmen wird daher noch immer nach der Aussage vorgegangen: „Nur nichts erfinden!" Die aufwendige Entwicklung eines komplexen Produktes kann den Ruin einer Firma bedeuten. Größere Industrieunternehmen haben dafür eigene Entwicklungsabteilungen, in denen ein Stab von Ingenieuren und Technikern Produkte neu- oder weiterentwickeln.

Bereits Isaak Newton hatte durch Berechnungen klar gemacht, dass der Mensch nicht in der Lage ist, mit eigener Muskelkraft sich in die Höhe zu schwingen. Allenfalls kann er im Gleitflug vom Aufwind empor getragen werden. Um unabhängig vom Aufwind fliegen zu können, braucht er eine leistungsfähige leichte Antriebsmaschine. Am Anfang wurden dazu auch Versuche mit Dampfmaschinen unternommen.

Hiram Maxim hatte in den USA das Ingenieurwesen erlernt und dann in der neu entstandenen Elektroindustrie Karriere gemacht. Ein Ingenieurkollege soll ihm den Rat gegeben haben, wenn er ein Vermögen verdienen wolle, sollte er etwas erfinden, was die Europäer in die Lage versetzt, einander noch leichter die Kehle durchzuschneiden. Danach ging Maxim nach Großbritannien und konstruierte ein Gewehr, das 600 Schuss in der Minute abgeben konnte. Er hat damit das erste brauchbare Maschinengewehr gebaut und damit die Entwicklungs-Endstufe bei den Handfeuerwaffen eingeleitet, welche einst mit Berthold Schwarz begann. Aus dieser ersten Entwicklungslinie der modernen Technik sind alle anderen zivilen Anwendungen entstanden. Als die Armeen Großbritanniens, Deutschlands, Italiens und Russlands die Waffe einführten, verdiente Maxim ein Vermögen. Damit hatte er nun die Möglichkeit seiner Begeisterung für das Fliegen nachzugehen. Seine Aufmerksamkeit richtete er in erster Linie nicht auf Gleichgewicht und Steuerung, sondern zuerst auf einen geeigneten Motor.

Maxim konstruierte einen Flugapparat der 3,5 Tonnen wog und eine Spannweite von 32 Metern hatte. Das Flugzeug war mit zwei Dampfmaschinen von je 180 PS ausgerüstet, die jeweils einen Propeller von 5,5 Metern Durchmesser antrieben. Die Maschine bot einer Besatzung von drei Mann Platz. Auf seinem Acker baute Maxim eine 540 Meter lange Startbahn. Unter dem Flugzeug verlief eine Schiene, welche das Fluggerät beim Start führen sollte. Eine zweite Schiene war über der ersten angebracht, damit der Apparat nur ein paar Zentimeter abheben konnte. Maxim wollte nur wissen, ob sie vom Boden loskam. Am 31. Juli 1894 war die Maschine, bei einem Kostenaufwand von 20.000 englischen Pfund, fertig. Die zwei Dampfmaschinen beschleunigten sie auf 68 km/h. Der schwere Apparat erhob sich und zerstörte sofort die obere Schiene. Maxim drosselte den Antrieb und das Fluggerät ging zu Boden. Damit waren seine Flugversuche zu Ende. Maxim sah ein, dass er keinerlei Möglichkeit hatte, das Gerät in der Luft zu stabilisieren oder gar zu steuern. Dennoch galt Maxim von nun an als Pionier des Fliegens mit Maschinen schwerer als Luft.

Wenden wir uns nach Amerika. Die USA wurden letztlich der Erfinder des Motor-Flugzeuges, wie Deutschland der Vorrang beim Auto eingeräumt wurde. Auch in diesem großen Land beschäftigte sich eine Reihe von Leuten mit dem Thema Fliegen. Dieses parallele Vorgehen findet man auch bei anderen Erfindungen. Es ist nicht verwunderlich, denn durch die verbreitete Buchdruckkunst konnte jeder Tüftler oder Ingenieur auf den vorhandenen Wissens- und Technikstand im großen Sandkasten zurückgreifen. Im Bezug auf die Fliegerei hatte Lilienthal die Grundlagen erforscht, auf der fast alle Flugzeugentwickler aufbauten.

Aus der Schar der Flugpioniere nehmen wir nur zwei heraus, Wilbur Wright und Samuel Langley, um zu zeigen, von welch unterschiedlichen Standpunkten aus an das Flugabenteuer herangegangen wurde. Wright wollte sein „Scherflein" zu der Suche nach einer Lösung beitragen. Langley sehnte sich danach, in die Ruhmeshalle der größten Wissenschaftler einzuziehen.

Langley war als Geschäftsführer der Smithsonian Institution einer der bedeutendsten Wissenschaftler der Vereinigten Staaten. Sein bester Freund war Alexander Graham Bell, der Erfinder des Telefons. Langley war häufig im Weißen Haus zu Gast und kannte viele Politiker, Schriftsteller und Gelehrte von Rang und Namen. Zum damaligen Zeitpunkt war er außerdem der weltweit führende Fachmann für Flugexperimente, und das Ziel des menschlichen Fluges machte er zu seiner Lebensaufgabe. Langley wusste, dass nach allgemeiner Auffassung der mechanische Flug sich mehr für einen Scharlatan eignete als für einen Mann der Wissenschaft. Immer noch wurde die weitläufige Meinung vertreten: Wenn Gott gewollt hätte, dass der Mensch fliegt, hätte er ihm Flügel wachsen lassen. Doch auf diese überzeugende These gab es damals bereits eine Antwort der Flugenthusiasten: Gott hat den Menschen auch keine Flossen wachsen lassen und doch schwimmt er durch den Ozean und schleppt riesige Lasten mit sich. Dennoch war Langley klar, dass er mit diesem Thema seinen Ruf als ernsthafter Wissenschaftler aufs Spiel setzte.

In Washington untersuchte Langley 1887 in den staubigen Magazinen der Smithsonian Institution die Anatomie der Vögel und sogar die Skelette von Flugsauriern. Mit seiner handwerklichen Geschicklichkeit baute er mehr als 40 Flugmodelle, die jeweils von einem Gummibandantrieb in Bewegung gesetzt wurden. Aus den Fenstern sahen Bürokräfte und Wissenschaftler ihrem Vorgesetzten zu, wie er mit fliegenden Rockschößen hinter den kleinen Flugmaschinen herjagte oder ihnen auswich. Langsam kristallisierte sich eine grundlegende Form heraus, die Langley mit einem Motor ausrüsten wollte, damit sie länger in der Luft blieb.

In einer umgebauten Werkstatt der Smithsonian Institution sammelte Langley eine kleine Mannschaft um sich. In einer Ecke arbeiteten Maschinenbauer an Motoren und Dampfkesseln. Andere konstruierten Rümpfe, und zwar häufig für mehrere Modelle gleichzeitig. Zimmerleute stellten Sparren und Spanten für Flügel und Schwanz her und überzogen sie mit leichten und festen Stoff. Mühsam ging die Arbeit voran, Monat für Monat, Jahr um Jahr. Ständig wurde die Form der Konstruktion abgewandelt. Schließlich nahmen die großen Modelle, die eine Spannweite bis cirka 5 Metern hatten, die Form einer Libelle an. Am Rumpf waren zwei Flügelpaare hintereinander befestigt. Dazwischen befand sich der Motor. An zwei nach beiden Seiten angebrachten Auslegern wurden die Propeller gelagert. Am

Schwanz war ein Kreuzleitwerk befestigt. Diese Modellform wurde Aerodrom getauft.

Langley war überzeugt, der Ottomotor werde sich letztlich als bester Antrieb für seinen Flugapparat erweisen, doch 1891 war die neue Technik noch nicht weit genug entwickelt, so dass er vorerst auf die alte schwere, jedoch zuverlässige Dampfmaschine zurückgreifen musste. Langley war klar, dass er die Probleme des Gleichgewichts und der Steuerung noch nicht gelöst hatte. Um die unvermeidlichen Schäden bei den Flugerprobungen möglichst gering zu halten, entschloss er sich, die Versuchsflüge über Wasser auszuführen. Auf dem Potomac River, 57 km südlich von Washington, ließ er die Modelle von einem Hausboot aus starten. Auf dem Bootsdach wurde dazu ein Katapult angebracht, das man in den Wind drehen konnte.

Am 6. Mai 1896 standen zwei Aerodrome – Nummer 5 und Nummer 6 – zur Erprobung bereit. Die Nummer 6 ereilte das übliche Schicksal. Das Modell stürzte ins Wasser und wurde zerstört. Danach hoben die Mechaniker Nummer 5 auf die Startrampe. Langley stand mit einer Stoppuhr am Ufer, ohne Hoffnung, dass die lange Reihe der Unfälle ein Ende finden würde. Sein Freund Alexander Graham Bell saß mit der Kamera auf einem kleinen Kahn in der Nähe des Hausbootes. Die Startvorrichtung wurde ausgelöst und Nummer 5 schwebte sechs Meter über dem Wasser. Der Apparat schien zu schwanken und sackte dann etwa einen Meter ab. Als er dabei an Geschwindigkeit gewann, stieg er wieder, und die Zuschauer brachen in Jubel aus. Langsam und elegant stieg die Maschine in einem Winkel von cirka zehn Grad in die Höhe, kippte nach rechts und beschrieb eine große Spirale von rund 100 Metern. Am Ende des zweiten Kreises – das Aerodrom hatte eine Höhe von 30 Metern erreicht – ging der Brennstoff aus und die Propeller drehten sich langsamer. Bell, der damit rechnete, dass das Modell nun kopfüber ins Wasser stürzen würde, sah voller Ehrfurcht zu, wie es lautlos weiterglitt, leicht die Nase senkte und schließlich sanft auf dem Wasser aufsetzte. Im November gelang mit der reparierten Nummer 6 sogar ein Flug von mehr als eineinhalb Kilometern.

Ein großes Problem war für Langley die Finanzierung seiner Flugexperimente. Um ein Aerodrom zu bauen, das einen Menschen tragen konnte, brauchte er nach seinen eigenen Berechnungen mindestens 50.000 Dollar. Er bot sein Projekt dem Militär an. Es wurde dort ein Ausschuss gebildet, der zu der Ansicht kam, Langleys Projekt verspreche großen militärischen Nutzen. Um das finanzielle Risiko zu begrenzen, bewilligte er am 9. November 1898 aber nur 25.000 Dollar; damit war die formlose Abmachung verbunden, dass eine zweite Bewilligung folgen würde, wenn Fortschritte vorzuweisen wären.

Langley trieb darauf seine Planungen schnell voran. Er stellte Charles Matthews Manly als Oberassistenten ein. Manly war ein Absolvent der Cornell-Universität, erst 22 Jahre alt mit einer guten Ausbildung in Mathematik und Ingenieurwesen, außerdem zeigte er viel versprechende Anlagen. Nach Langleys Ansicht war der Motor das vorrangige Problem. Er schickte Anfragen an alle führenden Maschinenbauunternehmen. Die meisten antworteten, sie könnten keinen Motor bauen, der in Leichtigkeit und Leistung Langleys Vorgaben entspreche. Nur Anders Stephen Balzer, ein in Ungarn geborener Ingenieur, der 1894 das erste Auto in New York gebaut hatte, behauptete er könne einen solchen Motor konstruieren.

Im Januar 1900 waren bereits die ersten 25.000 Dollar verbraucht, mit Ausnahme von 1.500 Dollar, die für die Bezahlung von Stephen Balzers Motor reserviert waren. Doch der Militärausschuss bewilligte in seiner nächsten Sitzung weitere 25.000 Dollar. Die Arbeit am Motor drohte Stephen Balzer in den Bankrott zu treiben. Anfang 1900 hatte der Ingenieur bereits das Doppelte der Vertragsumme von 1.500 Dollar verbraucht. Der Termin, zu dem er ursprünglich fertig sein sollte, lag fast ein Jahr zurück, und der Motor war bei weitem nicht vollendet. Der Motor sollte 12 PS bei einem Gewicht von 45 kg leisten. Schließlich gelang es Balzer, den Motor so zuverlässig zum Laufen zu bringen, dass man eine Leistungsprüfung vornehmen konnte. Charles Manly sah ihm dabei über die Schulter. Die Motorleistung erreichte aber nicht mehr als 4 PS. Manly sagte zu Balzer, er solle alles in Kisten packen und an die Smithsonian Institution schicken. Balzer war am Ende.

Manly befasste sich nun selber mit dem Motor. Er baute ihn zu einem Sternmotor um. Beim Balzer-Motor stand die Kurbelwelle und die Zylinder drehten sich, wobei sie im Luftzug gekühlt wurden. Manly musste den umgebauten Motor nun mittels Wassermantel kühlen, dafür brachte er auf dem Prüfstand stolze 18 PS. Doch das reichte nicht, um einen bemannten Aerodrom in die Luft steigen zu lassen. Im Jahr 1901 wurde das Personal des Aerodrom-Projektes aufgestockt. Es bestand jetzt aus sieben Maschinenbauern und dreizehn Zimmerleuten. Das bedeutete schnelleren Fortschritt, aber auch monatliche Lohnkosten von über 800 Dollar.

In einem Schuppen hinter dem Schloss der Smithsonian Institution arbeitete Charles Manly mit seiner Mannschaft nun Tag für Tag an Langleys Aerodrom. Den Motor hatte er weiter verbessert, er lieferte mittlerweile 40 PS. Auch die Flugmaschine war nahezu vollendet. Die Flügel hatten eine Fläche von fast 100 Quadratmetern. Nun stellte sich die Aufgabe, den Motor mit dem Flugzeug in Einklang zu bringen. Die widerstreitende Dreiheit von Gewicht, Festigkeit und Kraft unter einen Hut zu bringen verschlang Zeit. Bei den Erprobungen gingen Teile zu Bruch, Mitarbeiter kündigten. Bestelltes Material traf zu spät ein. Schätzungen waren fehlerhaft. Als die Arbeiten sich in die Länge zogen, wuchs der Druck auf Langley und Manly. Die 50.000 Dollar waren verbraucht, ebenso die 10.000 Dollar, die Alexander Graham Bell und ein befreundeter Arzt beigesteuert hatten. Langley war gezwungen, sich aus einem Reserveetat der Smithsonian Institution zu bedienen, und der schwand genauso schnell dahin wie seine Glaubwürdigkeit beim Kriegsministerium.

Das Aerodrom musste in die Luft! Es blieb keine Zeit, um die Rätsel von Gleichgewicht und Steuerung zu lösen. Deshalb konzentrierten sich Langley und Manly auf das Ziel eines gelungenen Fluges über wenige Meilen, dann würden die Mittel sicher wieder fließen und sie könnten die noch ausstehenden Probleme in Angriff nehmen. Im Spätsommer 1902 hatte Manly immer noch Schwierigkeiten mit Motor und Flugrumpf. Durch Motorerschütterungen waren Teile des Gerippes gebrochen. Schließlich gelang es Manly die Vibrationen zu reduzieren. Dann gab es eine Reihe von Propellerbrüchen. Anschließend verbogen sich die Propellerachsen unter den schwereren Propellern. So vergingen die Monate.

Im Frühjahr 1903 hatte es den Anschein, als seien die Verzögerungen endlich vorüber. Manly hatte den Motor nochmals weiterentwickelt. Der fünfzylindrige Sternmotor war eine handwerkliche Meisterleistung geworden. Der Leistungsmesser zeichnete eine Spitzenleistung von 53,5 PS auf. Mit Kühlwasser, Schwungrädern, Batterien und Zubehör wog der Motor 94 Kilo. Damit hatte er ein Leistungsgewicht von 0,57 PS/kg und war der günstigste Antrieb für Flugzeuge, der je gebaut wurde. Er war viermal so stark wie der Motor der Gebrüder Wright bei gleichem Gewicht. Käme es im Ringen um den ersten bemannten Flug ausschließlich auf die Motorleistung an, Langley hätte den Sieg davon getragen.

Das nun fertig gestellte Tandem-Flugzeug sah aus wie die Aerodrom-Modelle 5 und 6. Die beiden Flügelpaare hatten eine Auftriebsfläche von über 90 Quadratmetern. Zwischen den Flügeln waren der Motor und seine beiden Propeller angebracht. Das Heck trug einen kreuzförmigen steuerbaren Schwanz, der nach seinem Erfinder auch Penaud-Leitwerk genannt wurde. Das Aerodrom war in allen Teilen, von Skelett bis zur Bespannung, mit der gleichen Sorgfalt gebaut wie der Motor. Anfang Juli luden die Arbeiter den Motor und die beiden Aerodrome – das große und ein kleineres im Maßstab 1:4 – auf das riesige Hausboot, das seit 1900 auf dem Potomac auf sie wartete.

Am 8. August 1903 wurde der verkleinerte Zwillingsbruder des großen Aerodroms gestartet. Dieses Modell wurde von einem Abbild 1:4 des leistungsfähigen Manly-Benzin-Motors angetrieben. Die Luft war an diesem Morgen sehr ruhig und das Modell flog majestätisch ein paar hundert Meter weit, bis es zwei große Kreise zog und ins Wasser tauchte. Das hübsche Schauspiel beruhigte Manly, was Gleichgewicht, Antriebskraft und die tragenden Flächen der großen Maschine anging. Mit Langley hat er ausgemacht, dass er das große Aerodrom fliegen solle.

Am 3. September waren für das große Aerodrom alle Vorbereitungen abgeschlossen. Das Flugzeug war zusammengebaut und die Fotografen nahmen ihre Plätze ein. Aber der Motor sprang nicht an. In den langen Wochen der Verzögerungen hatte der Nebel die Trockenbatterien unbrauchbar gemacht. Dann brach ein Blatt eines Propellers, krachte in die Querverstrebungen und zerriss die Spanndrähte. „Die übliche Panne", berichtete eine Zeitung. Am 7. Oktober wehte ein zu starker Wind, Manly verzweifelte allmählich. Trotzdem wurde die Maschine startklar gemacht und der Motor angelassen. Manly setzte sich in den kleinen Führerstand und überprüfte die Steuerungsmechanismen. Dann gab er einem Assistenten ein Zeichen und der Katapult wurde losgelöst. Nach drei Sekunden hatte die Maschine das Ende der 18 Meter langen Schiene erreicht. Manly spürte einen plötzlichen Stoß und dann einen kurzen Augenblick das unbeschreibliche Gefühl sich durch die Luft zu bewegen.

Er begriff aber sogleich, dass er sich in einem zu starken Winkel nach unten bewegte. Um die Nase aufzurichten, betätigte er das Rad, das den Penaud-Schwanz bewegte, und drehte es bis zum Anschlag. Nichts geschah. Die Vorderflügel schlugen auf das Wasser und zerbrachen. Manly fand sich unter Wasser wieder. Er griff nach den Spanndrähten über seinem Kopf, zog sich aus seinem Sitz und gelangte mit einem Schwimmstoß an die Oberfläche.

Manly erklärte den Reportern, die Maschine sei nicht geflogen, weil sie vorn zu schwer war. In Wirklichkeit erhielt aber das hintere Flügelpaar, da es zusätzlich durch den Propellerwind angeblasen wurde, mehr Auftrieb, wodurch die Kopflastigkeit zustande kam. Die Presse hatte lange auf einen Versuch gewartet und kaum an einen Erfolg geglaubt, entsprechend waren ihre Mitteilungen in den Zeitungen. Sie behaupteten,

der Fehlschlag sei ein Todesstoß für Langleys gesamtes Projekt und werfe nicht nur Fragen nach der Qualifikation für seinen hohen Posten auf, sondern auch solche nach seiner geistigen Gesundheit. „Das Ergebnis von Professor Langleys raffiniertem, teuerem Luftfahrtexperiment ist ein entsetzlicher, allerdings nicht ganz unerwarteter Fehlschlag", berichtete ein Journalist. Der völlige Schiffbruch des Aerodroms, so hieß es weiter, war nicht nur der Beweis, das es völlig unfähig war zu fliegen, sondern er zeigte auch, dass die Maschine unmöglich ohne Selbstzerstörung abheben kann, selbst wenn man sie so weit vervollkommnet, dass sie zu kurzen Flügen in der Lage ist. Der Reporter der *Washington Post* sprach von einem vernichtenden Schlag für Langleys Theorie: „Der Aeroplan ist zu zerbrechlich für die große Belastung, der er ausgesetzt war. Seine Flügel sind zu schwächlich für das auf ihnen lastende große Gewicht, und sowohl der Propeller als auch der Motor leisten nicht das, was sein Erfinder sich erhofft hatte."

Nach genauer Untersuchung des Unglückes war Manly zu dem Schluss gelangt, dass der vordere Teil der Maschine an der Startvorrichtung hängen blieb. Demnach hatte überhaupt kein Versuchsflug stattgefunden, sondern nur ein Experiment, das schon zu Ende war, bevor es begonnen hatte. Daraufhin erklärte er öffentlich, seine Hoffnung auf Erfolg sei durch diesen Unfall in keiner Weise beeinträchtigt. Nach seinen Schätzungen würden sie nur zwei Wochen brauchen, um wieder einen neuen Versuch zu starten.

Am Dienstag, dem 8. Dezember war es soweit. Langley wartete mit offiziellen Vertretern des Kriegsministeriums auf einer Kaimauer. Sie mussten mehrere Stunden in der Kälte ausharren, während Flügel und Schwanz an dem Gerippe befestigt wurden. Als schließlich alles fertig war, wurde es bereits dunkel und der Wind wehte äußerst böig. Langley und Manly blickten auf das bewegte graue Wasser des Flusses, auf dem Eisbrocken trieben. Es war kein geeigneter Zeitpunkt einen Versuch zu wagen. Andererseits war alles Geld verbraucht. Es gab keine Möglichkeit das Unternehmen bis zum Frühjahr weiterzuführen. Manly entschloss sich, die Erprobung vorzunehmen, damit der lang ersehnte Erfolg endlich erzielt würde.

Der Motor lief reibungslos. Manly kletterte auf seinen Sitz, nur wenige Zentimeter vor den rotierenden Propellern. Er gab ein Zeichen und das Katapult wurde ausgelöst. Das Aerodrom machte einen Satz nach vorn und sauste über das 18 Meter lange Gleis. Kurz bevor das Aerodrom das Gleis verließ, spürte Manly einen starken Ruck, der die ganze Maschine erbeben ließ. Danach schoss die Maschine in einem steilen Winkel nach oben. Um die Nase abzusenken, drehte Manly an dem Rad, mit dem der Penaud-Schwanz betätigt wurde. Es zeigte absolut keine Wirkung. Im nächsten Augenblick stand die Maschine fast senkrecht. Sie sackte nur allmählich ab, weil der Aufwärtsschub der Propeller eine Gegenkraft zu dem 330-Kilo-Gewicht des Flugzeuges bildete. Ein Fotograf des *Washington Star* hielt die Maschine aus großer Entfernung genau zu diesem Zeitpunkt fest. Das vergrößerte Bild zeigte, dass die hinteren Flügel bereits zusammenklappten, während die Zerstörung der Vorderflügel begann. Das Gerippe mit den noch ungehindert laufenden Propellern schien zu diesem Zeitpunkt noch unversehrt. Dann erfasste der Wind mit voller Kraft die freiliegende Unterseite der Flügel und trieb das Aerodrom mit dem festgeschnallten Manly rückwärts zum Hausboot. Nach mehreren höchst eindrücklichen Sekunden konnte sich Manly aus dem Flugapparat befreien. Schwimmend kam er unter dem Aerodrom und einer Treibeisscholle hervor.

Das Schauspiel, wie die hochfliegenden Träume des „Professors" zu Bruch gingen, war für die Kommentatoren eine allzu große Versuchung. Sie schrieben bissige Leitartikel über Langleys Debakel. Das Kriegministerium lehnte seinen Antrag auf weitere Finanzierung des Projektes ab. Von den Wissenschaftlerkollegen schlug ihm stillschweigende Verachtung entgegen. Einige von ihnen versuchten Langley von seinem Posten als Geschäftsführer zu entfernen, „weil sein Geist schwach geworden sei und weil er den guten Namen des Instituts durch eine Reihe tollkühner Experimente, die niemals zu irgendetwas führen konnten, in Gefahr bringe."

Ein alter Freund traf Langley eines Tages in einem Zustand der Verzweiflung an: „Ich bin ruiniert, mein Leben ist verpfuscht", sagte er und weinte wie ein Kind. Der Traum vom Fliegen war für ihn zum Albtraum geworden. Ein paar Tage später gelang den Gebrüdern Wright mit ihrem Doppeldecker der erste motorgetriebene Flug in der Menschheitsgeschichte.

Heute nach über 100 Jahren können wir leidenschaftsloser über das Werk von Langley urteilen als damals, wo er zum Schaden noch viel Spott und Häme einzustecken hatte. Die Verurteilung eines der besten Wissenschaftler der damaligen Zeit wirft kein gutes Licht auf den Charakter der Sandkastenkinder. Der Hauptfehler von Langley und Manly war, dass sie ihren Entwicklungsschwerpunkt nicht vorrangig auf die Stabilität und Steuerbarkeit ihres Luftgefährtes gerichtet hatten. Stattdessen hatten sie einen ausgezeichneten Flugmotor geschaffen, der aber seine Leistung im praktischen Einsatz nicht unter Beweis stellen konnte. Das Aerodrom, welches bei den Modellversuchen seine grundsätzliche Flugfähigkeit bewies, war an sich keine schlechte Konstruktion. Der Schwanz mit seinem kreuzförmig angeordneten Seiten- und Höhenleitwerk, das steuerbar war, hat sich später allgemein bei den Luftfahrzeugen durchgesetzt und nicht die Anordnung der Gebrüder Wright, wo das Höhenruder vorne angebracht war (als Entenflügler). Die Tandemanordnung der zwei Flügelpaare hatten keine Querruder oder Flächenverwindung. Trotzdem hätte das Flugzeug durch den Schwanz prinzipiell gesteuert werden können, wenn auch wegen der Flügelanordnung ziemlich träge. Hätte man die Flügel übereinander in Doppeldeckeranordnung ausgeführt, wäre bei gleicher Flügelbauweise die Biege- und Verdrehfestigkeit wesentlich erhöht worden und Spanndrähte hätte es nur zwischen den Flügeln gegeben.

Die vielen überall liegenden Spanndrähte des Aerodroms hatten den Erbauern immer wieder zu schaffen gemacht. Die Spanndrähte übernahmen die Biegbelastung der Flügel, beanspruchten aber gleichzeitig die Holme auf Knickung. Wie auf dem Bild des letzten Unglücksfluges zu erkennen ist, brachen beim hinteren Flügelpaar die Holme. Die hinteren Flügel wurden außer durch Spanndrähte und Aufwind auch noch durch den Propellerwind belastet, so dass sie als erstes zusammenknickten. Hinterher kann man leicht kritisieren, aber einen Vorwurf muss man Langley und seiner Mannschaft doch machen, dass sie keinen einzigen Versuch, weder beim Modell noch Original, unternommen hatten, um die Wirksamkeit der Schwanzsteuerung zu prüfen. Die Gebrüder Wright hatten jahrelang mit der Ruderabstimmung ihrer Gleiter zugebracht, um in jeder Situation die Flüge unter Kontrolle zu halten. Hätten Langley und Manly den gleichen Entwicklungs-Schwerpunkt gelegt, so wären sie der Wahrscheinlichkeit nach, bei all den Möglichkeiten die sie hatten, als erfolgreiche Pioniere in die Fluggeschichte eingetreten. So aber wurden es die bescheidenen Pastorensöhne Wilbur und Orville Wright, die aus der Stadt Dayton im Staate Ohio kamen.

Dayton, 1805 als Handelszentrum gegründet, hatte sich zu einem Ort der verarbeitenden Industrie entwickelt. 1900 kamen aus Dayton pro Einwohner mehr Patentanmeldungen als aus jeder anderen Stadt der Vereinigten Staaten. Seine 60.000

Einwohner kannten sich mit Maschinen und Technik aus. Und besonders empfänglich waren sie für den Reiz des Fahrrades.

Das Hochrad mit seinen großen Rädern gab es schon seit einigen Jahrzehnten. Dann wurde es vom Sicherheitsrad verdrängt. Sein widerstandsfähiger, rautenförmiger Rahmen stand auf gleich großen Rädern dicht über dem Boden. Eine Endloskette lief über einen pedalgetriebenen Zahnkranz. Luftgefüllte Reifen machten dem Ruf des Apparates als Knochenschüttler ein Ende, und schließlich verfügte er über eine zuverlässige Rücktrittbremse. Die Grundkonstruktion ist bis heute erhalten geblieben und wurde nach dem Zweiten Weltkrieg nur durch Handbremsen und Gangschaltung ergänzt. Das Sicherheitsrad kam 1888 auf den Markt, und schon 1895 wurden jedes Jahr mehrere hunderttausend Exemplare abgesetzt. Es folgte eine Blütezeit der Fahrräder. Das einfache Vergnügen des Fahrens auf zwei Rädern wirkte wie ein Rauschmittel. Fahrradakademien blühten auf. „Fahrrädereien" wurden gegründet und vermieteten Räder an jene, die sich die Anschaffung nicht leisten konnten.

In der Familie Wright war Orville der Erste, der sich anstecken ließ. Er kaufte im Sommer 1892 ein hübsches neues Columbia-Rad. Es kostete 160 Dollar. Eine beträchtliche Summe zu einer Zeit, als ein Arbeiter etwa 500 Dollar im Jahr verdiente. Einige Wochen später erwarb auch Wilbur ein gebrauchtes Rad für 80 Dollar. Schon im Herbst des gleichen Jahres begannen die Brüder Fahrräder zu verkaufen und zu reparieren. Das Geschäft lief bald so gut, dass sie ihren Lebensunterhalt damit finanzieren konnten.

Neben seiner Arbeit las Will gerne. Im Jahr 1894 erschien in einem Magazin ein langer Artikel über den deutschen Ingenieur Otto Lilienthal, der als fliegender Mensch bezeichnet wurde. In dem Zeitschriftenartikel war davon die Rede, wie dem Deutschen in jüngster Zeit mit künstlichen Flügeln lange Sprünge durch die Luft gelungen waren. 1896, zwei Jahre später, berichteten die Zeitungen, der Deutsche sei abgestürzt und an einem Genickbruch gestorben. Später sagten die Brüder, Lilienthals Tod habe bei ihnen die Neugier auf das Fliegen wieder geweckt, die sie schon als Jungen gespürt hatten. In fünf Jahren hatte Lilienthal, nach Wrights Schätzung, nicht mehr als fünf Stunden in der Luft verbracht. Will meinte, man müsse einen Weg finden, um die Übungszeit zu verlängern, und er hatte auch eine Idee. Er wollte einen Gleiter konstruieren und ihn als bemannten steuerbaren Drachen starten. Damit ein derartig schwerer Drachen auch in die Luft geht, wäre allerdings ein starker stetiger Wind erforderlich.

Man schrieb das Jahr 1900. Im Fahrradgeschäft der beiden Brüder herrschte bis Ende Juli Hochbetrieb. Erst im August konnte Will sich Zeit nehmen, seine Pläne für einen Gleiter weiterzuverfolgen. Er schrieb an Wetterstationen der Atlantikküste, wie Mytle Beach in South Carolina und an den Outer Banks an der Küste von North Carolina. Darin bat er um Informationen über Geländeformen und Windverhältnisse. Allein aus Kitty Hawk in North Carolina kamen zwei Briefe. Ein Angestellter der Wetterstation versprach ihm stetigen Wind und einen breiten Strand. Der zweite Brief stammte von einem William Tate, der mitteilte, dass es in Kitty Hawk zwar keine Hotels gebe, aber dafür einen guten Platz, um Zelte aufzustellen. Er riet Will, rechtzeitig vor dem 15. Oktober einzutreffen, denn danach werde der Herbst im Allgemeinen ein wenig rau.

In einem Nebenraum des Fahrradladens ging der erste Gleiter der Wrights seiner Fertigstellung entgegen. Will hatte dabei eine Doppeldeckerbauart von Octave Chanute verwendet. Chanute war Bauingenieur und damals bereits 68 Jahre alt. In den Fünfziger- und Sechzigerjahren des 19. Jahrhunderts wurden in den USA Eisenbahnstrecken angelegt und Chanute plante und konstruierte Brücken, darunter die erste, die den Missouri überspannte. Er war einer der besten Bauingenieure im Westen und war zehn Jahre Chefingenieur der New Yorker Erie-Eisenbahn. Jahrelang hatte Chanute davon geträumt, er könne auch auf dem Gebiet der Luftfahrt entscheidende Experimente anstellen. Aber erst nachdem Lilienthal gezeigt hatte, dass ein solches Abenteuer durchführbar ist, brachte er den Mut auf, Gleiter in manntragender Größe herzustellen. Er wollte die Gleiter aber nicht selber fliegen, dazu war er zu alt. Er stellte junge Männer ein, die die Flugerprobungen durchführten. Seine dritte Konstruktion funktionierte am besten. Sie hatte zwei glatte Tragflächen übereinander, die durch zickzackförmig verlaufende Spanndrähte verbunden wurden. Es war eine außergewöhnlich gute Methode, dem Tragwerk die gewünschte Widerstandsfähigkeit zu verleihen, ohne dass es übermäßig schwer wurde. Zudem machte die Doppeldeckeranordnung hinderliche Spanndrähte über und unter den Flügeln überflüssig – und der Gleiter flog gut. Diese Konstruktion verwendete auch Wilbur Wright für seinen Drachengleiter und für alle seine weiteren Flugzeuge.

Das Gleichgewicht und die Steuerung in der dünnen und unberechenbaren Luft waren für Will das vordringlich zu lösende Problem. Und dieses konnte man mit einem Gleiter angehen. Ein Motor würde erst später gebraucht. Um den Anstellwinkel der Tragflächen steuern zu können, brachte er vor dem Flügelpaar ein Höhenleitwerk an. Beim Beobachten von großen Vögeln hatte Will bemerkt, dass sie beim Einschwenken in den Kurvenflug die Flügel verwinden. Er sann sich daher einen Mechanismus aus, der die Flügelenden gegenläufig verdrehte. Dies sollte beim Fluggerät eine Drehung um die Längsachse einleiten. An ein Seitenleitwerk dachte Will noch nicht, obwohl Lilienthal es bereits an seinem Gleiter hatte. Als Nächstes stellte sich die Frage, wie groß die Flügel sein sollten. Hier griff Will auf Formeln zurück, die auch Lilienthal verwendete. Das Gewicht des Gleiters schätzte er auf 86 Kilo, einschließlich seines eigenen Körpergewichtes von 64 Kilo. Bei der Berechnung ging Will von einem stetigen Atlantikwind von 24 bis 32 Stundenkilometern aus. Das Ergebnis: Er würde einen Gleiter mit einer Fläche von 18,5 Quadratmetern brauchen. Er entschied sich für eine Flügelspannweite von 5,3 Metern und eine Flügeltiefe von 1,6 Meter.

Orville machte sich beim Bau des Fluggerätes nicht sonderlich nütze, trotzdem gab er kund, er wolle seinem Bruder nachfolgen, sobald der Gleiter in North Carolina zusammengebaut sei. Anfang September traf Wilbur Wright in Kitty Hawk bei Bill Tate ein. Tate war Fischer und Ortsvorsteher. Außerdem war er als Assistent der

Postmeisterin tätig – seiner Frau Addie. Zwei Wochen lang sahen die Tates, ihre beiden kleinen Töchter und eine nicht abreißende Reihe von Fischern, Lebensrettern der Küstenwache und ihre Angehörigen zu, wie der Fremde auf dem Rasen vor dem Haus der Familie Tate arbeitete. Das Ergebnis der Bemühungen war ein Doppeldeckerdrachen, der so groß war, dass er einen Menschen tragen konnte. Am 28. September kam Orville nach und zog zu seinem Bruder in das Haus von Tate ein.

Am 3. Oktober ließen sie in den Dünen zum ersten Mal ihren Drachen steigen. Nach einigen Versuchen zeigte es sich, dass sie den Gleiter mit einer Schnur, die vorn am Ruder befestigt war, beliebig nach oben und unten lenken konnten. Nun unternahm Will einen bemannten Testflug. Er stieg in die rund 45 Zentimeter breite Lücke, die sie in der unteren Tragfläche für einen Piloten gelassen hatten. Orville und Tate standen mit den Drachenleinen in der Hand an den beiden Flügelspitzen, und alle drei rannten gleichzeitig los. Wills Füße lösten sich vom Boden, aber Orv und Bill liefen weiter und zogen die Leinen hinter sich her, bis Will sich in einer Höhe von 2,5 Metern befand. Als er den Winkel des Ruders vor sich veränderte, sank und stieg der Apparat. Dann verlangsamten Orv und Tate ihr Tempo und der Drachen ging wieder zu Boden.

Vom Drachen konnten die Gebrüder Wright manches lernen, und sie waren geduldige Schüler. Mit der Federwaage eines Gemüsehändlers ermittelten sie den Zug an der Leine, und sie bestimmten auch den Winkel zwischen der Leine und der Senkrechten. Mit ein wenig Trigonometrie konnten sie daraus den Auftrieb und den Widerstand errechnen. Sie gelangten zu verblüffenden Zahlen. Der Drache lieferte zwar Auftrieb, aber deutlich weniger als Lilienthals Tabellen vorausgesagt hatten. Er reichte nicht aus, um bei mäßigem Wind das Gewicht eines ausgewachsenen Menschen zu tragen. Eines Tages stand Bill Tates achtjähriger Neffe *Tom* in der Nähe. Die Brüder fragten ihn, ob er gern einmal fliegen wolle. Tom sagte Ja, und im nächsten Augenblick stieg er, auf dem Bauch liegend, hoch in die Luft.

Mitte Oktober sprachen alle im Dorf nur von den beiden Wrights. Ein alter Einwohner erklärte den Brüdern, wenn sie nicht bald abreisten, werde Bill Tate vor Aufregung sterben. Doch bevor sie den Ort verließen, wollten sie einen weiteren bemannten Gleitversuch unternehmen. Am Samstag den 20. Oktober – Tate war wiederum als Assistent dabei – luden sie den Gleiter auf einen Wagen und fuhren fast sieben Kilometer über die Insel zu den größten Dünen, die als *Kill Devil Hills* bezeichnet wurden. Kurz vor dem Gipfel trat Will bei starkem Gegenwind in die Aussparung für den Piloten. Will hatte noch nie mit einem Gleiter einen freien Flug unternommen. Es war ein großer Augenblick. Die drei Männer rasten den Abhang hinunter und der Wind erfasste das Gerät. Will hielt das waagrechte Ruder fest, während Orv und Tate an den Flügelspitzen mühsam mitrannten. Der Mechanismus zum Verdrehen der Flügel war festgebunden, wenn sich eine Spitze hob, drückten Orv oder Tate sie einfach wieder auf die richtige Höhe. Immer wieder liefen sie den Abhang hinunter. Beim längsten Versuch segelte Will 120 Meter weit über die Krümmung des Hügels. Er stellte fest, dass er das Gerät ganz sanft und leicht auf den Boden aufsetzen konnte. Die Landespuren im Sand waren 12 Meter lang. Gegen Abend trugen sie den Gleiter wieder auf den Gipfel des Hügels, liefen ein paar Schritte und stießen ihn in den Wind. Das Gerät schwebte in Richtung Atlantik, kippte nach vorn und schlug im Sand auf. Sie ließen es dort liegen. Am 23. Oktober reisten die Brüder wieder ab. Addie Tate aber holte sich eine Schere, ging zum Gleiter, schnitt die Stoffbespannung von den Rippen und nähte daraus neue Kleider für ihre Töchter.

Im Jahr 1901 hatten die Gebrüder für ihr Fahrradgeschäft einen Gehilfen eingestellt. Es war ein Mechaniker mit Namen Charlie Taylor. Er sollte sich um den Laden kümmern, während sie unterwegs waren. So konnten sie diesmal bereits am 7. Juli an den Atlantik reisen. Nachdem sie eine Nacht im Haus von Tate verbracht hatten, brachen sie zu den sieben Kilometer entfernten Kill Devil Hills auf. Holz, Vorräte und Lebensmittel nahmen sie mit. Nicht weit vom Fuß der Düne, die sie als Big Hill bezeichneten, bauten sie ihr Zelt auf, gruben einen Brunnen und gingen daran, einen ausreichend großen Schuppen zum Schutz ihres neuen Flugzeuges zu errichten.

Im vergangenen Jahr hatte der Gleiter Wills Erwartungen, in Bezug auf den Auftrieb, nicht erfüllt. Deshalb bauten sie diesmal ein Gerät, das doppelt so groß war. Die Tragflächen bekamen eine Spannweite von 7 Metern und die Flügeltiefe betrug 2 Meter. Die Flügel bekamen eine Wölbung von einem zwölftel der Flügeltiefe. Der höchste Punkt über der Flügelsehne betrug damit 16 cm. Der Gleiter wog nur 40 kg. Um ihn auf den Weg zum Gipfel zu bringen, geriet die Mannschaft trotzdem jedesmal ins Schwitzen. Vor jedem Experiment machten sie oben auf dem Hügel eine Pause, um Atem zu schöpfen und Berechnungen anzustellen. Einer hielt einen Windmesser über dem Kopf. Ein anderer machte die Stoppuhr fertig, um die Dauer des Gleitflugs zu messen. Zur Messung der Flugstrecke hielten sie ein Bandmaß bereit, und mit einem Neigungsmesser stellten sie fest, welche Steigung die Düne hatte.

Die ersten Flüge gaben Rätsel auf. Die Maschine, die bereitwilliger steigen sollte als die frühere, kippte mit der Nase nach unten und blieb nach 15 Metern zitternd im Sand stecken. Der nächste Versuch war nicht besser. Will kroch danach jedes Mal weiter nach hinten, bis er kaum noch das Höhenrudersteuer fassen konnte. Erst in dieser unpraktischen Position war der Gleiter beim siebten Versuch endlich bereit, in der Luft zu bleiben. Der Apparat segelte 100 Meter die Böschung hinunter. Beim neunten Versuch gab es einen schlimmen Moment. Die Nase stieg und stieg. Als sich der Gleiter sechs Meter über dem Boden befand, blieb er stehen. Blitzartig schoss Will und Orville der gleiche Gedanke durch den Kopf: Der Gleiter verhielt sich genau wie der von Lilienthal vor dessen tödlichem Absturz. Orville schrie laut auf. Auf einmal sank der Gleiter – aber immer noch mit der Nase nach oben. Er landete so sanft, dass Will nicht einmal durchgeschüttelt wurde. Kurz darauf geschah das Gleiche noch einmal. Beim letzten Flug des Tages kehrte sich sogar die Flugrichtung um. Rückwärts krachte der Gleiter mit dem Schwanz in den Sand. Heute bezeichnet man ein solches Flugverhalten als Sackflug.

Diese Flüge beunruhigten die Brüder zutiefst. Ihr Gleiter, der eigentlich im Vergleich zu ihrem Modell von 1900 besser steigen und ebenso gut im Gleichgewicht bleiben sollte, schwankte auf und ab, ohne dass der Pilot ihn wirksam kontrollieren konnte. Nur ein Flugverhalten stellte sie zufrieden: Wills sanfte Landung aus der gleichen heiklen Lage, bei der Lilienthal ums Leben kam. Das Problem der unstabilen und leistungsschwächeren Flüge, so die Überlegung der Wrights, musste in der Krümmung der Flügel liegen. Sie war neben den größeren Ausmaßen der wichtigste Unterschied zu dem Gleiter von 1900. Sie hatten die Veränderung vorgenommen, um sich stärker an Lilienthals Konstruktion anzunähern. Aber ihr neuer Gleiter hatte weniger Auftrieb und ließ sich schwerer lenken. Konnte Lilienthal Unrecht haben?

Will durchdachte die Angelegenheit noch einmal in aller Ruhe. Der Auftrieb der Flächen war nicht viel mehr als ein Drittel dessen, was Lilienthals Tabellen angaben. Der Luftwiderstand war dagegen stark. Damit hatte die Maschine einen schlechten Gleitwinkel. Bei nur kleinen Änderungen des Anstellwinkels verschob sich der Auftriebsschwerpunkt, was zur Unstabilität im Bezug zur Querachse führte, die durch das kleine Höhenruder kaum auszugleichen war. Im Ganzen war es ein enttäuschender Apparat, der sie am eigentlichen Fundament zweifeln ließ, auf dem ihre Experimente standen.

Aufgrund ihrer Überlegungen verminderten sie nach ihrem eigenen Gefühl die Wölbung der Flügel. Nach einer Woche Umbauarbeiten und Drachenflügen waren sie bereit für eine bemannte Erprobung. Mit 40 km/h fegte der Wind am 8. August über die Hügel. Aber sie waren erpicht auf die Erprobung. Bei einem Gleitflug nach dem anderen schwebte Wilbur 60 bis 90 Meter weit über die Böschung, wobei sich das Gleichgewicht ohne weiteres kontrollieren ließ. Er flog einen halben Meter über dem Sand, und mit einem geringen Ausschlag des Höhenruders folgte er dem Kurvenauslauf der Böschung. Die Maschine ließ sich gut steuern, so dass die Brüder bald keine Angst mehr verspürten hoch in der Luft zu segeln. Jetzt glaubten sie, dass sie auch den Mechanismus zum Verdrehen der Flügelenden erproben konnten. Die Seile zum Verwinden der Flügel waren bisher festgebunden gewesen. Jetzt wurden sie zum Benutzen vorbereitet: der Pilot sollte sie mit den Füßen bedienen.

Die nächsten Experimente lieferten verwirrende Ergebnisse. Die Steuerung des Drehmechanismus zeigte bei manchen Gleitflügen keine Wirkung. Bei anderen Flügen führte die gleiche Bewegung zu einer scharfen Drehung um die Längsachse. Bei solch einem Flug kippte der linke Flügel plötzlich weg; daraufhin verlagerte Will das Gewicht nach rechts, um den Gleiter wieder in die Waagrechte zu bringen. Aber dabei ließ er das horizontale Ruder außer Acht, und der Gleiter stürzte kopfüber in den Sand. Will wurde auf das Ruder geworfen, Holz splitterte, und er verletzte sich an der Nase und einem Auge. Bei einer weiteren ähnlichen Landung machte er einen unfreiwilligen Purzelbaum.

Die Brüder hielten es für selbstverständlich, dass das Verwinden der Flügel der Schlüssel für den Kurvenflug war. Es leuchtete einfach ein, wenn der Anstellwinkel der Flügel rechts größer und links kleiner wurde, dass dann die Maschine sich in eine Linkskurve legte wie ein Fahrrad, wenn es wendet. Bei manchen Flügen verhielt es sich jedoch genau umgekehrt. In seinem Tagebuch notierte Will: „Der nach oben gedrehte Flügel scheint zurückzufallen, steigt aber zunächst." Mit diesen Worten hat er das Problem dargelegt, ohne es vorerst zu verstehen. Die Flügelspitze mit dem größeren Winkel hat einen größeren Luftwiderstand als die Gegenseite. Dadurch kommt es zur Drehung um die Hochachse. Die Flügelspitze fällt zurück. Damit bekommt sie zugleich auch weniger Auftrieb. Die andere Seite eilt nach vorn und bekommt mehr Auftrieb, so dass das Gegenteil von dem, was man ansteuerte, eintritt. Dies konnte bei diesem Wright-Gleiter so ausgeprägt auftreten, da es noch kein Seitenleitwerk hatte. Eine senkrecht stehende Fläche am Schwanz hätte wie eine Wetterfahne gewirkt und das Flugzeug in der Längsrichtung stabilisiert, so dass der von Will erfahrene Effekt sich nicht so dramatisch ausgewirkt hätte. Doch für die Brüder war dies erstmals verwirrend.

Die Zuversicht der Brüder schwand. Sie hatten sich mit ihren Vertrauen in die Flügelverwindung getäuscht. Lilienthal hatte dazu offensichtlich Unrecht gehabt, was die richtige Wölbung der Flügel anging. Auch mit dem Auftrieb lag er daneben. Mit seinen Auftriebs- und Widerstandstabellen stimmte etwas nicht. Die Flügel verhielten sich einfach nicht so wie der Deutsche behauptet hatte. Sie probierten noch einige Gleitflüge, aber das Ergebnis wurde nicht besser. Will zog sich eine Erkältung zu. Während von Süden Regen aufzog, sahen sie einen Bussard, der mehr als eineinhalb Kilometer über die flachen Sandbänke segelte, ohne auch nur ein einziges Mal mit den Flügeln zu schlagen. Eine fehlerlose Vorführung des Segelfluges, der ihre Frustration nur noch verstärkte.

Die Brüder hatten genug. Sie brachen ihr Lager ab und fuhren nach Hause. Auf der langen Heimfahrt im Zug zweifelten sie daran, ob es sinnvoll sei, die Experimente wieder aufzunehmen. Sie hielten ihre Versuche für gescheitert. Will bemerkte zu seinem Bruder: „Eines Tages werden die Menschen sicherlich fliegen, aber wir beide werden das nicht mehr erleben."

Als sie wieder daheim in Dayton waren, wurde Will von einem Ingenieur-Kollegium zu einen Vortrag über seine Flugversuche eingeladen. Bei seinem Vortrag verwarf Will die Arbeiten von Lilienthal. Später sollte er seinen Vortrag in die Form einer fachlichen Veröffentlichung bringen. An dieser Stelle sprach Orville eine Warnung aus. Will war mit Lilienthal und anderen anerkannten Autoritäten hart ins Gericht gegangen und jetzt sollte der Vortrag in gedruckter Form festgeschrieben werden.

Aber wer war Wilbur Wright? Ein unbeschriebenes Blatt ohne Hochschulabschluss. Wenn sie den weltberühmten Lilienthal infrage stellten, mussten sie zumindest ein paar Experimente machen, um ihre Vermutungen zu bestätigen.

Will erkannte, dass dieser Einwand klug war. Er konstruierte daraufhin einen Windkanal und holte sich damit gewissermaßen Kitty Hawk in die Kiste. Der Kanal war aus Holz, hatte eine Länge von zwei Metern und maß im Querschnitt 40 mal 40 Zentimeter. Sie bauten dazu zwei einfache, aber leistungsfähige mechanische Messvorrichtungen. Eine, um den Luftwiderstand und die andere, um den Auftrieb zu messen. Auf diese Weise konnten sie jede nur vorstellbare Flügelform analysieren. Die Tragflächenmodelle waren in Länge und Breite unterschiedlich, hatten aber immer die Fläche von 38,7 Quadratzentimetern, so dass man sie leicht vergleichen konnte. Sie waren aus 0,8 Millimeter dicken Stahlblech angefertigt. Jetzt konnten die Brüder an einem Tag Dutzende von Versuchen vornehmen. In vier Wochen probierten sie mehr als 100 Tragflächenformen aus. Jede durchlief schrittweise alle Winkel von null bis 90 Grad. Bei diesen Versuchen gelangten sie in ein paar Tagen zu mehr Erkenntnissen als während der beiden Sommeraufenthalte in Kitty Hawk.

Langsam wurden der Rätsel weniger. Otto Lilienthals Tabellen waren für ihren ursprünglichen Geltungsbereich richtig. Will musste sich eingestehen, dass man die Tabellen von Lilienthal nicht einfach auf Tragflächen mit unterschiedlichen Längen- oder Wölbungsverhältnissen übernehmen darf.

Spalte für Spalte und Zeile für Zeile füllten die Brüder ihre Tabellen. Mit der Zeit kristallisierte sich die Flügelform mit der größten dynamischen Wirksamkeit heraus. Es war ein schmales Rechteck mit 15 Zentimeter Spannweite, einer Flügeltiefe von 2,5 Zentimeter und einer Wölbung von 1:24. Nun stellten die Brüder den Windkanal in die Ecke und begannen, mitten im Winter, einen Gleiter für den Sommer 1902 zu entwerfen. Alles daran war neu. Das Kantenverhältnis der Flügel und ihre Wölbung übernahm man vom besten Windkanalmodell. Aus dem breiten Rechteck des Höhenruders machten sie eine Ellipsenform. Auch den Mechanismus zum Verdrehen der Flügel überarbeiteten sie. An die Stelle der komplizierten, mit den Füßen zu bedienenden Konstruktion trat ein Hüfthebel. Dieser eignete sich besser für die instinktive Neigung des Piloten, sein Gewicht in Richtung des höheren Flügels zu verlagern, wenn der Gleiter kippte.

Im Jahr zuvor hatten die beängstigenden seitlichen Kippbewegungen des Gleiters sie fast zum Aufgeben bewogen. Mittlerweile hatten sie das Phänomen gründlich durchdacht. Vielleicht, so überlegten sie, rotierte oder gierte die Nase des Gleiters während des Kurvenmanövers, weil die nach oben gedrehte Flügelspitze dem Wind zuviel Widerstand bot. Der Flügel hob sich zwar auf dieser Seite, wurde aber gleichzeitig auch abgebremst, so dass der Gleiter außer Kontrolle geriet. Durch diese Überlegungen kamen die Brüder auf die Idee eines senkrechten Schwanzes. Wenn der Gleiter zu gieren begann, dann würde das hintere Seitenleitwerk den Flug stabilisieren und mit den verdrehten Flügeln könnte man den gewünschten Kurvenflug zuverlässlich einleiten. In den Jahren 1900 und 1901 hatten sie die

Möglichkeit eines Schwanzes verworfen, weil sie glaubten, das Verdrehen der Flügel sei allein die Lösung für den Kurvenflug. Jetzt konstruierten sie einen Schwanz mit zwei senkrechten Flächen, zusammen über einen Quadratmeter groß.

Die Brüder stellten einen Bausatz zusammen: eine Sammlung von Teilen, die in Kitty Hawk ohne Schwierigkeiten zusammengesetzt werden konnten. Sie mussten alle benötigten Teile im Voraus richtig planen und durften kein einziges vergessen. Wenn sie sich erst einmal in Kitty Hawk befanden, war es zu spät, um irgendein vergessenes Teil zu kaufen oder zu bestellen. Anschließend wurden die Teile gebohrt und gefräst, sodass Schraublöcher und Nuten zum Zusammenfügen entstanden. Zum Schluss versahen die Brüder alle Holzteile mit mehreren Lackschichten zum Schutz gegen die feuchte Luft von North Carolina. Nachdem sie die Flügel probeweise zusammengesetzt hatten, kam die Bespannung aus vielen Metern weißem Musselin. Sie aufzubringen war der heikelste Teil der gesamten Arbeit, sie waren dabei völlig auf ihre Geschicklichkeit beim Nähen angewiesen.

Entgeistert sah die Schwester Kate ihren Brüdern zu, wie sie die Möbel aus dem Weg räumten und sich im Erdgeschoss des Hauses mit Spanten, Holmen und endlosen Leinenbahnen breit machten. Sie schnitten den Stoff in Streifen, die sie dann in einem Winkel von 45 Grad zu den Rippen mit der Maschine zusammennähten. Auf diese Weise wirkte jede Naht als winzige Querverstrebung, die dazu beitrug, die mechanische Festigkeit des Flügels zu erhöhen. Durch peinlich genaues Messen, Dehnen und Nähen schufen sie für jeden Flügel eine straffe Bespannung, die auch unter der Belastung der Auftriebskräfte ihre ursprüngliche Wölbung beibehielt.

Am 25. August bestiegen sie mit ihrem „Gepäck" den Zug. Obwohl beide Brüder sich auf der Zugfahrt eine Erkältung zuzogen, gingen sie unverzüglich daran, den inzwischen beschädigten Holzschuppen wieder herzurichten. In Kitty Hawk waren die Wrights mittlerweile vertraute, gern gesehene Gäste. John Daniels, ein Mitarbeiter der nahe gelegenen Lebensrettungsstation, sagte einmal von ihnen: „Sie gehören zu den fleißigsten Jungs, die ich jemals gesehen habe, und wenn sie arbeiten, dann arbeiten sie. Nie in meinem Leben habe ich Menschen gesehen, die so in ihrer Tätigkeit aufgehen. Sie waren mit Leib und Seele bei dem, was sie taten. Sobald sie ihr Tagewerk erledigt hatten, veränderten sie sich; dann waren sie die nettesten Burschen, die man sich vorstellen konnte, und sie waren sehr freundlich zu uns."

Nachdem das Lager hergerichtet und ein Brunnen gebohrt war, packten sie ihre Kisten aus und begannen mit dem Zusammenbau. Im Laufe von elf Tagen nahm die Maschine allmählich Gestalt an. Der neue Flieger war ein handwerkliches Meisterstück. Mit einer Flügelfläche von 28 Quadratmetern war die Maschine viel größer als Lilienthals Gleiter. Der Apparat hatte eine Spannweite von fast 10 Metern und eine Flügeltiefe von 1,5 Meter. Dennoch wog er nur 50 Kilo. Obwohl der elegant aussehende Gleiter filigran, ja fast zerbrechlich wirkte, besaß er doch eine elastische Widerstandsfähigkeit. Man konnte ihn aus 2 Meter Höhe fallen lassen, ohne dass er beschädigt wurde.

Am Mittwoch, dem 10. September 1902, erprobten sie die obere Tragfläche als Drachen. Zwei Tage später erfolgte der Test mit der unteren Fläche. Mit einer an den Seilen befestigten Federwaage stellten sie fest, dass diese gewölbten Flächen, die allein flogen, fiel weniger Zug ausübten als ihr Flugzeug von 1901. Dabei ging die Drachenschnur fast in die Senkrechte, das versprach flache und lange Gleitflüge. Bei ihrem ersten Gleiter im Jahr 1900 verlief die Drachenschnur noch in einem Winkel von cirka 45 Grad, wie bei einem Kinderdrachen. Je mehr sich eine Drachenschnur der Senkrechten annähert, desto leistungsfähiger ist der Drachen. Verläuft die Leine senkrecht, dann befindet sich der Drache im Segelflug. Aus dem Drachen ist ein Fluggerät geworden, welches mit dem Winkel, den die Drachenschnur zur Senkrechte hatte, zu Boden gleitet (Windstille zu dem Zeitpunkt vorausgesetzt). Auch heute noch werden Segelflugzeuge beim Windenstart als Drachen hochgezogen. Wenn dann das Seil fast die Senkrechte erreicht hat, geht das Flugzeug in den Segelflug über.

Als Nächstes setzten die Brüder den Gleiter komplett zusammen und trugen ihn zu einer Böschung, deren Neigung sie mit sieben Grad gemessen hatten. Bei stetigem Wind ließen sie die Leinen locker. Der Gleiter erhob sich in die Luft. Die Leinen führten nahezu senkrecht nach oben und verharrten in dieser Stellung. Am 19. September unternahm Will die ersten Gleitflüge der Saison. Dabei stellte er fest, dass durch geringfügige Bewegung des vorne liegenden Höhenruders der Gleiter gut zu steuern war. Das Seitenleitwerk verhinderte das Problem vom vorigen Sommer, dass der Gleiter sich gelegentlich um das Flügelende des höheren Flügels drehte. Aber die Bedienung der neuen Steuervorrichtung war heikel. Um zu steigen, musste der Pilot den Steuerhebel des Höhenruders nach unten drücken – genau umgekehrt als bei der Anlenkung von 1901. Da Will diese Bewegung noch nicht instinktiv beherrschte, geriet er gelegentlich in heikle Situationen.

Ansonsten flog die neue Maschine wunderschön, und wenn sie den richtigen Anstellwinkel erreicht hatte, schien sie zu segeln wie ein Vogel. Vielleicht war dies der Grund, warum sich Orville jetzt zu gleichen Teilen an der Steuerung des Apparates beteiligen wollte. Am nächsten Tag setzten sie ihre Flüge wechselseitig fort. Die Flügelsteuerung reagierte so empfindlich, dass Will in einer S-förmigen Bahn fliegen konnte. Orville gelang ein Flug von 100 Metern mit einem geringen Gleitwinkel. Als er sich zu sehr auf eine Flügelspitze konzentrierte, verlor er die Kontrolle über das Höhenruder und schoss bis in eine Höhe von 12 Metern nach oben. Will und Tate schrieen laut auf. Der Gleiter blieb in der Luft stehen, glitt dann rückwärts und schlug, unter dem Krachen von splitterndem Fichten- und Eschenholz, auf den Boden. Das Ergebnis war ein Haufen von Stoff und Holzstücken, und mittendrin stand unverletzt Orville.

Nach tagelangen Reparaturen gelangen mit der Maschine zahlreiche weitere, gut gesteuerte Gleitflüge. Doch der Wind war nicht so stetig wie im Windkanal. Immer wieder erfassten turbulente Wirbel das Flugzeug. Wenn die Maschine auf diese

Weise stark nach einer Seite kippte, geriet sie in der Richtung der Schieflage seitlich ins Rutschen. Dabei wurde das Seitenleitwerk rechtwinklig angeströmt und dadurch die Nase nach unten gedrückt. Das Flugzeug vollführte eine Spiralbewegung nach unten, bis eine Flügelspitze aufsetzte und in den weichen Sand eine trichterförmige Mulde grub. Es war ein neues gefährliches Problem, das sich hier auftat. Bevor sie es nicht lösten, konnten sie nicht behaupten, den Gleiter unter Kontrolle zu haben.

Orville kam als erster auf die Lösung. Sie mussten den Schwanz beweglich gestalten. Mit einem Seitenruder könnte man der Neigung des Flugzeuges, beim Einleiten des Kurvenfluges sich in die Gegenrichtung zu drehen, entgegenwirken. Auch wenn das Flugzeug durch eine Böe in eine zu steile Schräglage gebracht wurde, konnte man mit einem Seitensteuer stabilisierend eingreifen. Kurzum mit einem beweglichen Seitenleitwerk könnte man die Drehung um die Hochachse des Flug-  zeuges steuern. Orville und Will kamen überein, die Bewegung des Schwanzes solle mit dem Hüfthebel erfolgen, mit der auch die Flügel verdreht wurden. Ihnen dämmerte, dass beide Funktionen eng zusammenhingen und gleichzeitig ausgeführt werden mussten. Flügel- und Seitensteuerung würden sich in ihren Wirkungen vereinigen. Sie demontierten den starren Schwanz mit seinen zwei Flächen und ersetzten ihn durch eine einzige von 1,5 Metern Höhe und 60 Zentimeter Breite, die an Scharnieren nach beiden Seiten schwingen konnte. Über Drähte war sie mit den Seilen zum Verdrehen der Flügel verbunden. Wenn der Pilot jetzt die Hüften von einer Seite zur anderen verschob, folgten Flügel und Seitenruder in einer einzigen, zusammenhängenden Bewegung.

In diesem Herbst unternahmen sie über tausend Flüge. Die Flugstrecke wuchs auf 187 Meter und die Flugzeit auf eine halbe Minute. Die Maschine ließ sich nun über alle drei Achsen steuern. Hier liegt vielleicht das größte Verdienst der Gebrüder Wright, dass sie ein Fluggerät entwickelten, das ohne Schwerkraftverlagerungen in allen Fluglagen sicher steuerbar war. Jahre später, als der erste Motorflug schon lange hinter ihnen lag, blieb Will mit diesem Gleiter in Kitty Hawk neun Minuten lang in der Luft und stellte gewissermaßen den ersten Segelflugweltrekord auf. Die Brüder, die nie studiert hatten, waren bei ihren Arbeiten zu echten Wissenschaftlern geworden, die der Natur in mühsamer sorgfältiger Kleinarbeit ihre Geheimnisse abrangen und einen zuverlässigen Menschflug möglich machten.

Als die Brüder wieder in Dayton waren, machten sie sich an die Motorisierung ihres Gleiters. Langley und Manly hatten vier Jahre zum größten Teil auf den Bau eines außergewöhnlichen Motors verwendet. Die Gebrüder Wright hatten sich vier Jahre lang vorwiegend mit dem Bau einer Flugmaschine beschäftigt, die stabil flog und schließlich über alle drei Achsen steuerbar war. Die Brüder hatten gehofft, sie könnten einfach einen Motor kaufen. Als sie aber bei den Herstellern nach einem Motor verlangten, der weniger als 90 Kilo wog und mindestens acht PS leistete, konnte keiner ihn liefern. Also skizzierten sie eine eigene Konstruktion und gaben die Pläne an ihren Assistenten Charlie Taylor weiter. Dieser baute den Motor, mit Vergaser, Zündkerzen, Benzinpumpe und Niederspannungszünder, in nur sechs Wochen. Der Kühler bestand aus mehreren Metallrohren. Das Benzin floss unter Einfluss der Schwerkraft aus einem kleinen, auf der oberen Flügelverstrebung montierten Tank in den Motor. Im Februar 1903 zerbrach der Motorblock bei einem Test in der Werkstatt. Als der neue Block geliefert und die Maschine wieder zusammengebaut war, leistete sie zwölf Pferdestärken bei 1.025 Umdrehungen pro Minute. Bei einem Gewicht von 81 Kilo war dies eine angenehme Überraschung. Hätte Stephen Balzer gesehen, wie Charlie Taylor in wenigen Wochen zwölf PS aus knapp über 80 Kilo holte, es wäre für ihn ein bitterer Anblick gewesen.

Die Brüder hatten angenommen, die Propeller würden ihnen noch weniger Probleme bereiten als der Motor. Sie glaubten an das, was Langley zehn Jahre zuvor gesagt hatte: „Es besteht eine deutliche Parallele zwischen der besten Form eines Luftpropellers und einer Schiffsschraube." Schon bald mussten sie aber feststellen, dass die Schrauben der Schiffe in jedem Einzelfall erst durch Ausprobieren konstruiert wurden. Wie sie genau funktionierten, wusste niemand. Die Schiffsingenieure nahmen an, dass ein Schiffspropeller sich in das Wasser hineinwindet wie eine Schraube in das Holz. Die Brüder hatten ein anderes Bild vor Augen. Für sie war offenkundig, dass ein Propeller wie eine Tragfläche funktioniert, nur dass sie sich dreht. Die Wirkung einer in gerader Linie sich bewegenden Tragfläche konnten sie berechnen, warum nicht, wenn sie sich auf einer Kreisbahn bewegt? Sie arbeiteten eine Theorie aus und bauten zwei Propeller von 2,25 Meter Durchmesser. In Kitty Hawk würde sich herausstellen, ob ihre Berechnungen richtig waren.

Am 25. September 1903 trafen die Brüder bei den Kill Devil Hills ein. Da noch Lieferungen für das neu zu bauende Motorflugzeug ausstanden, holten sie den Gleiter von 1902 aus dem Schuppen und brachten ihn zu den Hügeln. Mit ihm unternahmen sie zahlreiche Gleitflüge. Der Wind war so, dass sie bei den vielen Flügen jeweils 20 bis 43 Sekunden fast bewegungslos in der Luft hingen. Bei einem Flug landete der Gleiter sogar hinter dem Startort. Den Brüdern gelangen Flüge, die höher und beeindruckender waren als je zuvor. Nur mit Mühe konnten sie verhindern, dass die Maschine zu hoch stieg. Alles schien jetzt auf dem Weg zum Erfolg zu sein.

Nachdem die verspätete Lieferung mit Bauteilen eingetroffen war, widmeten sie sich der Hauptaufgabe des Jahres. Sie arbeiteten an der neuen Motor-Maschine. Sie ist ein „Riesending", schrieb Orv an seine Schwester Kate. Die Spannweite betrug über 12 Meter. Zunächst setzten sie die obere Tragfläche zusammen, dann die untere. Schließlich montierten sie das vordere Ruder, den Schwanz und ein Kufenpaar. Nach Fertigstellung entschlossen sie sich, sofort einen Versuch mit Motor zu machen, ohne die Maschine zuvor als Gleiter auszuprobieren. Am nächsten Tag brachten sie den Motor am Gerippe an und bauten die zwei Propeller ein. Mit einem der Brüder an Bord würde die Maschine rund 320 Kilo wiegen. Der Bau ging ziemlich reibungslos voran. Aber bei einem Test am 5. November lösten sich durch eine Fehlzündung die Propeller und die Propellerachsen wurden beschädigt. Da nun Metallarbeiten notwendig waren, hatten die Brüder keine andere Wahl, als die Achsen nach Hause zu Charlie Taylor zu schicken.

In dieser Zeit bekamen sie Besuch von Chanute. Der erfahrene Ingenieur, der sich immer schriftlich über den Stand des Projektes informiert hatte und den Brüdern mit seinem Rat zur Seite stand, erkundigte sich genau, was für mathematische Berechnungen die Brüder vor dem Bau ihres Motors angestellt hatten, und was sie ihm erzählten gefiel ihm überhaupt nicht. Er erklärte, dass Ingenieure in der Regel einen Kraftverlust von 20 Prozent für Reibung der Übertragungsketten und Zahnräder einkalkulierten. Die Brüder hatten nur mit fünf Prozent gerechnet. Als Chanute wieder abreiste, zweifelten die Brüder daran, ob der Motor mit dem derzeitigen Getriebe überhaupt in der Lage sein würde, den Flieger anzutreiben.

Als die Gebrüder Wright am 19. November morgens aufstanden, waren die Teiche rund um das Lager mit Eis überzogen. Am nächsten Tag kamen die Propellerachsen. Das Wetter verschlechterte sich weiter. Es war so stürmisch, dass sie die Maschine nicht ins Freie bringen konnten. Sie bastelten im Schuppen herum und bauten unter anderem ein Gerät, das Flugdauer, Windgeschwindigkeit und Drehzahl der Propeller bei jedem einzelnen Versuch aufzeichnen sollte. Als sie dann am 28. November im Inneren des Schuppens einen Probelauf mit dem Motor durchführten, ging eine der neuen Propellerachsen wieder zu Bruch. Orville reiste nach Dayton zurück, um gemeinsam mit Charlie Taylor eine neue Achse herzustellen. Diese sollte jetzt kein Rohr mehr sein, sondern aus massivem Stahl bestehen. Will blieb allein im Lager.

Am 14. Dezember waren die neuen Achsen eingebaut. Die Brüder legten eine 18 Meter lange hölzerne Startschiene. Die Kufen des Aeroplans sollten auf einem kleinen, einrädrigen Wagen ruhen, der auf der Schiene entlangfuhr. An jeder Flügelspitze sollte ein Mann die Maschine beim Rollen im Gleichgewicht halten. Wenn alles wie geplant verlief, würde sie vom Wagen abheben und fliegen. Von der Rettungsstation schlenderten fünf Mann herüber. Gemeinsam rollten sie die Maschine auf den Sandhügel hinauf. Einer der Brüder warf eine Münze. Will gewann. Er zwängte sich in die Hüfthebelkonstruktion und duckte sich unter der Kette, die vom Motor auf der rechten Seite des Piloten zur Propellerachse auf der linken führte. Bevor Orville die Maschine an der rechten Flügelspitze richtig festhalten konnte, begann sie zu rollen. Sie fuhr etwa zehn oder zwölf Meter bergab und hob sich dann von der Schiene. Das Höhenruder aber war in einem zu steilen Winkel eingerastet. Die Maschine stieg sofort auf fünf Meter hoch, sackte dann ab und schlug nach nur drei Sekunden im Sand auf, wobei einige Teile zu Bruch gingen. Dennoch war Will ermutigt. Er meinte: „Kraft ist reichlich vorhanden. Wäre nur nicht ein geringfügiger Fehler unterlaufen, die Maschine wäre zweifellos wunderschön geflogen."

„Kraft ist reichlich vorhanden" entsprach nicht ganz der Wirklichkeit. Der Motor leistete 12 PS. Wenn auch die Kraftübertragung mit einer Fahrradkette auf die Propeller nicht, wie Chanute annahm, 20 Prozent verschlang, allenfalls waren es 5 Prozent, so hatten doch die Propeller selber einen Wirkungsgrad. Da die starren Propeller noch nicht auf die Drehzahl und Geschwindigkeit des Flugzeuges optimiert waren, war mit einem weiteren Verlust von ca. 20 Prozent zu rechnen. Von den 12 PS blieben dann nur noch 8 PS für den Vortrieb. Die Brüder hatten berechnet, dass sie mindestens 8 PS für den Antrieb brauchten. Diese Rechnung stimmt, wenn man ein 320 Kilo schweres Flugzeug mit einem Gleitwinkel von 1:8 und einer Geschwindigkeit von 50 km/h zugrunde legt. Das bedeutet, dass der montierte Motor das Flugzeug gerade eben in der Luft halten kann. Hätten die Brüder das Flugzeug nicht auf Meeresebene sondern 300 Meter höher, z. B. in Stuttgart, gestartet, es wäre nicht abgehoben. Die dünnere Luft hätte eine höhere Geschwindigkeit verlangt, um das Flugzeug zu tragen. Dazu wäre die Motorleistung zurückgegangen und die Propeller hätten weniger Schub geliefert. Genauso wäre es gewesen, wenn hohe Temperaturen geherrscht hätten, dann hätten sie sogar an Ort und Stelle nicht starten können. Langley hatte sich auf die Entwicklung eines leistungsstarken Motors konzentriert und war in Bezug auf eine steuerbare Flugmaschine zu sorglos gewesen. Dies endete in einem katastrophalen Abschluss seiner Versuche. Die Gebrüder Wright waren in Bezug auf einen geeigneten Motor sorglos, aber sie hatten Glück. Start in Meereshöhe, Temperaturen um den Nullpunkt und starker Wind, der nur geringe Beschleunigungsleistung verlangte, ermöglichten den ersten Motorflug der Welt.

Die Reparaturen dauerten eineinhalb Tage. Am 17. Dezember 1903 stand die Maschine endlich für einen weiteren Versuch zur Verfügung. Der Wind wehte mit rund 40 Stundenkilometern – stark genug für einen Start vom ebenen Boden. Die Startschiene mit 18 Meter Länge wurde geradewegs gegen den Wind ausgelegt. In Flugrichtung lag eine glatte, öde Ebene. Sie warfen den Motor an und ließen ihn ein paar Minuten laufen. Um 10.35 Uhr zwängte sich Orville auf den Pilotenplatz und löste das Seil. Während die Maschine vorwärts polterte, hielt sie Will mit der linken Hand an der rechten Flügelspitze waagrecht. Dann stieg die Maschine plötzlich drei Meter hoch, sank wieder, um genauso plötzlich wieder zu steigen. Mit ausgebreiteten Armen auf der Tragfläche liegend versuchte Orville, den Apparat mit dem Höhenruder stabil zu halten. Das Flugzeug sank ein weiteres Mal, ein Flügel kippte zur Seite, dann war es wieder auf dem Boden, knapp 40 Meter von der Stelle entfernt, wo es von der Startschiene abgehoben hatte.

Ein paar Teile waren zu Bruch gegangen. Es verging eine Stunde, bevor Will es ein weiteres Mal versuchen konnte. Er verbesserte Orvilles Strecke um rund 15 Meter. Orville kam bei seinem zweiten Versuch noch ein wenig weiter und hielt die Maschine besser im Gleichgewicht als beim ersten Mal. Eine seitliche Bö hob die Flügelspitze in die Höhe. Er verdrehte die Flügel, um die Spitze wieder auf die richtige Höhe zu bringen, und stellte dabei fest, dass die seitliche Steuerung sehr gut ansprach, viel besser als beim Gleiter. Aber das Höhenruder war zu empfindlich.

Flugzeug mit Wilbur nach einer harten Landung

Der Wright-Flyer hebt am Ende der Startschiene in ein neues Zeitalter ab.

Die Maschine hüpfte und wackelte und beschrieb einen unregelmäßigen Weg. Gegen Mittag probierte Will es noch einmal, und auch er erlebte das Hüpfen und Wackeln. Aber irgendwie fand er für das vordere Ruder den richtigen Winkel und die Männer am Startpunkt erkannten, dass die Maschine im nächsten Augenblick nicht wieder am Boden sein würde. Das Flugzeug ließ sie hinter sich – 100, 200 Meter; das Motorengeräusch wurde leiser, die Flügel waren auf gleicher Höhe. Die Maschine flog. Das Flugzeug näherte sich einem kleinen Hügel. Will bewegte das

Ruder und schoss plötzlich zu Boden. In 59 Sekunden hatte er 255 Meter zurückgelegt. Das Gestänge des Höhenruders war zerbrochen, aber ansonsten war das Fluggerät ebenso unversehrt wie der Pilot.

Dieser vierte Versuch war der eindrucksvollste gewesen. Verglichen mit einem Vogel war es ein bescheidener Flug. Doch war es in der gesamten Weltgeschichte der Erste, bei dem sich ein Flugzeug mit einem Menschen an Bord aus eigener Kraft in die Luft erhob, ohne Geschwindigkeitsverminderung vorwärts flog und schließlich an einer Stelle landete, die ebenso hoch lag wie der Ausgangspunkt. Der Jubel über die Ereignisse dieses Tages sollte aber erst später von anderen kommen. Das Ausmaß dessen, was die Brüder erreicht hatten, konnte damals noch niemand abschätzen. Die Kosten für Langleys Projekt beliefen sich auf fast 70.000 Dollar. Die Gebrüder Wright bezifferten den Gesamtaufwand für ihre Experimente von 1900 bis 1903, einschließlich der Bahn- und Schiffsreisen zu und von den Outer Banks mit 1.000 Dollar.

Mit den Gebrüder Wright war das Zeitalter der Luftfahrt angebrochen. Nur wenige Meter hatten die Brüder sich mit Feuerkraft über den Sand erhoben. Doch daraufhin folgte eine rapide Entwicklung, die Menschen sechs Jahrzehnte später bis auf den Mond brachte. Heute ist das Fliegen sicher und zur Selbstverständlichkeit geworden. Die meisten Flüge haben keine Geschichte mehr. Friedlich tauchen mächtige Flugmaschinen wie Ungeheuer aus einer anderen Welt in den Himmel. Alles ist gut erschlossen und organisiert. Die Piloten suchen keine Abenteuer, sondern verschließen sich in ein förmliches Laboratorium. Sie gehorchen den Spiel ihrer Instrumente und nicht mehr dem Lauf der Landschaft. Funkfeuer, die die Kreuzungen der Luftstrassen markieren, leiten das Flugzeug auf der vorgesehenen Bahn. Radarstationen, die auf der festen Erde wachen, übergeben das Luftfahrzeug von einem Luftraum in den anderen. Die Cockpit-Crew hat lediglich die betr. Funkfrequenzen einzustellen und am Armaturenbrett dem Autopiloten die Höhe und Geschwindigkeit anzugeben. So reisen Besatzung und Passagiere heute – auch durch Nacht und Wolken. Und wenn dann die Stunde gekommen, kann der Flugzeugführer vertrauensvoll durch die Scheiben sehen. Licht ist aus dem Dunkel geboren und erstrahlt in den Landefeuern des Flughafens.

Der Weg in die Elektromobilität

Elektromobilität auf der Schiene
Elektrifizierung im spurgeführtem Verkehr

Die Geschichte der Elektroantriebe
E-Mobilität seit über 100 Jahren

Akkumulatoren und Energieumsetzer
Die Energiequelle der Elektrofahrzeuge

Die Epoche der Elektrokraft
Das 21. Jahrhundert im Zeichen der Energiewende

Mensch und Technik
Eine Zukunftsphilosophie

Elektromobilität auf der Schiene
Elektrifizierung im spurgeführten Verkehr

In diesem Buch wird die Elektrokraft als Hintergrund der technischen Entwicklung angesprochen, die letztlich auch zur E-Mobilität im Verkehr führt. Die Eisenbahn spielt dabei im spurgebundenen Landverkehr eine Vorreiter-Rolle. An ihr wird der Übergang von der Wärmekraft- zur Elektrokraft-Traktion deutlich sichtbar.

1879: Erste elektrische Lokomotive der Welt (Leistung 2,2 kW, 150 V, Höchstgeschwindigkeit 7 km/h).

Im Jahre 1903, 24 Jahre nachdem Siemens die erste elektrische Lokomotive in Deutschland gebaut hatte, erreichte bereits ein Drehstrom-Triebwagen von Siemens mit 210 Stundenkilometer den Geschwindigkeits-Weltrekord. Dennoch ging die Elektrifizierung des Schienennetzes nur zögernd voran. Über die Vorteile der E-Mobilisierung im spurgeführten Landverkehr war man sich theoretisch schon vor dem ersten Weltkrieg im Klaren, hatten doch die elektrische Straßenbahnen in den deutschen Großstädten sich bereits vorteilhaft bewährt. Mit dem 1912 zwischen den bayrischen, badischen und preußisch-hessischen Staatsbahnen getroffenen „Übereinkommen betreffend der Ausführung elektrischer Zugförderung" hatte man sich auf das System Einphasenwechselstrom 15.000 Volt und 16 $^2/_3$ Hz für Vollbahnen festgelegt und damit auch den Weg für einen länderübergreifenden Betrieb freigemacht. Dies war ein zukunftsträchtiger Akt, denn falls man keine Insellösung anstrebt, geht es auf diesem Gebiet ohne verbindliche Einheitsstandards nicht. Dies gilt auch für die kommende E-Mobilität im Straßenverkehr.

Nach dem ersten Weltkrieg setzte sich die Weiterentwicklung von E-Loks und Triebwagen langsam fort. Auch wurden der Bau von bahneigenen Kraftwerken und die Elektrifizierung von Strecken planerisch vorangetrieben. Die damalige instabile politische Lage, mit wechselnden Regierungen, lastete jedoch auf der Eisenbahn. In Deutschland galoppierte die Inflation, zugleich wurde der außenpolitische Druck bezüglich der Erfüllung der Reparationsleistungen immer größer. Die Elektrifizierung wurde daher von den Bahnverwaltungen, vor allem wegen fehlender Finanzmittel, verhalten betrieben.

Unter den rund 21.000 Lokomotiven, über die die Reichsbahn im Jahr 1932 verfügte, befanden sich daher nur 400 elektrische Lokomotiven. Hinzu kamen 1.300 elektrische Triebwagen, die vor allem im S-Bahn-Bereich Berlin und Hamburg eingesetzt wurden. Andere europäische Länder, etwa die Schweiz und Schweden, hatten die E-Mobilisierung oder – wie man damals sagte – die Elektrifizierung viel energischer vorangetrieben. Während in Deutschland im Jahr 1929 elektrischer Betrieb nur auf 3 % des Reichsbahnnetzes stattfand, waren bei den Schweizer Bundesbahnen 57 Prozent des Streckennetzes elektrifiziert, bei den schwedischen Staatsbahnen 18 %, bei den österreichischen Bundesbahnen 15 %. Die Reichsbahn schnitt im internationalen Vergleich nicht gut ab.

Dabei hatte man in Deutschland, wie bereits erwähnt, schon vor dem ersten Weltkrieg mit der Einführung eines elektrischen Zugbetriebs begonnen. 1908 wurde eine Teilstrecke der Hamburger Stadtbahn auf elektrischen Betrieb umgestellt. Die Reisezeit auf der 27 km langen Strecke verkürzte sich um eine halbe Stunde und die Zahl der Fahrgäste nahm stark zu. Aus diesen Erfahrungen heraus wollte man auch das Berliner Nahverkehrsnetz auf Elektrobetrieb umstellen. Erste Geldbeträge bewilligte der preußische Landtag 1913. Der Kriegsausbruch aber verhinderte vorerst das Vorhaben. Im Jahr 1914 waren in Deutschland 264 Streckenkilometer mit elektrischer Fahrleitung ausgerüstet.

In den zwanziger Jahren schritt der Ausbau des elektrisch betriebenen Streckennetzes zeitweilig zügig voran, kam jedoch ab 1930 fast ganz zum Stillstand. 1925 waren knapp 1.000 km auf elektrischen Betrieb umgerüstet, Zwei Jahre später etwas über 1.200 km, Ende 1929 rund 1.500 km. Danach musste die Elektrifizierung von Fernstrecken zurückgestellt werden. Neben Berlin und Hamburg mit ihren Stadtbahnen (insgesamt 273 km) waren es drei Regionen, in denen längere Strecken elektrisch betrieben wurden. An der Spitze stand mit rund 700 km Bayern. Den Strom lieferte das 1924 in Betrieb genommene Walchenseekraftwerk. Die schlesischen Gebirgsbahnen mit etwa 300 km erhielten den Strom aus einem Steinkohlekraftwerk, während die mitteldeutschen Strecken (knapp 200 km) den Strom aus einem Braunkohlekraftwerk bezogen.

Ein Erfolgskapitel in der Geschichte der E-Mobilität kann die Elektrifizierung der Berliner „Stadt-, Ring- und Vorortbahnen" gelten. Sie führten seit Dezember 1930 offiziell den Namen „S-Bahn" mit dem Signet weißes **S** auf grünem Grund. Den Startschuss gab dazu die Reichsbahn-Gesellschaft im Juli 1926. Die Arbeiten waren 1929 abgeschlossen und im gesamten Großraum Berlin fand ein elektrischer

Zugbetrieb mit Triebwagen statt. Die Reisezeiten verminderten sich bis zu 30 %. Die Zugfolge konnte von 24 auf 40 in der Stunde verdichtet werden. Der moderne Elektro-Betrieb hat nicht wenig dazu beigetragen, Groß-Berlin jenes Flair zu verleihen, das in der zweiten Hälfte der zwanziger Jahre ein Wesensmerkmal der Metropole war.

Die Reichsbahn-Gesellschaft hatte damals durchaus die Vor- und Nachteile der elektrischen Traktion gegeneinander abgewogen:

Nachteile: Hoher Kapitalaufwand. Die Elloks sind auf ein Kraftwerk angewiesen. Versagt das Kraftwerk, so stehen alle Räder still. Der elektrische Betrieb kann leicht gestört werden, sei es durch Streiks, Sabotage oder militärische Angriffe. Die Reichswehrführung hat gerade diese Argumente vorgebracht, da die entwickelten Flugzeuge und weittragende Geschütze die Zerstörung von elektrischen Zentralen und ihrer Strom-Leitungen erleichterten.

Vorteile: Rasches Anfahren und leichtere Bewältigung von Steigungen. Zeitgewinn und bessere Ausnutzung der Gleisanlagen. Herabsetzung der Betriebskosten durch geringeren Personalbedarf sowie bessere Arbeitsbedingungen für die Triebfahrzeugführer. Schließlich der Gesichtspunkt der „Reinlichkeit", den wir heute als Umweltschutzargument bezeichnen. Die Rauchgase aus den Dampfloks erzeugten enorme Umweltverschmutzungen. Z. B. wurde bei der Elektrifizierung der Berliner Stadtbahn festgestellt, dass der Rußauswurf der Dampfloks auf diesen Strecken in einem Jahr 1.000 Tonnen ausmachte. Das ergibt einen Rußhaufen von 26 m Höhe und 22 m Durchmesser.

Wenn auch die Vorzüge des elektrischen Betriebes auf der Hand lagen, so wurde ihm nicht höchste Priorität zuerkannt. Ausschlaggebend war wohl doch der Kapitalmangel. Für einen Kilometer elektrischer Bahnausrüstung (mit Fahrzeugen, ohne Kraftwerke) hatte die Reichsbahn 200.000 RM aufzubringen. Die Investitionen mussten durch Anleihen finanziert werden. Anleihen zu einem niedrigen Zinssatz standen der Reichsbahn damals nicht zur Verfügung. Der schwere finanzielle Einbruch der Reichsbahn in der Weltwirtschaftskrise brachte dann den weiteren elektrischen Streckenausbau fast völlig zu Erliegen.

In den dreißiger Jahren war der Konkurrenzkampf zwischen Schiene und Straße das zentrale Problem der Verkehrspolitik. Wenige Tage nach der nationalsozialistischen „Machtergreifung" erinnerte ein Bahnsprecher an den rau gewordenen Wettbewerb mit folgenden Worten: „Die Reichsbahn liegt zur Zeit in schweren Abwehrkampf gegen den Wettbewerb des Kraftwagens".

Davon abgesehen, war es schon bald kein Geheimnis mehr, dass Hitler dem Kraftwagen als Verkehrsmittel in ziviler und militärischer Hinsicht den Vorzug gab. Hitlers Regime schätzte das Automobil als „Verkehrsmittel der Zukunft" ein und förderte seine Entwicklung zu Lasten der Eisenbahn auf allen relevanten Gebieten, wie Fertigung, Treibstoffindustrie und Straßenbau. Hitlers Lieblingsidee war ein preisgünstiges Kraftfahrzeug für alle – der Volkswagen. Ferdinand Porsche durfte ihn konstruieren. Er sollte unter 1.000 Reichsmark kosten und für jeden erschwinglich sein. Mittels eines Finanzierungssystems sollte sich auch der einfache Arbeiter das Fahrzeug ansparen können. Diese fortschrittliche Planung machte allerdings der Krieg zunichte. Das **Diagramm 1** belegt eindrücklich, dass Hitler mit seiner verkehrlichen Zukunftseinschätzung richtig lag.

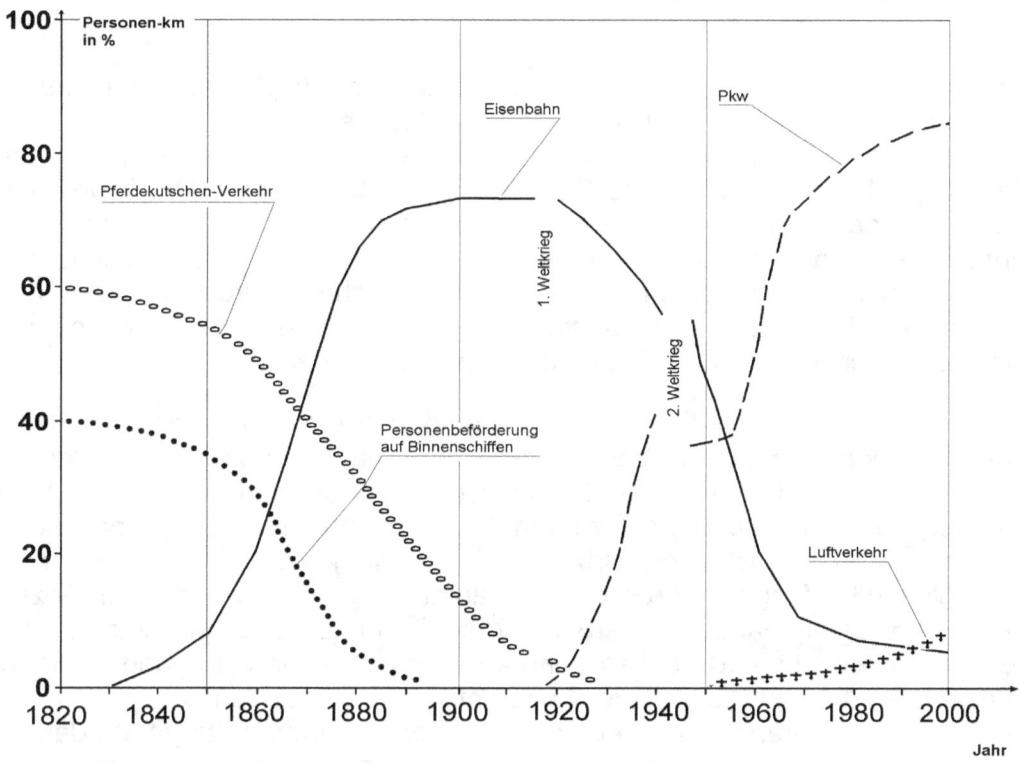

Diagramm 1: Entwicklung des Personenverkehrs in Deutschland

Von den beträchtlichen Aufwendungen des Staatshaushaltes entfielen auf den Schienenverkehr nur geringe Teile im Vergleich mit dem Kraft- und Luftverkehr. Warnungen militärischer Experten die Eisenbahn als das schnellste und leistungsfähigste Massentransportmittel nicht zu unterschätzen, blieben ohne durchschlagende Wirkung.

Gleich nach der „Machtergreifung" wurde dem bedrängten Unternehmen zudem zugemutet sich des Baus der Autobahnen anzunehmen. Mit dem Gesetz über die Errichtung der „Reichsautobahnen" vom 27. Juni 1933 erhielt die Deutsche Reichsbahn-Gesellschaft den Auftrag, ein Zweigunternehmen zu gründen „zum Bau und Betrieb eines leistungsfähigen Netzes von Kraftfahrbahnen". Der Reichsbahn blieb nicht anderes übrig als widerstrebend einzuwilligen. Den Straßenverkehr, den sie bisher durchgehend bekämpft hatte, musste sie nun fördern, weil der „Führer" es so wünschte.

Nun, mit der ihr eigenen Sachkenntnis und Zuverlässigkeit verwirklichte die Reichsbahn den ungeliebten Auftrag. Der im Spätsommer 1933 begonnene Autobahnbau beruhte auf der Konzeption der Berliner Avus-Strecke, einer Autostraße mit zwei von einander getrennten Fahrbahnen. Der Reichsbahn Generaldirektor Dorpmüller ließ es sich nicht nehmen, regelmäßig persönlich die zahlreichen Baustellen seines Tochterbetriebes im gesamten Reichsgebiet zu besuchen. Von den geplanten 14.000 Kilometer wurden bis Kriegsbeginn 3.300 Kilometer fertig gestellt.

Der tatkräftige Einsatz, um die Bedingungen der Kraftwagenkonkurrenz zu verbessern, brachten der Bahn nur Kosten und Belastungen. Gleich am Anfang gewährte die Bahn 50 Millionen Reichsmark dem Unternehmen „Reichsautobahnen" als Grundkapital. Das umfangreiche Baumaterial für das spektakuläre Propagandaunternehmen des „Dritten Reiches" wurde, während des gesamten Fertigungszeitraumes, lediglich zum Dienstguttarif transportiert. Der Ausfall von Frachteinnahmen war dementsprechend hoch. In den kommenden Jahren wurden weitere Finanzmittel von der Reichsbahn bereitgestellt. Insgesamt musste die Reichsbahn 3.089 Millionen Reichsmark für die Autobahnen aufbringen.

Am Ende des Zweiten Weltkrieges befanden sich die deutschen Eisenbahnen in einem verheerenden Zustand. Sie waren von den alliierten Luftstreitkräften intensiv bombardiert und auch im Bodenkampf schwer mitgenommen worden. Auf ihrem Rückzug hatte die Wehrmacht zudem Brücken und Eisenbahntunnel gesprengt. Letztlich waren die Schienen, Brücken, Signalanlagen und Fernmeldekabel in einem solchen Umfang zerstört oder beschädigt, dass die verschiedenen Bezirke der Bahn kaum untereinander in Verbindung bleiben und schon gar keinen effektiven Verkehr weiter aufrecht erhalten konnten. Das noch zur Verfügung stehende rollende Material, einschließlich der Lokomotiven, war völlig unzureichend. An eine weitere Elektrifizierung war vorerst nicht zu denken. Man hatte genug damit zutun die Schäden instand zu setzen, den Wagenpark sowie den Lokbestand zu ergänzen, um wenigsten die dringendsten Transportbedürfnisse jener Zeit zu befriedigen.

Erst ab den sechziger Jahren begann das elektrische Streckennetz wieder zu wachsen. Vermehrt wurde in den Ballungsräumen S-Bahn-Netze installiert. Diese S-Bahn-Verkehre haben sich gut bewährt und wurden über erwarten stark in Anspruch genommen. Sie bilden bis heute das Rückrat im Nahverkehr.

Seit 1973 entstanden zudem in der Bundesrepublik Deutschland nach und nach mehrere umfangreiche Streckenneubauten, nachdem zuvor längere Zeit kaum neue Bahnstrecken gebaut worden waren. Die neuen Fahrstrecken wurden für den Hochgeschwindigkeitsverkehr (bis 250 km/h) hergestellt und dienten zur Wettbewerbssteigerung im Personenfernverkehr. Sie ergänzten gleichzeitig das europäische Hochgeschwindigkeitsnetz. Natürlich wurden die S-Bahnen wie die Schnellfahrstrecken elektrisch betrieben. Ab der Wiedervereinigung 1989 wurden weiter Strecken elektrifiziert. Vor allem zwischen der ehemaligen DDR und der Bundesrepublik.

ICE auf der Schnellfahrstrecke zwischen Augsburg und München

Zur Jahrtausendwende waren 19.000 Strecken-Kilometer (52 % des gesamten Streckennetzes) für den elektrischen Betrieb ausgerüstet. Auf ihm wurden ca. 75 % des Personen- und Güterverkehrs abgewickelt.

Alles in Allem wurde die spurgebundene E-Mobilisierung eine Erfolgsgeschichte. Trotz Kapitalmangels und zweier Weltkriege hat sich der elektrische Betrieb aufgrund seiner Vorteile durchgesetzt. Die Mehrzahl der Schienenfahrzeuge hatte sich das schädliche Rauchen abgewöhnt. Gegenüber der Straße hat allerdings die Schiene den Vorteil der besseren Stromversorgung. Mit der Schleifleitung steht einer Ellok praktisch die Energie eines Kraftwerkes zur Verfügung. Ein Elektrofahrzeug auf der Schiene braucht keine Energievorräte mitschleppen, muss nie auftanken und kann schier unbegrenzte Strecken durchfahren. Die Energieversorgung während der Fahrt ist für Elektroautos derzeit noch das Hauptproblem. Die blanke Oberleitung mit 15.000 Volt Spannung ist aber auch ein Unfallkriterium. Man kann mit ihr relativ leicht in Berührung kommen (z. B. wenn man den Aufstieg auf einen Kesselwagen benutzt um an den Domdeckel zu kommen). Die Zahl der Eisenbahner und Zivilisten die durch die Fahrleitung umkamen heißt Legion.

Die spurgeführte Elektrotraktion hat dazu ein weiteres beachtliches Potential. Es stellt heutzutage keinen allzu großen Schritt mehr dar, den Fahrplan-Verkehr automatisch auszuführen. Zu jedem Fahrplanwechsel spielt man dann eine entsprechend geänderte Software in den Zentralcomputer ein – und der Zugverkehr läuft ohne „Menschenhand" allein. Die Schnellfahrstrecken sind bereits mit einem Linienleiter ausgerüstet, die Daten vom Stellwerk zur Lok übertragen (und umgekehrt). Dies war erforderlich, da das vorhandene Signalsystem, mit einem Vorsignalabstand von 1.000 m zum Hauptsignal, nicht mehr ausreiche, weil die Bremswege über 1.000 m betragen. Dem Lokführer wird im Schnellverkehr bis 10 km voraus angezeigt, ob ein Signal auf Halt steht oder eine Langsamfahrstelle zu erwarten ist. Er fährt gewissermaßen auf elektrische Sicht. Falls der Triebfahrzeugführer auf sein Anzeige-Tableau nicht entsprechend reagiert, erfolgt eine Zwangsbremsung. Diese Strecken könnten heute schon ohne Lokführer betrieben werden. Am Ende der E-Mobilisierung wird sicher auch der Autoverkehr zentral gesteuert. Der Aufwand dafür wird aber wesentlich größer als auf der Schiene sein.

Die Geschichte der Elektroantriebe
E-Mobilität seit über 100 Jahren

Der Elektroantrieb für Fahrzeuge ist keine Erfindung des 21. Jahrhunderts. Ende des 19. Jahrhunderts waren mehr Fahrzeuge mit Elektroantrieb ausgestattet als mit Verbrennungsmotor. Doch nicht der batteriegetriebene Elektromotor machte vorerst das Rennen, sondern der kleine leistungsfähige Benzinmotor. Gegenüber dem Elektroantrieb waren diese Motoren billiger, stärker und ihre Reichweite erheblich größer. Überall konnte schnell aufgetankt werden. Lange Aufladezeiten entfielen. Um Abgas und Lärm scherte sich damals noch niemand. Auch dachte man noch nicht ernstlich daran, dass man von Energievorräten zehrte, die irgendwann einmal aufgebraucht sein würden.

Mit dem Verbrennungsmotor begann die Massenmotorisierung. Irgendwann kam das Motorrad und am Ende aller Träume stand das vierrädrige Kraftfahrzeug. Autofahren wurde zum Maß aller Dinge - je schneller und je mehr PS, desto besser. Doch in unserer Zeit kommt ganz allmählich Besinnung in den Wachstums- und Wohlstandsrausch. Wenn jemand einen 20 Gramm schweren Brief mit seinem 100 kW-Auto zum Briefkasten fährt, so könnte der Vorgang mit einem Elektrofahrrad, bei gleichem Energieverbrauch, 60-mal durchgeführt werden. Damit hätte der Fahrer nicht nur einen Beitrag für eine saubere Umwelt geleistet, sondern nebenbei noch etwas für die Gesundheit getan.

Beim Elektroauto waren damals die Akkus das Problem schlechthin – und sie sind es bis heute geblieben. Akku-Kosten in der Größenordnung von 10.000 Euro, einer kurzen Lebensdauer und einem hohen Gewicht verhindern bisher den Durchbruch. Der Energieinhalt von einem Kilogramm Benzin oder Dieselöl beträgt etwa 12.000 Wh/kg. Ein moderner Li-Ion-Akku hat eine Energiedichte von 150 Wh/kg. Um die Energie von 1,36 Liter (= 1 kg) Benzin zu erhalten, müssten 80 kg an Akku-Gewicht mitgeführt werden. Um ein Äquivalent zu einem 50-Litertank (37 kg) zu erreichen, wären drei Tonnen an Akku-Gewicht mitzuschleppen. Beim Elektrofahrrad ist dieses Akku-Dilemma am ehesten tragbar.

Die Historie der Elektrofahrräder

Elektrofahrräder sind Vorreiter der kommenden Elektromobilität. An Fahrrädern lässt sich das Verkehrskonzept mit Elektrofahrzeugen am ehesten verwirklichen.

Ende des 19.Jahrhunderts kamen die ersten einsatzfähigen Verbrennungsmotoren auf dem Markt. Benzinmotoren wurden in allen Varianten als Zusatzantrieb ins Fahrrad eingebaut. Es gab sie als Vorder- oder Hinterradantrieb. Die Kraftübertragung erfolgte mittels Reibrad, Kette oder Kardanwelle. Sogar Versuche, die Dampfmaschine als Fahrradantrieb zu nutzen, fanden statt. Sieger aber wurde der batteriebetriebene Elektromotor, er hat alle anderen Antriebsarten abgelöst. Die Amerikaner wurden auf diesem Gebiet die Vorreiter.

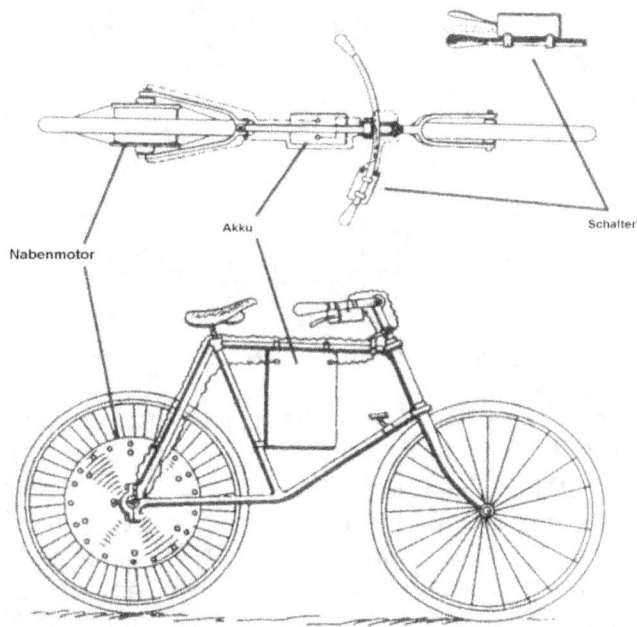

Bild 1: Erstes E-Bike aus dem Jahre 1895 von Odgen Bolton, USA

Am Ende des Jahres 1895 wurde für das erste Elektrofahrrad ein U.S.-Patent erteilt (**Bild 1**). Der Erfinder hieß *Odgen Bolton*. Aus heutiger Sicht betrachtet war dieser Radantrieb recht fortschrittlich. Er bestand aus einem getriebelosen 6-poligen Nabenmotor im Hinterrad. Dieser Antrieb war ein Gleichstrommotor mit Kommutator und Kohlebürsten. Der 10-Volt-Akku hing am Oberrohr zwischen Lenk- und Sitzrohr. Der Akku konnte 100 Ampere abgeben. Damit gab die Batterie eine Leistung von einem kW ab. Die Steuerung erfolgte über einen Schalter am Lenkrad, der über einen Griffhebel betätigt wurde. Der Elektromotor wurde damit je nach Bedarf ein- und ausgeschaltet. Eigentlich war dieses Gefährt kein Fahrrad, denn es fehlten die Pedale. Es war eher eine motorisierte Laufmaschine oder eine Kreuzung aus Fahrrad und Roller. Wenn auch das fortschrittliche Antriebskonzept für Jahrzehnte wieder in der Versenkung verschwand, so ist doch heute der Nabenmotor Standard im Elektrofahrrad. Er treibt unmittelbar das Rad an und ist daher vom Wirkungsgrad unübertroffen.

Am 28. Dezember 1897 wurde das nächste wegweisende E-Bike in Boston, USA, aus der Wiege gehoben. Der Erfinder, *Hosea W. Libbey*, baute in das Elektrofahrrad einen 5-poligen Gleichstrommotor in die Nabe des Tretlagers ein. Der Antrieb auf das Hinterrad erfolgte wie bei einer Dampflok über ein Gestänge (**Bild 1**).

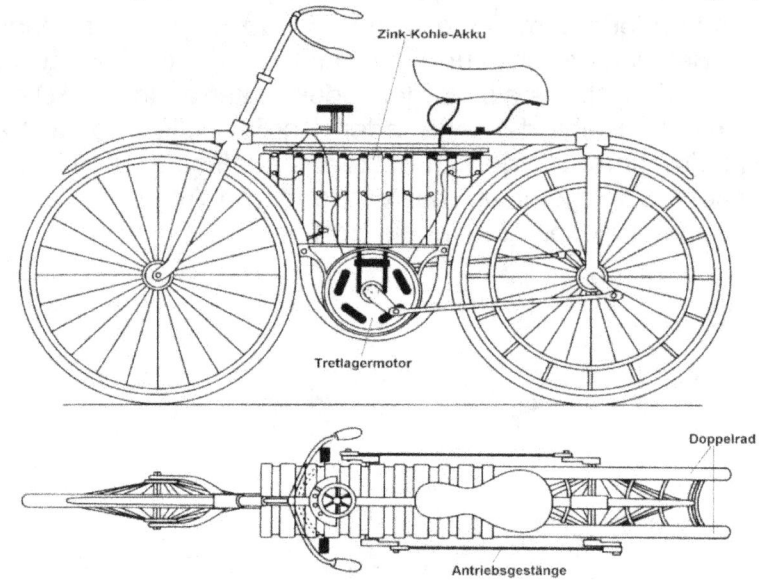

Bild 1: Erstes E-Bike mit Tretlagerantrieb, 1897 von Libbey, USA

Libbey ersetzte jedoch bald den Stangenantrieb durch einen Kettenantrieb. Die Besonderheit des Hinterrades lag darin, dass es aus zwei nahe beieinander liegenden Radreifen bestand, die über Speichen mit der Achse verbunden waren. Dieses Fahrradmuster mit Mittelantrieb ist der Vater vieler heutiger Pedelecs, deren Motor auf die Kette wirkt und die daher die Naben- oder die Kettenschaltung mit nutzen können. Auch die Steuerung des elektrischen Antriebes war nicht mehr so primitiv wie bei dem ersten Elektrofahrrad aus dem Jahre 1895.

Die Batterie bestand aus zwei Hälften. Die erste Hälfte wurde benutzt für relativ ebenes Gelände. Die zweite wurde bei Steigungen oder Schnellfahrten zugeschaltet. Die Schaltung erfolgte über ein Handrad vor dem Lenker mit Steuerstellungen 0-1-2. Manche der heutigen preisgünstigen Elektrofahrräder haben ebenfalls diese dreiteilige Steuerung: Aus – Ecomodus – Normalmodus. Unter dem Sattel befand sich ein Behälter mit destilliertem Wasser, aus dem der Akku nachgefüllt werden konnte. Die Bleiplatten des Akkus waren mit einem von Schwefelsäure durchtränkten Gewebe voneinander getrennt, so dass während des Fahrbetriebes keine Säure auslaufen konnte.

1898 gab es in Chicago ein Elektrofahrrad, bei dem das Hinterrad über einen Riemen angetrieben wurde (**Bild 1, Seite 145**). Der Erfinder, *Matthew J. Steffens*, hatte dabei die Idee, das Hinterrad gleich als Riemenscheibe mit zu verwenden. Der Radreifen hatte in der Mitte eine Nut, in der der Riemen lief. Dadurch wurde er auch auf rauem Gelände nicht abgeworfen.

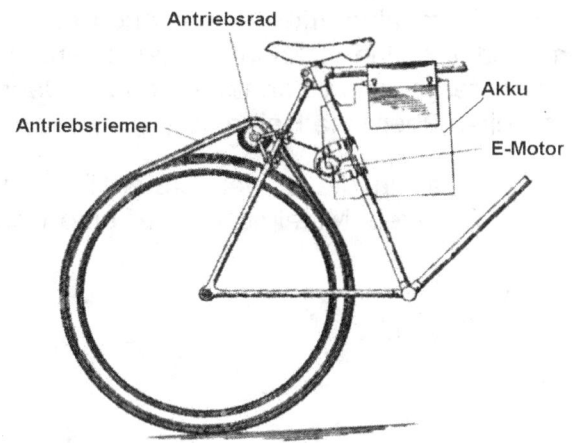

Bild 1: E-Rad von Steffens, 1898, USA. Der Antriebsriemen wirkt über den Umfang des Hinterrades.

Diese Anordnung ähnelte einem Keilriemenantrieb mit einer hohen Getriebeuntersetzung. Der am Sitzrohr angebrachte kleine und hochtourige Elektromotor trieb über eine Kette das Riemenrad an.

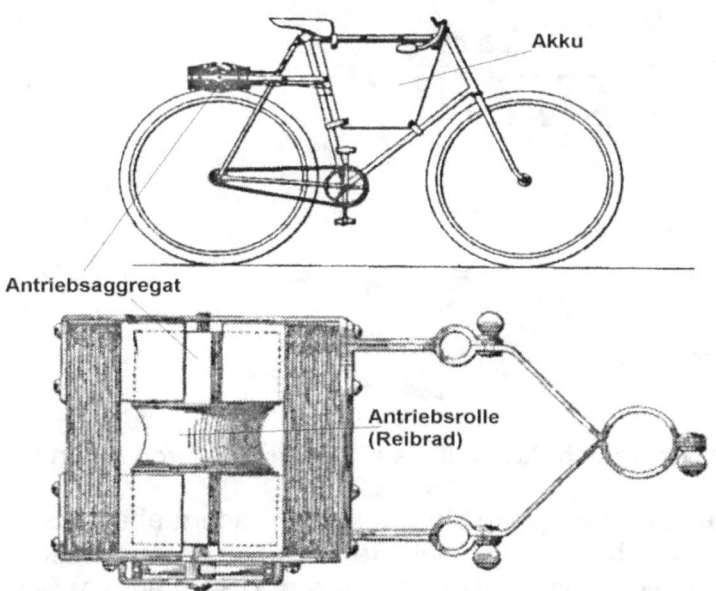

Bild 2: Reibrollenantrieb 1899 von Schnepf, USA

In New York wurde 1899 eine Antriebsart patentiert, die in der nachfolgenden Zeit vielerorts Schule machte, sich aber nicht durchsetzen konnte. Über eine Reibrolle wurde dabei der Reifen des Fahrrades direkt angetrieben. *John Schnepf*, der Erfinder, setzte das Antriebsaggregat auf das Hinterrad. Es bestand aus zwei Motoren, in dessen Mitte das Reibrad saß. Alle drei Antriebsteile waren über die Welle miteinander verbunden. Der Kompaktantrieb diente auch als Generator, der den Akku bei Gefällefahrten wieder aufladen konnte. Dieser einfache Reibradantrieb (**Bild 2, Seite 145**) wurde später in vielen Varianten gebaut. Dabei wurde entweder der Vorder- oder Hinterradreifen über eine Reibrolle angetrieben.

Durchgesetzt haben sich aber allein die beiden ersten Erfindungen: der direkte Antrieb über Nabenmotor oder mittels Mittelmotor über eine Kette auf das Hinterrad.

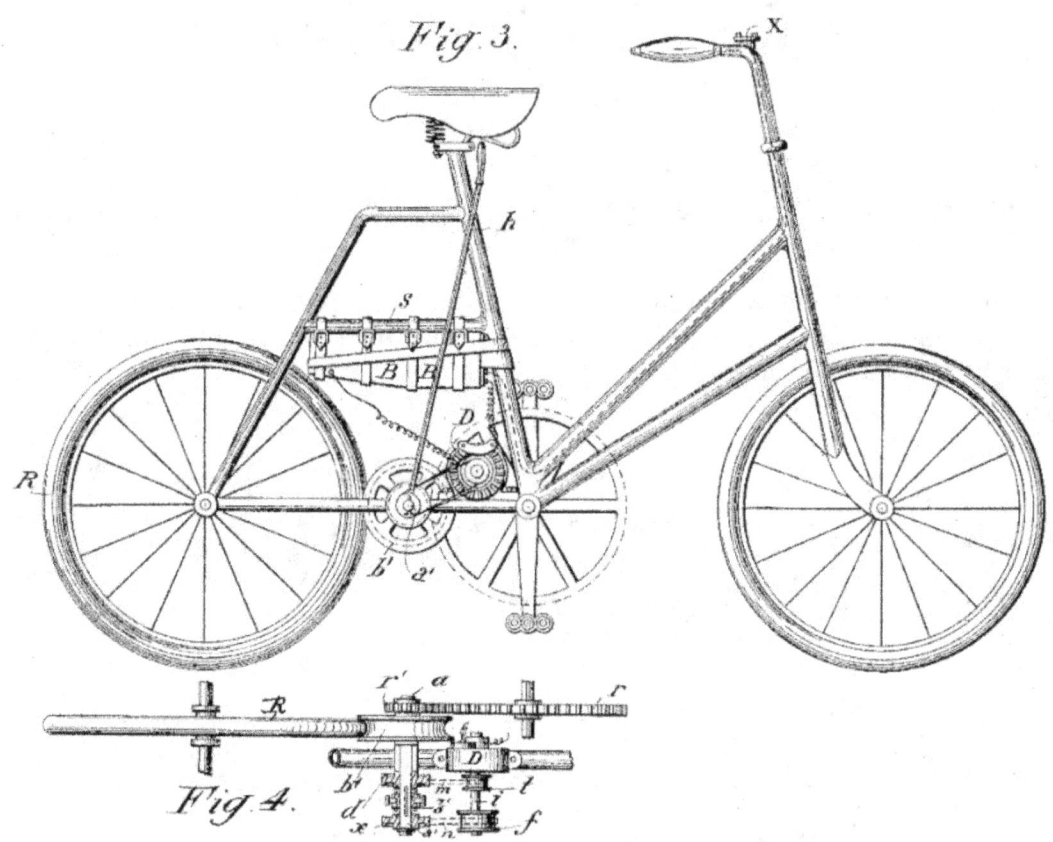

Bild 1: Reibradantrieb, 1899, aus Deutschland von Albert Hänsel

In Europa setzte die Entwicklung von Elektrofahrrädern ebenfalls um die Jahrhundertwende ein. Im Februar 1899 meldete der deutsche Ingenieur **Albert Hänsel** ein so filigranes wie revolutionäres Konzept zum US-Patent an: Sein Rad (hier das Damenmodell, Bild 1) kam angeblich mit kleinem Akku aus, weil der bei Abwärtsfahrten wieder aufgeladen wurde - Hänsel erfand also parallel zu *John Schnepf* das Prinzip der Kraftrückgewinnung. Groß war die Reichweite dennoch nicht.

Selbst E-Tandems wurden in dieser Zeit bereits entwickelt und vertrieben (**Bild 1, Seite 147**). Das abgebildete Gefährt wurde von der **britischen Firma Humber** von 1897 bis 1904 in Serie gefertigt. Das Vehikel besaß einen Mittelmotor, der das

Kettenblatt am zweiten Tretlager mit antrieb. Das Bild (mit zwei französischen Radrennfahrern) stammt ursprünglich aus einer Anzeige für die Stanley Show, die 1878 als Fahrradmesse begann, 1905 zur Autoshow umgewidmet und bis 1919 jährlich veranstaltet wurde.

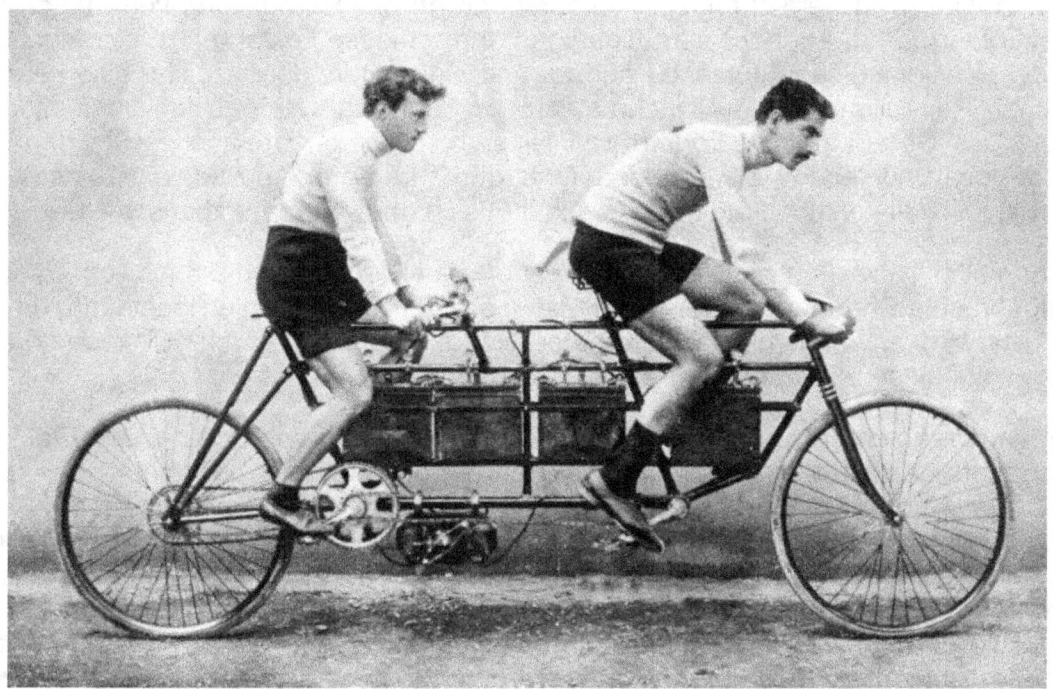

Bild 1: E-Tandem 1900, von der britischen Firma Humber

1932 wurde von der Firma Philips ein Elektrofahrrad entwickelt, das wegweisend wurde. Es hatte ebenfalls einen Mittelmotor, der seine Kraft über eine Kette auf das Hinterrad übertrug. Der Bleiakku saß tief hinter dem Vorderrad und verlagerte dadurch den Schwerpunkt fahrgünstig nach unten (**Bild 1**).

Bild 1: E-Bike von der Firma Philips, 1932

Etwa um die gleiche Zeit wurde in Deutschland auch das bereits bekannte Konzept des elektrischen Radnabenmotors am Fahrrad übernommen.

In den 80er Jahren - vielleicht mit verursacht von zwei Ölkrisen - arbeitete man weitab vom noch herrschenden Verkehrstrend an der Entwicklung von modernen Elektrofahrrädern. Auf der Internationalen Fahrradmesse im Jahre 1982 präsentierte der traditionsreiche deutsche Fahrrad- und Mopedhersteller Kreidler einen elektrischen Reibrollenmotor als Nachrüstsatz für Fahrräder. Bergab funktionierte der Motor als Generator und konnte den NiCd-Akku wieder aufladen. Kurz danach wurde das Pedelec-Prinzip erfunden. D. h. durch treten in die Pedale wird der Motor eingeschaltet. Ruhen die Pedale, schaltet sich der Motor automatisch ab.

In den 90er Jahren entwickelten die Japaner eine Steuerung, die dass vom Fahrer aufgebrachte Drehmoment verwendet. Je mehr der Fahrer in die Pedale tritt, umso stärker wird er durch den Elektromotor unterstützt. Der Japaner *Takada Yutka* erhielt auf diese Erfindung ein Patent.

Mit der Drehmomentsteuerung wurde der eigentliche Durchbruch bei den Elektrofahrrädern geschafft. Bisher musste der Fahrer noch einen Gasgriff betätigen - nun reichte es in die Pedale zu treten. 1993/94 entwickelte die japanische Firma Yamaha einen anwendungsreifen Antrieb mit Pedalsteuerung (PAS = Power Assist System). Das PAS-Fahrrad verkaufte sich gut: 300.000-mal bis 1997. Man musste lediglich wie beim normalen Fahrrad losfahren - nur das es sich anfühlte, als hätte man die durchtrainierten Beinmuskeln eines Leistungssportlers. Dazu kam noch ein juristischer Effekt: Die Firma Yamaha erreichte, dass die japanische Gesetzgebung das PAS-Rad dem gewöhnlichen Fahrrad gleichstellte. Der Gesetzgeber machte aber folgende Einschränkungen:

Der Elektromotor darf nicht mehr als 250 Watt Dauerleistung bringen und muss spätestens bei 25 km/h abschalten. Die Unterstützung der Pedalkraft darf maximal 1:1 betragen. Diese Regelung wurde später von den EU-Ländern übernommen – mit dem Unterschied, dass die Muskelkraft mit einem größeren Faktor als 1:1 verstärkt werden darf, und dass ein Bewegungssensor genügt, um die Pedalbewegung festzustellen.

Bild 1, Seite 149, zeigt Typen heutiger Elektrofahrräder.

1. Pedelec mit Nabenmotor im Hinterrad und Kettenschaltung. Eine Nabenschaltung zu einem derartigen Antrieb ist zurzeit (2016) auf dem Markt kaum erhältlich.

2. Elektrofahrrad mit Vorderrad-Nabenmotor. Diese Anordnung ist die einfachste und häufigste Antriebsart. Alle Schaltungsarten und Bremssysteme sind möglich.

3. Elektrofahrrad mit Tretlager-Antrieb (auf Prüfstand). Dieser Antrieb erlaubt die Verwendung sowohl einer Nabenschaltung, als auch einer Kettenschaltung.

4. Elektrofahrrad mit Mittelmotor, der ein gesondertes Kettenblatt auf der Tretkurbelwelle antreibt. Diese Version benötigt keine spezielle Rahmenkonstruktion und kann in fast allen Fahrrädern eingebaut werden. Die Schaltung kann weiter verwendet werden.

Die vier abgebildeten Antriebsarten sind Stand der Technik. Auf den Bildern sind sie in konventionellen Fahrrädern eingebaut. Sie werden aber auch in Liegerädern, Dreirädern, Mountainbikes, Tandems, Transporträdern und Falträdern verwendet.

Pedelec mit Nabenmotor im Hinterrad und Kettenschaltung

Pedelec mit Vorderrad-Nabenmotor

Elektrofahrrad mit Tretlagerantrieb auf dem Prüfstand der Technischen Hochschule in Bern

Elektrofahrrad mit Mittelmotor, der ein Kettenrad auf der Pedalwelle antreibt

Bild 1: Typen von Pedelecs

Elektroroller und Leicht-Elektro-Fahrzeuge (LEV)

Ein naher Verwandter der Elektrofahrräder ist der Elektroroller oder Elektro-Scooter. Dieses Fahrzeug hat zwei Räder aber keine Pedale über die humane Kraft eingebracht werden kann. Die Weltproduktion von Elektrorollern war bis jetzt geringer als die von Elektrofahrrädern. Doch die Zahl der hergestellten Roller wächst stark – bis zu 47% pro Jahr. In den USA haben E-Scooter größere Popularität als E-Räder.

Geringe Umweltbelastung und wenig Energieverbrauch machen den E-Roller zu einem geeigneten Zukunftsfahrzeug.

Mit 45 km/h kann der Elektroroller im Stadtverkehr mithalten. Man darf ihn fast überall parken und ist nicht auf spezielle oder kostenpflichtige Parkplätze angewiesen. Mit ihm macht das individuelle Fahren in der Stadt wieder Spaß. Dazu ist er leise und verursacht keine direkten Emissionen.

Für den Aufbau von Elektrorollern gibt es zwei grundsätzliche Ansätze. Entweder wird der Roller um das Batterie- und Antriebskonzept gebaut. Alles ist maßgeschneidert auf die Anforderungen des Elektrofahrzeuges. Der Aufwand ist jedoch hoch und so ist diese Variante noch selten zu finden. Oder es wird ein Motorroller für Verbrennungsmotor auf elektrischen Antrieb umgerüstet. Der Hersteller erwirbt den Rohbau ohne Verbrennungsmotor und rüstet ihn auf E-Antrieb um. Dieses Verfahren ist weit verbreitet, da es viele Vorteile bietet. Konstruktionsarbeit wird gespart, wenn auf ein bewährtes Grundkonzept zurückgegriffen wird. Dazu ist es kostengünstig wenn Teile von Großserien verwendet werden.

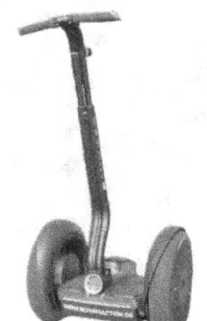

Segway

Ein neues Produkt ist der Segway, ein elektromechanisch stabilisierter Roller. Der Fahrer steht aufrecht auf einer Plattform zwischen zwei Rädern. Jedes der Räder ist angetrieben durch einen Elektromotor. Der Fahrer beschleunigt das Gefährt durch lehnen nach vorne. Lehnt er sich zurück bremst der Segway. Die Geschwindigkeit nach vorn und rückwärts wird durch den Grad der Gewichtsverlagerung in die jeweilige Richtung geregelt. Die Funktionsweise entspricht dem aufrechten Gang, bei dem sich der Schwerpunkt des Körpers stets über der Auflagefläche der Füße befindet. Der Segway ist deshalb intuitiv zu bedienen. In die Kurve geht es durch schwenken der Lenksäule nach rechts oder links. Der Segway kann sich dabei auch auf der Stelle drehen. Das eine Rad läuft dann vorwärts, das andere rückwärts.

Die ursprüngliche Fahrzeugversion (eine Art von Rollstuhl) wurde für Behinderte entwickelt, um sie anzuheben, durch Räume zu fahren und dabei auch Treppen zu überwinden. Der heutige Segway wird hauptsächlich für Spaß- und Sportzwecke benutzt. Er ist relativ teuer (ca. 8.000 Euro). Die Konstruktion mit den nebeneinander liegenden Rädern verlangt ein komplexes Stabilisierungssystem (elektronisches Kreiselsystem). Im Gegensatz dazu ist ein Fahrrad mit hintereinander liegenden Rädern wesentlich bequemer auszubalancieren. Die Kreiselwirkung der Räder stabilisieren das Fahrzeug von alleine. Dafür bleibt der Segway auch bei geringen Geschwindigkeiten und selbst im Stand noch kippsicher. Ein Segway wiegt in der Regel etwa 50 kg. Seine Höchstgeschwindigkeit beträgt 20 km/h und seine Reichweite ca. 30 km.

Sonstige Leicht-Elektro-Fahrzeuge (LEV)

Unter LEV (Light Electric Vehicle) werden international alle ein- oder mehrspurige Leichtfahrzeuge bis zu einem Gewicht von 250 kg zusammengefasst, die über einen Elektroantrieb verfügen. Hierzu gehören Pedelecs, E-Bikes, E-Roller aller Art, E-Cross Maschinen, Elektro-Rollstühle, Fahrzeuge wie der Segway, sowie Roboter, Arbeitsmaschinen und Sportgeräte.

Wer schon einmal eine Radreise gemacht hat, kennt die Einschränkungen die in Kauf zu nehmen sind. Nur das Notwendigste darf mitgenommen werden, ein wirksamer Regenschutz fehlt. In Winter wünscht man sich Schutz vor dem kalten Wind, vor allem bei rasanten Bergabfahrten. Das Auto bietet all die fehlenden Annehmlichkeiten. Was liegt näher, als beide Gefährte miteinander zu vereinen und ein „Fahrradmobil" zu bauen, welches einen Wetterschutz bietet, mit Muskel- und Elektrokraft angetrieben wird und dazu möglichst wenig wiegt. Versuche, derartige Gefährte zu realisieren, sind schon viele unternommen worden.

Bild 1: Cab-Bike von Reinhold Schwemmer und German Eslava (Foto: Vrielink)

Auf der Eurobike 1996 wurden bereits zwei Kabinen-Bikes (Cab-Bike) vorgestellt. Das dreirädrige Cab-Bike (**Bild 1**) basiert auf einer Faserkunststoff-Karosserie. Als Antrieb dient ein Nabenmotor von Sanyo, womit das Fahrzeug auf eine Reichweite von rund 100 km pro Batterieladung kommt. In der Ebene, bei einer Geschwindigkeit von ca. 20 km/h, lässt sich das Gefährt leicht mit Muskelkraft fahren. In Beschleunigungsphasen und an Steigungen hilft der Motor.

Bei den LEV-Fahrzeugen zeigt sich, dass von der elektrischen Ausrüstung her gesehen, die gleichen Technologien vorliegen wie beim Elektrofahrrad: Akku, Elektroantrieb und Steuerung – nur in verschiedenen Varianten.

Bei Fahrzeugrahmen, Karosserie und Mechanik verhält es sich anders. Für diese speziellen LEV-Fahrzeuge sind eine Reihe neuer Komponenten notwendig. So werden beispielsweise Reifen benötigt, die die beim Fahrrad nicht auftretenden Seitenkräfte in den Kurven aushalten, oder Steckachsen für die einseitige Aufhängung der Räder. Das ganze Gebilde sollte dabei möglichst wenig wiegen. Es wird extremer Leichtbau gefordert. Auch wenn es für das E-Rad bereits geeignete Batterien gibt, so werden doch für Cab-Bikes und manch andere LEVs größere Streckenleistungen verlangt, die nur mit noch leistungsfähigeren Akkus zu bewerkstelligen sind. Hier beginnt eine zum Teil noch im Verborgenen wachsende Entwicklung, die im Verkehrsgeschehen der Zukunft eine wichtige Rolle übernehmen wird. Sicher nicht nur aus Freude am kreativen Schaffen, sondern auch aus ökologischer Vernunft, um ein Signal für die Zukunftstechnologien im Verkehr zu setzen.

E-Cab-Scooter: Bei Stillstand wird automatisch ein Ständer ausgefahren, so dass beispielsweise bei Stopps vor Ampeln, das Vehikel nicht umkippt.

Elektro-Kraftfahrzeuge

Der Beginn des 21. Jahrhundert steht unter dem Zeichen der Energiewende. In ihrem Gefolge werden auch die Entwicklung von Elektrofahrzeugen sowie die erforderliche Anpassung der Infrastruktur vorangetrieben. Jeder große Autobauer hat heute mindesten ein Elektroauto im Programm. Sieht man von den bereits weit verbreiteten Elektrofahrrädern und Elektrorollern ab, handelt es sich meist um Prototypen oder Baureihen die in geringen Stückzahlen gefertigt werden. Anfang 2014 betrug in Deutschlands die Elektroflotte etwa 10-tausend Fahrzeuge. Die Zahl der Elektro-Fahrräder ist dagegen auf 1,6 Millionen angewachsen.

Bild 1: Das Electric Tricycle von Gustave Trouvé fuhr ab 1882 durch Paris.

Bereits 1832 soll es erste Experimente mit "elektrischen Karren" gegeben haben. Aber noch scheiterte elektrische Mobilität daran, dass alle Batterien Einweg-Energiespeicher waren – der Einsatz ließ sich betriebswirtschaftlich nicht vertreten. Der Durchbruch kündigte sich 1854 an, als Wilhelm Josef Sinsteden eine brauchbare wieder aufladbare Batterie erfand - den Blei-Akku, wie wir ihn heute noch als Autobatterie kennen. Diese Batterien boten 1881 bereits genügend Kapazität für Stadtfahrten. Gustave Trouvé beispielsweise baute ein Tricycle zum E-Fahrzeug (Bild 1) um und summte damit, vier Jahre vor der Erfindung des ersten Benzinmotorwagens, vielbeachtet durch Paris. Fast zeitgleich begann die Elektrifizierung der großen Städte. Sogleich kam es zu einer regelrechten Welle von Patentanmeldungen für alle möglichen elektrischen Vehikel: Straßenbahnen (erster Linienverkehr: 1881), Oberleitungsbusse (1882 von Werner Siemens erfunden), E-Autos (1888; ab 1900 vor allem als E-Taxis populär), U-Bahnen (1890) - und immer wieder Drei- und Zweiräder.

Als gegen Ende des 19. Jahrhunderts immer mehr Automobile die Städte und Landstraßen zu bevölkern begannen, war keineswegs klar, ob der Verbrennungsmotor das Rennen machen würde. Der Elektromotorantrieb war einfach in der Konstruktion, robust, lautlos und abgasfrei. Einer der Vorreiter beim Bau der ersten Elektroautos war die amerikanische Firma Columbia. Sie hatte bereits 1887 mit dem Bau elektrisch angetriebener Automobile begonnen.

Der Wagen im **Bild 1** wurde von der Firma Columbia gebaut und von der Millionärsfamilie Rockefeller erworben. Angetrieben wurde er von einem Elektromotor. Die Bleibatterie hatte eine Spannung von 60 Volt und konnte 50 Ampere abgeben. Dies entspricht einer Leistung von 3 kW (ca. 4 PS). Um die Reichweite von 50 km weiter zu erhöhen, wurde später ein Dach mit fünf Solarzellen installiert. Bei voller Sonneneinstrahlung erzeugt jedes dieser Module eine Leistung von 75 Watt bei einer Spannung von 34 Volt. Die Kraftübertragung erfolgte über ein Differentialgetriebe auf die Hinterräder. Der Fahrer konnte zwischen zwei Vorwärtsgeschwindigkeiten und einen Rückwärtsgang wählen. Die Vorderräder waren mit pneumatischen Stoßdämpfern versehen.

Bild 1: Columbia-Elektroauto mit Solardach, Baujahr 1904

Bild 2: Semper Vivus (Lohner Porsche), Baujahr 1899

Um fast um die gleiche Zeit, nämlich 1899, konstruierte Ferdinand Porsche für die österreichische Wagenfabrik Ludwig Lohner & Co. ebenfalls Elektroautos. Der

Semper Vivus (= stets lebendig), **Bild 2, Seite 154**, wurde auf der Pariser Weltausstellung im Jahre 1900 präsentiert. Die Vorderräder wurden dabei durch Nabenmotoren angetrieben. Ein Fachblatt lobte die Konstruktion so: „Die epochemachende Neuheit besteht in der gänzlichen Beseitigung aller Zwischenelemente wie Zahnräder, Riemen, Ketten, Differentiale etc., kurz, in der Herstellung des allerersten bisher existierenden transmissionslosen Wagens." Dieser Wagen hatte eine für damals beachtliche Höchstgeschwindigkeit von 50 km/h und erreichte mit einer 410 kg schweren Bleibatterie eine Reichweite von rund 50 km. Drei Jahre später entwickelte Porsche sogar ein Hybridauto, bei dem der Strom für den Antrieb von einem kleinen Generator mit Benzinmotor erzeugt wurde. Ludwig Lohner der im Jahr 1897 das Werk von seinem Vater Jakob Lohner übernommen hatte, begründete den Bau von Elektrofahrzeugen damit, dass die Luft von dem *„in großer Anzahl auftretenden Benzinmotoren erbarmungslos verdorben würde"*. Das Ende der Ära „Lohner-Porsche" kam im Jahr 1906. Die schweren Batterien hatten keine große Reichweite. Dazu waren die Elektroautos im Vergleich zu Verbrennungsfahrzeugen viel teurer, so dass sich nur wohlhabende Menschen ein Batterieauto leisten konnten. Insgesamt wurden nur 300 Elektrofahrzeuge hergestellt. Die Zeit der Akku-Fahrzeuge ging erst einmal zu Ende. Sie konnten sich gegenüber dem Verbrennungsmotor nicht durchsetzen.

Die „Abgas-Technologie" feierte ihre Erfolge und Triumphe auf dem Land, dem Wasser und in der Luft. Ein ungeheueres Heer an Verkehrsmitteln und Militärgerät wurde, je länger je mehr, durch ausgebeutete Ölvorkommen auf der Planetenoberfläche bewegt. Rasant verbraucht diese Antriebstechnik die in der Erde gespeicherten Vorräte, beeinträchtigt die Luftqualität und verändert das Klima. Sie bereitet sich selbst ihr Ende.

Bild 1: 1967: Studie eines Elektroautos – der AMC Amitron

In den 60er Jahren machte man mit sich bereits Gedanken über die verkehrliche Zukunft. 1967 wurde z. B. der Prototyp eines leichten Elektroautos vorgestellt – der AMC Amitron (**Bild 1, Seite 155**) war bereits ein Vorbote der kommenden E-Mobilität.

Das Fahrzeug verfügte über einen Elektromotor, der aus insgesamt vier Batterien Energie bezieht. Darunter zwei Nickel-Cadium-Akkus und zwei Lithium-Nickel-Akkus mit einem Gesamtgewicht von 91 Kilogramm. Die Energiekapazität in diesen Speichern reichte aus um den Wagen knapp 250 Kilometer weit zu bewegen – mit maximal 80 km/h. Das Auto konnte dazu Bremsenergie zurückgewinnen. D. h. beim Bremsen und Bergabfahrten wurden mit der überschüssigen kinetischen Energie die Akkus aufgeladen. Der AMC Amitron hatte vor etwa 50 Jahren schon all das, was nach heutiger Vorstellung ein Elektroauto haben sollte: Eine ordentliche Reichweite, ein geringes Gewicht (500 kg) und eine flotte Optik. Nach der Vorstellung der Studie in einem Hotel in Detroit arbeitete man an der Serienumsetzung des Projektes, das vom US-Magazin „Time" als „Voltswagon" gefeiert wurde. Doch die Akkutechnik war viel zu teuer. Die weitere Entwicklung wurde gestoppt.

Die Jahrtausendwende hatte keine wesentliche Änderung in der elektrischen Antriebstechnologie selbst zu verzeichnen. Die Einstellung zur Energieerzeugung und Mobilität hat sich aber geändert. Zu sehr sind ins allgemeine Bewusstsein die Begrenztheit der fossilen Energieträger und ihre Umweltbeeinträchtigung getreten. Von der EU, der Politik und den Kommunen wird die E-Mobilität in allen Bereiche gefördert. Parallel dazu vollzieht sich ein Wandel bei der elektrischen Energieherstellung (Kraftwerkstechnik). Es erfolgt eine Umstellung auf erneuerbare Energien.

Bild 1: Elektro-Smart   **Bild 2: Mercedes SLS-E, 750 PS**

Unter dem Druck des gesteigerten Umweltbewusstseins und der Politik entwickeln Autokonzerne, aber auch Werkstättenbastler, Elektroautos. Bei den Großfirmen erfolgt dies neben ihrer üblichen Produktpalette, denn nach wie vor sind die PS-starken Fahrzeuge der „Prestige-Klassen" gefragt.

Der in **Bild 1, Seite 156**, dargestellte Elektro-Smart ist schon häufig in den Großstädten zu sehen. Er wird gern von Autoverleihfirmen angeboten. Mit einem ausgeklügelten Verleihsystem über Smart-Phons gehört er als Mietwagen in bestimmten örtlichen Bereichen bereits zum Alltag. Dagegen ist der Mercedes-Sportwagen (**Bild 2, Seite 156**) zwar ein reinrassiges Elektrofahrzeug, bis Ende 2014 existierte jedoch nur ein Prototyp davon.

Der Golf ist das meist verkaufte Auto von VW. Ihn gibt es seit 2014 auch in einer rein elektrisch betriebenen Version – den e-Golf (**Bild 1-3**). Der Akku-Golf behält sein gewohnt biederes Aussehen. Keine Experimente lautet die Botschaft. Die Antriebsleistung beträgt 115 PS. Im Eco-Modus ist man mit 95 PS unterwegs und im Eco-Plus-Modi wird der Wagen auf 75 PS gedrosselt. Wichtig ist die Reichweitenanzeige am Armaturenbrett, sodass man umkehren kann, bevor „the point of no return" erreicht ist, denn Elektro-Tankstellen sind noch keineswegs überall anzutreffen.

Bild 1-3: Der Elektro-Golf von VW

Für den Aufbau von Elektroautos gibt es grundsätzliche zwei Ansätze. **Entweder** verwendet man ein vorhandenes Auto und ersetzt den Verbrennungsmotor durch einen Elektroantrieb. Dieses Verfahren ist weit verbreitet, da es viele Vorteile bietet und Entwicklungs- wie Konstruktionsarbeit spart. Dazu ist es risikoärmer, wenn auf ein bewährtes Grundkonzept zurückgegriffen und Teile von Großserien verwendet werden. **Oder** man baut ein maßgeschneidertes Elektrofahrzeug. Alles an diesem Mobil ist auf die Anforderungen des elektrischen Betriebes ausgerichtet. Der Aufwand ist dabei sehr hoch und das Schreckgespenst des finanziellen Scheiterns steht am Horizont. Diese Variante ist daher noch selten zu finden.

Die Firma BMW aber hat es dennoch gewagt. Der BMW i3 (**Bild 1**) ist ein maßgeschneidertes Elektroauto. Die Entwicklungskosten betrugen drei Milliarden Euro. Die Serienproduktion begann im September 2013 im BMW-Werk Leipzig. Der Verkauf startete in Deutschland im November 2013. Der BMW i3 ist das erste Großserienfahrzeug mit einer Fahrgastzelle aus kohlefaserverstärktem Kunststoff (CFK). Das Fahrgestell ist aus Aluminium. Diese Werkstoffkombination verringert das Gewicht der Karosserie gegenüber einer Ganzstahlkarosserie, so dass das Gesamtgewicht, trotz der schweren Traktionsbatterie, auf das Niveau ähnlicher Fahrzeuge mit Verbrennungsmotor kommt. Als Antrieb dient ein Elektromotor mit 125 kW (170 PS). Die Reichweite im genormten Fahrzyklus beträgt 190 km. Optional ist zur Erhöhung der Reichweite ein mit Benzin betriebener Range Extender mit 25 kW verfügbar.

Bild 1: Elektroauto BMW i3, mit einer Karoserie aus kohlenfaserverstärkten Kunststoff

Als Traktionsbatterie dient ein Lithium-Ionen-Akku mit einer Nennspannung von 360 Volt und einem Energiegehalt von 21,6 kWh. Der Akku wiegt ca. 200 kg und ist im Fahrzeugboden unter den Passagieren eingebaut. Um die technischen Daten besser vorstellbar zu machen, seien noch folgende theoretischen Erläuterungen hinzugefügt. Würde man dem Fahrzeug eine konstante Leistung von 21,6 kW abfordern, wäre der Akku nach einer Stunde leer (Reichweite ca. 80 km). Holt man ständig die max. Leistung aus dem BMW i3 heraus (125 kW) dann ist nach 10 Minuten der Energievorrat verbraucht (Reichweite ca. 25 km).

Der Elektromotor zum Antrieb wurde von BMW selbst entwickelt und wiegt etwa 50 kg. Er ist oberhalb der Hinterachse eingebaut und treibt über eine einstufige Getriebeuntersetzung die Hinterräder an. Es handelt sich um einen Hybrid-Synchronmotor mit einem maximalen Drehmoment von 250 Nm. Das Wort „Hybrid" sagt, dass es sich um einen Elektromotor handelt, der in sich zwei Motorarten vereinigt – einen Asynchron- wie einen Synchronmotor. Diese Motorenart läuft als Asynchronmotor an und arbeitet dann als Synchronmotor. Bei Überlastung läuft er asynchron. Im Synchronbetrieb arbeitet der Motor mit einem hohen Wirkungsgrad (über 90 %). Der Rotor ist mit Dauermagneten bestückt, so dass er keinen Bürsten-Kommutator benötigt. Die Antriebsbatterie liefert natürlich keinen Drehstrom, so dass ein Gleichstromumwandler dazwischen geschaltet werden muss. Dieser Drehstromsteller und Frequenzumrichter formt den Gleichstrom in Drehstrom und variiert dazu je nach Bedarf die Frequenz und die Spannung (bzw. den Strom). Mit diesem Umwandler werden die Geschwindigkeit und das Drehmoment des E-Autos gesteuert.

In Schienenfahrzeugen werden schon seit über 30 Jahre Motoren mit Frequenzumrichtersteuerung eingebaut. Ein schwerer Güterzug kann damit in einer Steigung anfahren ohne ein Schaltgetriebe zu benötigen. Der BMW i3 hat demzufolge auch kein Schaltgetriebe an Bord. Im BMW i3 kommt man sich vor wie Alice im Wunderland, schließlich ist das Fahrgefühl nicht von dieser Welt – sondern von der kommenden. Flüsterleise und gespenstisch kommt der i3 auf Touren und lässt andere Kleinwagen hinter sich. Dabei liegt er aufgrund seines tiefen Schwerpunktes satt auf der Straße. Nimmt man den Fuß vom „Gas", beginnt die Rekuperation. Der E-Motor wird zum Generator umgepolt, der dann denn Akku lädt. Durch die dosierbare Energierückgewinnung wird die mechanische Bremse fast überflüssig.

Der BMW i3 hat nur einen E-Motor, mit dem er die Hinterachse antreibt. Ein Elektroauto bietet aber mehr Möglichkeiten. Prinzipiell lässt sich jedes Rad mit einem Elektromotor separat antreiben. Dadurch entsteht auf einfache Weise ein Allradfahrzeug. Dies bietet mehr Steuerungsmöglichkeiten als bei herkömmlichen Fahrzeugen.

Bild 1: Nabenmotor für Kraftfahrzeuge. Rechts, eingebaut in ein Kraftfahrzeug.

Man könnte z. B. das E-Mobil wie einen Panzer auf der Stelle drehen lassen (z. B. beim Ausparken), indem zwei Räder in die eine und die anderen in die Gegenrichtung drehen. Ein Schleuderschutz ist automatisch inbegriffen. Bei Synchronmotoren dreht auch bei Glatteis kein Rad durch.

Noch einfachere konstruktive Lösungen ermöglichen Nabenmotoren (**Bild 1, Seite 159**). Diese sparen erheblich Platz, Gewicht und verbessern den Wirkungsgrad. Schon Anfang des letzten Jahrhunderts hat Ferdinand Porsche Mobile mit Nabenmotoren gebaut. Das Fahrzeug bleibt dabei frei von Motor, Getriebe, Kardanwellen usw. und hat mehr Raum für die Nutzlast. Dort wo einst der Tank war, sitzt dann der Akku. Abgesehen von der elektrischen Steuerungseinheit ist damit die Antriebstechnik effizient und unauffällig untergebracht.

Sonstige E-Mobile

Bild 1: Der Start in die E-Mobilität. Fahrrad und Flugzeug mit Elektroantrieb.

Bild 1 zeigt, dass auch Fliegen mit Akkus möglich ist. Modellflieger haben dies schon seit Jahrzehnten vorgemacht. Abgebildet ist ein Solarflugzeug, dessen Batterien durch Solarzellen (die sich auf den Flügeloberseiten befinden) aufgeladen werden - hauptsächlich in den langen Zeiten wo es auf dem Flugplatz in der Sonne steht.

Im Bereich der **Schienenfahrzeuge** wurden bereits 1887 die ersten Akku-Triebwagen in den Dienst gestellt - hauptsächlich für den Betrieb auf Nebenstrecken. Die Reichweite der Batteriewagen lag mit einer Batterieladung zwischen 300 bis 600 km. Auch Akku-Lokomotiven wurden gebaut, die meist im Bergbau, bei U-

Bahnen und im Rangierdienst eingesetzt wurden. Diese spurgeführten Fahrzeuge wurden ausschließlich mit Bleiakkus betrieben. Das Gewicht der schweren Akkus spielte bei Schienenfahrzeugen keine entscheidende Rolle.

Im **Schiffsverkehr** wurden ebenfalls schon Ende des 19. Jahrhunderts Akku-Schiffe eingesetzt. Heute ist im Wasserbereich der Batterieantrieb nur noch in Booten zu finden (U-Booten und Vergnügungsbooten).

In **Flurförderzeugen** (Gabelstapler, Elektroschlepper und Elektrokarren) wird der Batterieantrieb vorherrschend eingesetzt. Bis heute werden in diesem Sektor meist noch Blei-Akkus verwendet.

Behindertenfahrzeuge, wie z. B. E-Rollstühle, bedienen sich ebenfalls der modernen E- Technik. Steuerung, Akku, und Motoren entsprechend weitgehend der in E-Zweirädern eingesetzten Technologie.

Fazit: Der Batterieantrieb ist nicht neues. Bereits um die Jahrhundertwende (vom 19. auf des 20. Jahrhundert) war im Landverkehr der Akku-Antrieb dominant. Er hatte durch Aufkommen des Verbrennungsmotors an Boden verloren. Heute erleben wir eine Renaissance der Elektroantriebe. Tot geglaubte Technologie steht wieder auf. Das Zeitalter der E-Mobilität steht vor der Tür. Bald wird der elektrische Antrieb den Verbrennungsmotor wieder den Rang ablaufen. Es fehlt nur noch ein leistungsfähigerer Akku – dann ist die Stunde der Elektroantriebe zu Wasser, zu Lande und in der Luft gekommen.

Akkumulatoren und Energieumsetzer
Die Energiequelle der Elektro-Fahrzeuge

Derzeit gibt es für die Einführung einer flächendeckenden E-Mobilität nur ein Problem – ein einziges – und das ist die Stromversorgung der Fahrzeuge. Bei Schienenfahrzeugen ist dies über eine Schleifleitung (Fahrleitung) gelöst. Damit ist die Antriebsmaschine direkt mit dem Kraftwerk verbunden und die Lok oder der Triebwagen kann aus dem Vollem schöpfen, ohne je auftanken zu müssen. Beim Elektro-Kraftfahrzeug muss der elektrische Energievorrat mitgeführt werden. Dies geschieht in der Regel mittels einer wiederaufladbaren Batterie (Akku).

Die verschiedenen Elektromotoren wurden schon vor über 100 Jahren entwickelt und haben sich bis heute nicht wesentlich verändert. Die Fortschritte in der Elektronik haben aber die Antriebsmöglichkeiten stark erweitert und verbessert. Es gibt inzwischen eine Vielfalt von elektrischen Antrieben. Für das Elektroauto stehen hocheffiziente Antriebssysteme zur Verfügung. Auch das Fahrzeug selber hat eine über 100 Jahre Entwicklung hinter sich. Leichtbau, strömungsgünstige Karosserien, gute Fahrwerke mit ausgezeichneter Federung und Schwingungsdämpfung, sind das Kennzeichen heutiger Straßenfahrzeuge. Die Auto-Industrie könnte nach dem Stand der Technik hervorragende Elektrofahrzeuge bauen – nur der Akku genügt den Anforderungen nicht. Die Akkus sind beim Elektroauto der Knackpunkt. Akku-Kosten in der Größenordnung von 10.000 Euro, kurze Lebensdauer, hohes Gewicht und lange Ladezeit verhindern den Durchbruch.

Der Energieinhalt von einem Kilogramm Benzin oder Dieselöl beträgt etwa 12.000 Wh. Wegen des schlechten Motorwirkungsgrades von ca. 25 % stehen davon nur 3.000 Wh/kg für den Fahrbetrieb zur Verfügung. Ein Li-Ion-Akku hat eine durchschnittliche Energiedichte von rund 150 Wh/kg. D. h. mit einem Kilogramm Kraftstoff wird etwa das 20-fache an Fahrleistung gegenüber einem gleichschweren Li-Ion-Akku erzielt. Dabei ist noch nicht einmal eingerechnet, das auch der Elektromotor einen Wirkungsgradverlust hat.

Um das Jahr 1800 erfand der italienische Physiker Alessandro Volta die Batterie. Dazu hat er Kupfer- und Zinkplättchen gestapelt und mit salzwassergetränkter Pappe voneinander getrennt. Er fand heraus, dass mit größeren Platten mehr Strom fließen konnte. Höhere Spannungen ließen sich erzielen, wenn mehrere Elemente hintereinander geschaltete wurden. Volta entdeckte dabei, dass Elektrizität sich etwa wie Wasser verhält. Sie kann in Drähten fließen, wie Wasser in einem Rohr. Ab 1802 wurde die Erfindung von Volta bereits in beachtlichen Stückzahlen produziert.

Die erste Vorform eines Blei-Akkumulators wurde 1803 von *Johann Wilhelm Ritter* gebaut. 1854 entwickelte der deutsche Mediziner und Physiker *Wilhelm Josef Sinsteden* den ersten Bleiakkumulator. 1859 wurde Sinstedens Bleiakkumulator von *Gaston Planté* erheblich weiterentwickelt. 1888 begann in Deutschland die industrielle Herstellung durch die Firma Varta (damals noch AFA) in Hagen in Westfalen.

Im Jahr 1900 waren in Amerika bereits mehr Fahrräder mit elektrischem Antrieb unterwegs als mit Verbrennungsmotor und mehr Autos mit Elektroantrieb als mit Benzinmotor. Doch die Besitzer lernten schnell, dass ein Auto der Firma Ford (T-Modell) preisgünstiger war, als an ihrem Vehikel ständig die teuren Batterien zu wechseln.

Neuen Auftrieb bekam die Bleibatterie im Jahre 1912, als *Charles F. Kettering* den elektrischen Starter für Kraftfahrzeuge erfand. In den kommenden Zeiten hatten die meisten Autos, Omnibusse und Lastkraftwagen eine Bleibatterie an Bord - zum Anlassen und zur Beleuchtung. Ein weltweit großer Markt öffnete sich, der den Herstellern die Möglichkeit bot, Bleibatterien preisgünstig zu produzieren. Es gab schon damals Erfindungen von leistungsfähigeren Batterien, aber sie konnten im Wettbewerb mit den Starterbatterien nicht bestehen.

Nach dem 2. Weltkrieg wurde der Bedarf an leistungsfähigeren Energiespeichern immer größer. Für Jagdflugzeuge, Raketen, Satelliten, Raumfahrzeuge und -stationen waren die Bleibatterien zu schwer und genügten nicht den hohen Ansprüchen. Die Entwicklung von Lithium-Akkus wurde von Raumfahrt und Militär vorangetrieben. So finanzierte z. B. die US-Air-Force die Entwicklung von großen

Batterieeinheiten für ihre Anwendungszwecke. Die Lithiumbatterien haben daraufhin im zivilen Bereich dankbare Abnehmer gefunden. In Uhren, Telefonen, Laptops und vielen anderen Anwendungsbereichen sind sie heute zu finden. Heimwerker, Modellbauer und E-Biker profitieren davon. Auch die Flugzeug- und Autoindustrie baut sie in ihre Produkte ein. Die Kfz-Hersteller stehen jedoch unter dem ökologischen Zwang noch leistungsfähigere Antriebs-Akkus zu entwickeln, den die derzeitigen Akkus können im Wettbewerb mit dem Verbrennungsantrieben noch nicht konkurrieren.

Blei-Akkumulatoren

Bleiakkus werden heute in Straßenfahrzeugen immer noch häufig verwendet, aber kaum als Antriebsbatterien. Die besten Bleibatterien haben einen spezifischen Energiegehalt von 30 Wh/kg. Gegenüber einem Lithiumakku mit 150 Wh/kg ist dies recht bescheiden. Der Bleiakku ist in der Regel aber ein zuverlässiges und wenig gefahrvolles Produkt. Seine durchschnittliche Lebensdauer beträgt etwa fünf Jahre. Die Lithiumbatterie ist dagegen viel heikler – vor allem beim Laden und Entladen bedarf es besonderer Überwachungsmaßnahmen, damit es nicht zu Bränden und Explosionen kommt. In China werden derzeit (2014) noch viele Bleiakkus in Elektrofahrzeugen eingesetzt. In der übrigen Welt sind sie als Antriebsbatterie weitgehend durch Lithium-Ionen-Akkus ersetzt worden.

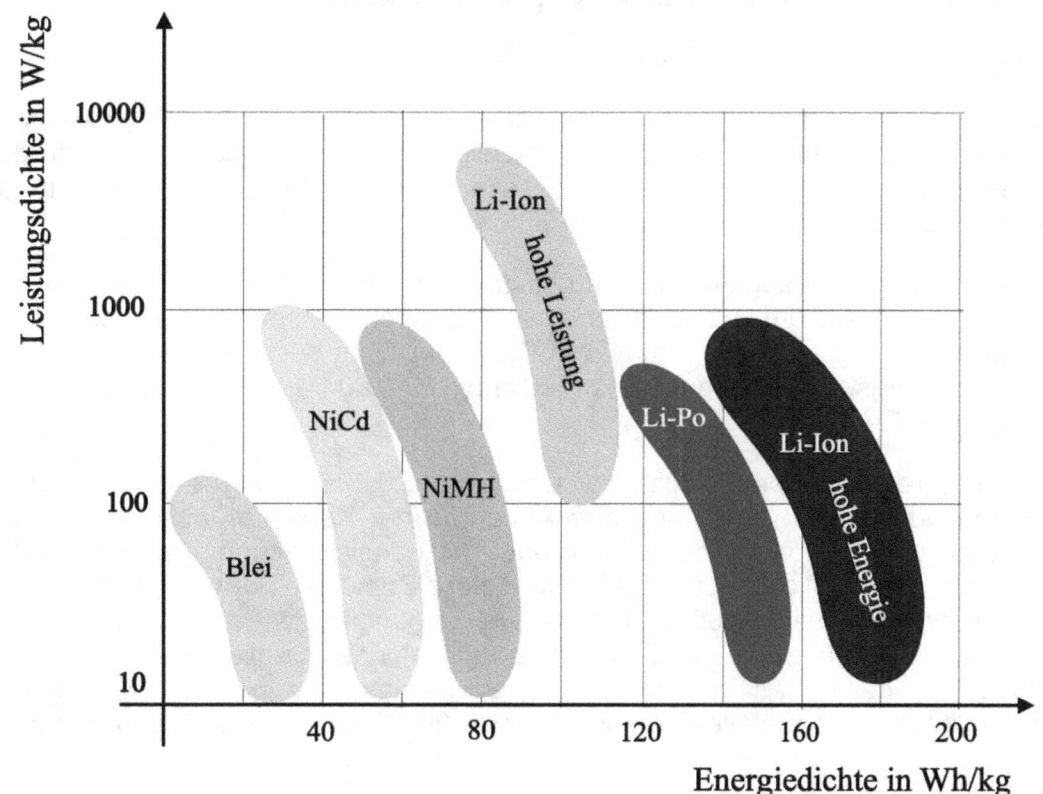

Bild 1: Vergleich von Leistungs- und Energiedichte einiger Akkus

Nickel-Cadmium-Akkus (NiCd)

Mit dem NiCd-Akku wurde es erstmals möglich Elektromodellflugzeuge in die Luft zu bringen. Der NiCd-Akku diente dabei als Antriebsbatterie. Ein Verbrennungsmotor war nicht mehr erforderlich. Eine Tatsache die dem Modellflug in Deutschland zu großem Auftrieb verhalf. Aus den unempfindlichen NiCd-Batterien ließen sich hohe Ströme ziehen. Eine vollständige Entladung schadete nicht. Selbst bei strenger Kälte funktionierten sie ohne großen Kapazitätsverlust. Sie verkraften Temperaturen bis - 40° Celsius. Kein anderer Akku kann sich in diesem Punkt mit einer NiCd-Batterie messen.

NiCd-Akkus enthalten das giftige Schwermetall Cadmium. Im Dezember 2004 hat der EU-Ministerrat eine Richtlinie mit der Zielvorgabe verabschiedet, die technische Nutzung von Cadmium zu reduzieren. Die Mitgliedstaaten sollten innerhalb von zwei Jahren durch nationale Gesetze zunächst Nickel-Cadmium-Akkus verbieten. Durch das am 1. Dezember 2009 in Kraft getretene Batteriegesetz hat der deutsche Gesetzgeber die Richtlinie in nationales Recht umgesetzt. §3 verbietet das Inverkehrbringen cadmiumhaltiger Batterien, mit Ausnahme von Cd-Akkus für Not- oder Alarmsysteme, Notbeleuchtung, medizinische Ausrüstung und schnurloser Elektrowerkzeuge. Für Elektrofahrzeuge gewannen Nickel-Metallhydrid- und Lithium-Systeme an Bedeutung, da sie höhere Energiedichte aufweisen und keine umweltschädlichen Schwermetalle wie Cadmium enthalten.

Nickel-Metallhydrid-Akkus (NiMH)

Bei der Nickel-Metallhydrid-Batterie handelt es sich um einen Metall-Gas-Akku. Aufgebaut ist die NiMH-Zelle wie eine NiCd-Zelle, nur dass die Cadmium-Elektrode durch eine Metalllegierung ersetzt wurde. Die nominale Zellenspannung beträgt 1,2 V - wie beim NiCd-Akku.

NiMH-Akkus werden baugleich zu handelsüblichen Primär-Batterien oder NiCd-Akkus hergestellt. Als umweltfreundlichere Antriebsbatterie ersetzte sie den NiCd-Akku. Die Vorteile gegenüber dem Nickel-Cadmium-Akku bestehen im Fehlen des giftigen Cadmiums, einer höheren Energiedichte (70 – 80 Wh/kg) und einem geringeren Memory-Effekt.

NiMH-Akkus reagieren empfindlich auf Überladung, Überhitzung, falsche Polung und Tiefentladung. Die dabei mögliche Abnahme der Kapazität lässt sich durch wiederholtes Laden und Entladen nicht wieder rückgängig machen. Dadurch würde nur die Zahl der möglichen Ladezyklen reduziert. Zum Erreichen der Solllebensdauer von typischerweise 500 Ladezyklen ist ein intelligentes Ladegerät unentbehrlich. Nachteilig für den Einsatz in Fahrzeugen ist, dass sie nicht für den Betrieb unterhalb 0° C geeignet sind. Bereits in der Nähe des Gefrierpunktes weisen sie einen deutlichen Kapazitätsverlust auf. Ab etwa -20 °C werden sie völlig unbrauchbar.

Lithium-Akkus

In Elektrofahrzeugen werden als Antriebsbatterien heute meist Lithium-Ionen-Akkus eingesetzt. Sie haben derzeit die beste Energiedichte (**Bild 1**). Die Entwicklung auf diesem Sektor ist jedoch noch nicht zu Ende. Die heutigen verfügbaren Lithium-Akkus der verschiedensten Bauformen und Zusammensetzungen können im Wettbewerb mit dem Verbrennungsantrieb sich noch nicht messen. Der Lithium-Akku liefert pro Kilogramm Gewicht zwar fünfmal mehr Energie wie ein gleich schwerer Blei-Akku. Damit er jedoch den Energiebedarf eines Pkw mit den heute üblichen Fahrleistungen befriedigen kann, müsste er seine Leistung um den Faktor 20 steigern.

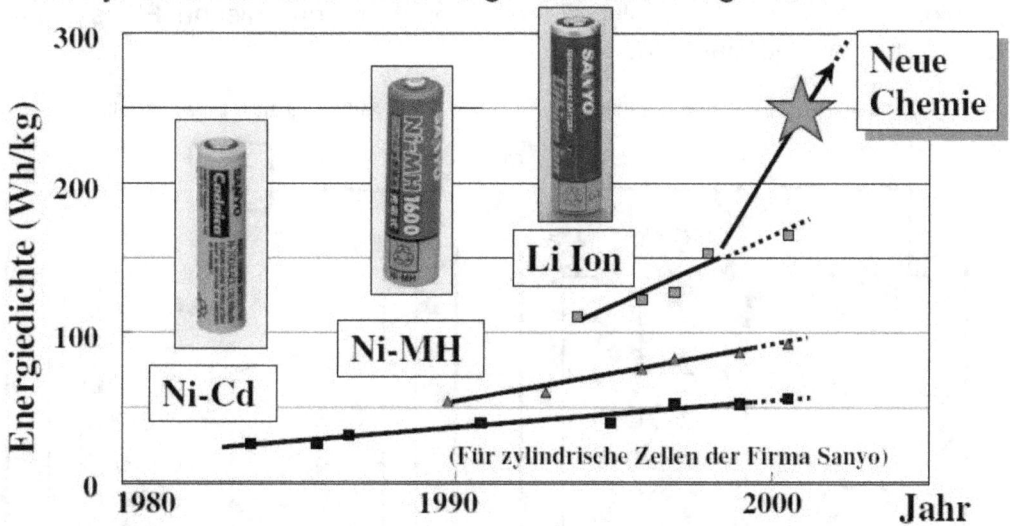

Bild 1: Energiedichte verschiedener Zellen. Schaubild der Firma Sanyo.

Aufbau und Funktion von Lithium-Ionen Akkus

Ein Lithium-Ionen-Akkumulator (auch Li-Ionen-Akku, Li-Ion-Akku, oder kurz Li-Ion, genannt) ist ein Akku auf der Basis von Lithium, der sich durch eine hohe Energiedichte auszeichnet.

Die ersten Erfolge mit Lithiumelementen wurden schon in den 1960er Jahren mit Primärzellen erzielt. Versuche wiederaufladbare Zellen zu entwickeln scheiterten dann allerdings bis in die 1980er-Jahre hinein am anodenseitigen Lithiummetall. Lithium, das bei der Endladung in Lösung ging, lagert sich bei der Wiederaufladung nicht mehr an derselben Stelle an. So kommt es auf der Minuselektrode zur

"Geländebildung", wobei sich extreme "Bergspitzen" (Dendriten) ausbilden können, die im Extremfall durch den Separator hindurch zur Pluselektrode wachsen und innere Kurzschlüsse verursachen. Es kommt dann zu starker Erwärmung der Zelle. Bei Luftzutritt können sich zudem die organischen Elektrolyten entzünden. Die Gefahr des "Durchgehens" bestand zudem bei zu hohen Strömen oder bei Ladefehlern.

Der Durchbruch in der Sicherheitsfrage gelang erst Ende der 1970er-Jahre, indem man das metallische Lithium in Wirtsmaterialien "unterbrachte". Das sind chemisch stabile Elektrodenmaterialien (meistens Graphit) in deren Kristallgitter Lithium-Gastatome eingelagert werden.

1991 gelang es erstmal bei Sony, einen serienreifen Lithium-Ionen-Akku auf den Markt zu bringen. Die Japaner verwendeten $LiCoO_2$ als Pluselektrode (Kathode). Minusseitig (Anode) diente Graphit als Elektrode in der Lithium gespeichert war. Diese Elektrodenkonstellation stellt heute noch die Standardkonfiguration von Li-Ion-Zellen dar. Natürlich müssen beide Elektroden durch einen Separator auf Abstand gehalten werden. Dessen Poren und den verbleibenden Zwischenraum füllt der Elektrolyt aus. Als Elektrolyt dienen brennbare organische Flüssigkeiten, in denen Lithiumsalze lösbar sind.

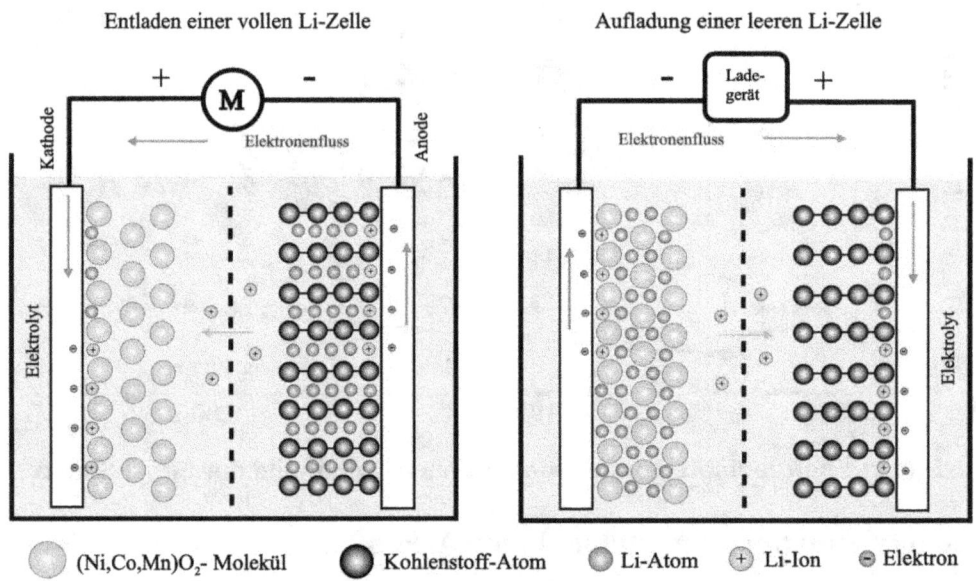

Schematischer Aufbau einer Lithium-Ionen-Zelle. Positive Elektrode: $Li(Ni,Co,Mn)O_2$. Negative Elektrode: Li + Graphit (Hexagonale C_6-Gitterstruktur)

Sonstige Energiespeicher

Die derzeit (2014) verfügbaren Fahrzeug-Akkus können nur als Übergangslösung angesehen werden. Sie genügen letztlich nicht den Ansprüchen an eine Antriebsbatterie im Bezug auf Sicherheit, Kosten, Belastbarkeit und Lebenszeit. Weltweit wird zurzeit an günstigeren und leistungsfähigeren Batterien gearbeitet - vor allem um das Elektroauto konkurrenzfähig zu machen. Innerhalb der nächsten Generation wird sich auf diesem Gebiet einiges tun. Im Folgenden sind ein paar Entwicklungsbereiche aufgeführt.

Superkondensatoren

Der Kondensator ist ein einfacher, problemloser elektrischer Speicher. Er ist in der Vergangenheit als Energiespeicher erfolgreich weiter entwickelt worden, so dass er schon für einige Anwendungsfälle eingesetzt werden kann. Im Fahrrad ist er bereits im Rücklicht zu fingen, für die sicherheitsrelevante Standlichtfunktion. Seine Vorteile gegenüber einem herkömmlichen Akku sind:

- Extrem kurze und viele Ladezyklen
- Beim Laden und Entladen hohe Stromstärken
- Lange Lebensdauer, da keine chemische Reaktionen statt finden

Nachteilig sind die große, systembedingte Spannungsänderung beim Entladen und die hohe Selbstentladung. Die derzeit erreichbare Energiedichte von 18 Wh/kg ist noch recht bescheiden (weniger als bei einer Bleibatterie). Doch auch hier schreitet die Entwicklung voran.

Lithium-Luft-Akku

Der Lithium-Luft-Akkumulator ist eine neue Entwicklung, in der die Kathode durch Luft ersetzt wird. Als Anode dient metallisches Lithium, das vollständig an der Reaktion teilhaben kann. Metallisches Lithium als Anodenmaterial liefert ein sehr günstiges Spannungspotenzial. Dazu kommt eine geradezu traumhafte spezifische Kapazität von 3,86 Ah/g von reinem Lithium-Metall. Das heute übliche Anoden-Material, von in Graphit eingelagertem Lithium, hat dagegen eine spezifische Kapazität von 0,38 Ah/g. Jedoch standen bisher Sicherheitsprobleme dem Praxiseinsatz metallischer Li-Elektroden entgegen. Mit einer Sauerstoff-Kathode und einer Li-Anode scheint nun der Traum eines „reinen" Li-Akkus in greifbare Nähe gerückt. Der für die Reaktion benötigte Sauerstoff wird aus der Umgebungsluft entnommen. Die Kapazität einer Lithium-Luft-Zelle bestimmt sich alleine durch die Größe der Lithium-Anode. Man geht von einer kommerziell erreichbaren Energiedichte von etwa 1000 Wh/kg aus, nahezu der sechsfachen Energiedichte von heute käuflichen Lithium-Ionen-Akkumulatoren. Die nominale Zellspannung liegt bei 2,96 Volt. Da der von Außen zugeführte Sauerstoff aus der Umgebungsluft einen Teil der chemischen Komponenten ersetzt, wird Gewicht eingespart. An der porösen Kathode aus Kohlenstoff findet eine chemische Reaktion der Lithium-Ionen mit dem Sauerstoff statt. Dabei wird elektrische Energie freigesetzt. Kohlenstoff ist zudem billiger als das bisher eingesetzte Lithium-Metall-Oxyd. Noch sind die Forschungen nicht abgeschlossen und bis zur Entwicklung einer Serienfertigung werden wohl noch einige Jahre ins Land gehen.

Brennstoffzelle

Die Brennstoffzelle ist kein aufladbarer Akku. Wie im Verbrennungsmotor wird Kraftstoff mittels Sauerstoffzuführung verbrannt. Die Zelle produziert aber direkt elektrische Energie. Es entstehen keine komplexen Abgase, sondern nur einfache Reaktionsprodukte wie Wasser, Kohlendioxid und geringe Mengen anderer Gase. Aufgrund ihrer niedrigen Reaktionstemperaturen bilden sich keine Stickoxide. Brennstoffzellen arbeiten sauber und leise und verfügen über einen hohen Wirkungsgrad. Die Wasserstoff-Sauerstoff-Zelle nutzt 50 bis 60 % der im Treibstoff enthaltenen Energie. Im Vergleich dazu wandelt ein Ottomotor nur ca. 25 % in mechanische Leistung um. Ein Dieselmotor etwa 28%.

Die Brennstoffzellen-Funktion ist eine Umkehrung der Elektrolyse. Steckt man in einen Wasserbehälter zwei Elektroden und legt an ihnen Gleichstrom, so wird das Wasser in Sauerstoff und Wasserstoff getrennt. Kommt es jedoch bei der Umkehrung zu einem intensiven Kontakt zwischen Wasserstoff und Sauerstoffmolekülen (entsteht bei hoher Temperatur), so verbinden sich je zwei Wasserstoffatome mit einem Sauerstoffatom wieder zu Wasser (H_2O). Der sehr heftig verlaufende Vereinigungsprozess (Knallgasreaktion), bei der Wasserstoff zu Wasser verbrannt wird, läuft in der Brennstoffzelle gesteuert ab.

Funktion: Bild 1, Seite 169: Wasser- und Sauerstoff werden durch eine Membrane getrennt. Die sogenannte PEM-Wand (**P**roton **E**xchange **M**embrane) lässt nur Wasserstoff-Ionen durch. Anstelle einer Zündung durch hohe Temperatur sorgen nun katalytisch wirkende Platinelektroden für Reaktionsbereitschaft. Nach Abgabe eines Elektrons kann der Wasserstoff-Atomkern (Proton) durch die Membran schlüpfen. Die zurückgelassenen Elektronen erzeugen auf der Wasserstoffseite eine negative und die durchgedrungenen H^+-Ionen auf der Sauerstoffseite eine positive Ladung. Zwischen beiden „Abteilungen" entsteht eine elektrische Spannung, die sich durch Elektroden nach außen führen lässt.

Wird an den Elektroden ein elektrischer Antriebsmotor geklemmt, so reguliert er durch seine Motorleistung den Elektronenstrom. Die chemische Energie – bei ungesteuerter Verbrennung noch als Wärme verpufft – kann nunmehr als elektrische Energie genutzt werden.

In Elektroautos wurden bereits versuchsweise Brennstoffzellen eingesetzt. Der Wasserstoff muss dabei in Druckflaschen (400 bis 700 bar) mitgeführt werden. Bis zur Serienreife besteht noch weiterer Entwicklungsbedarf. Es wurden auch Brennstoffzellen entwickelt, die mit anderen Kraftstoffen arbeiten, wie z. B. Methanol, das bei Umgebungstemperatur und Atmosphärendruck flüssig ist. Bis jedoch der gewöhnliche Autofahrer sich dauerhaft daran erfreuen kann, wird es noch einige Zeit dauern.

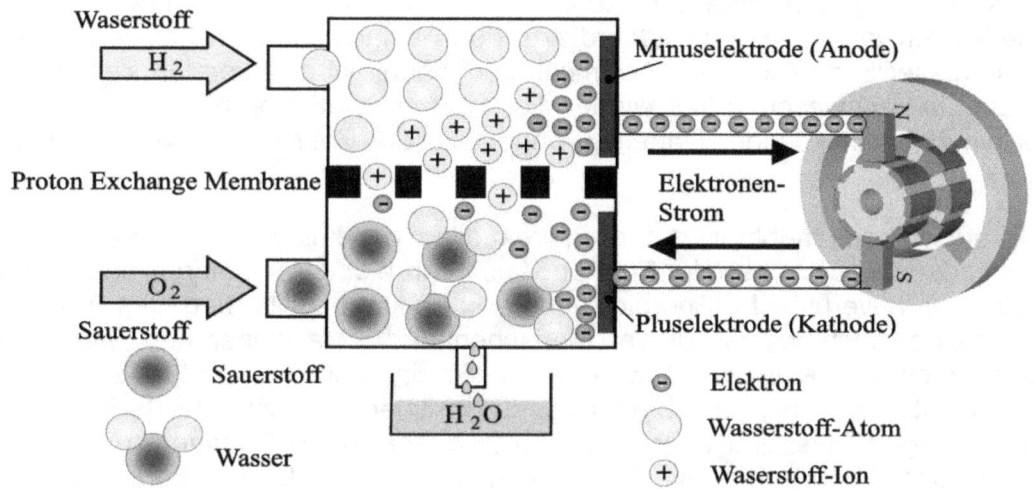

Bild 1: Funktionsprinzip einer Brennstoffzelle

Zink-Luft-Brennstoffzelle

Eine neue Entwicklung der Brennstoffzelle arbeitet mit pulverisierten Zink und Sauerstoff aus der Luft. Diese Art von Brennstoffzelle könnte ebenfalls eine Antriebsquelle für Elektroautos werden. Die Zellen wurden bereits in Omnibussen getestet, die Hunderte von Kilometern durch die europäischen Alpen fuhren. Der Zinkpuder wird zusammen mit dem Elektrolyt (Kaliumlauge) in die Zelle gefüllt (wie Kraftstoff in den Autotank). Nach dem Entladevorgang ist die Zelle mit Zinkoxid gefüllt und muss entleert und mit frischem Zinkelektrolyt gefüllt werden. Außerhalb der Brennstoffzelle wird das Zinkoxid durch Elektrolyse wieder in Zink und Sauerstoff zerlegt. Um einen durchgängigen Fahrbetrieb zu ermöglichen, müssten die vorhandenen Tankstellen zusätzlich mit Zinkzapfsäulen ausgestattet werden. In den Zapfsäulen erfolgt dann auch die Regenerierung des Zinkoxides zu reinem Zink. Auf diese Art und Weise könnten alle Elektrofahrzeuge an einer Tankstelle die benötigte Energie tanken.

Die Epoche der Elektrokraft
Das 21. Jahrhundert im Zeichen der Energiewende und Elektromobilität

Will man korrekt sein, muss man zugeben, dass die „Epoche der Elektrokraft" bereits begann als die Sonne zum ersten Mal über der Erde aufgog. Die Sonne ist der Motor für alles organische Leben auf unserem Planeten. Mittels ihrer Energie bewegen sich die Kreaturen im Wasser, in der Luft und auf der Erde. Und es ist die Elektrokraft die die Sonnenenergie überträgt und in chemische Energie umwandelt (in den Blättern der Pflanzen). Die Sonnenstrahlen sind elektromagnetische Wellen, die Elektronen eines Moleküls in höhere Energiezustände versetzen können. Mittels Photosynthese wird Lichtenergie in chemische Energie umgewandelt.

Hauptsächlich werden dabei aus Kohlendioxid (CO_2) und Wasser (H_2O) energiereiche Kohlenwasserstoffe gebildet, die zu den Bestandteilen der Lebewesen zählen. Bei dieser Synthese, auch Assimilation genannt, wird Sauerstoff freigegeben, mit dem die Lebewesen später wieder die organischen Stoffe in Wasser und CO_2 zurückverwandeln können. Dabei gewinnen sie die Energie die sie zum Leben brauchen.

Die Photosynthese treibt direkt oder indirekt alle biochemischen Kreisläufe in allen bestehenden Ökosystemen der Erde an. Auch Wind- und Wasserkreisläufe werden von der Sonne verursacht. Energiewende und Elektromobilität bedeutet nichts anderes, als das auch das „Gebild von Menschenhand" - Maschinen und Fahrzeuge - in diese Kreisläufe einbezogen werden. Wenn ein Kraftwerk mit Kohle betrieben oder ein Auto mit Benzin gefahren wird, so geschieht dies zwar letztlich auch mit Sonnenenergie. Dies sind aber in der Erde gespeicherte Energien, die sich erschöpfen und deren Verbrauch die CO_2-Belastung steigert. Wird die Energietechnik aber direkt in den „Heliochemischen-Kreislauf" hineingenommen, hat dies folgende Vorteile:

- keine Steigerung des CO_2-Gehalts in der Atmosphäre,
- keine Energievorräte werden verbraucht,
- das Klima wird nicht verändert,
- der Technikbetrieb geht geräuscharm vor sich und
- Elektroantriebe für alle Fahrzeuge werden möglich.

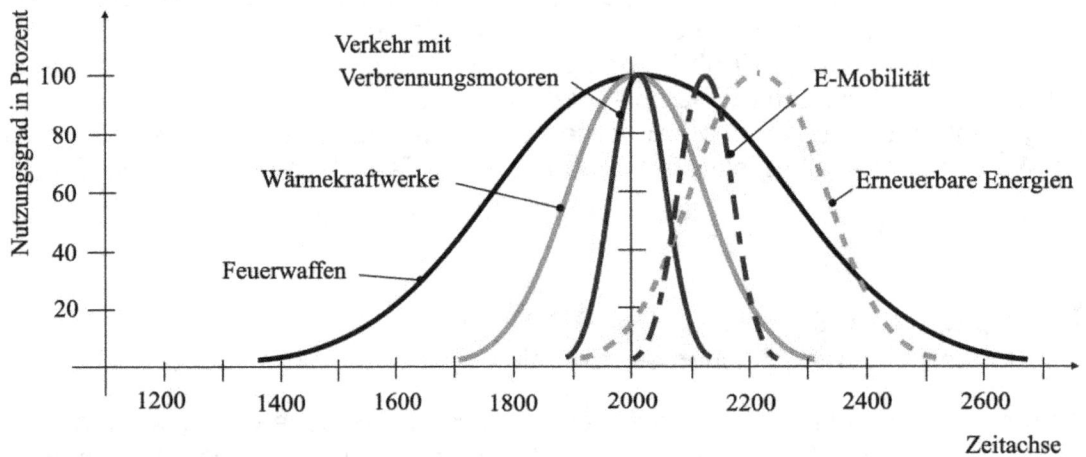

Bild 1: Nutzungskurven von Waffen, Energie-Erzeugungsanlagen und Fahrzeugantrieben

Im **Bild 1,** sind drei Diagramme eingezeichnet, die Nutzungskurven von Wärmekraftumsetzungen darstellen: Waffen, Kraftwerke und Verbrennungsmotoren. In dem Kapitel „Start in die Neuzeit" wurden bereits Entwicklungs- und Nutzungskurven von technischen Errungenschaften erläutert. Seit der Erfindung der Buchdruckkunst folgen sie fast alle der gleichen Gesetzmäßigkeit. Der Nutzungsgrad einer technischen Erfindung gleicht einer Glockenkurve, sofern keine Weltkriege oder globalen Katastrophen auf die Anwendung einwirken. Am Anfang wird eine Erfindung oder Neuentwicklung nur gering genutzt. Dann steigt der Nutzungsgrad steil an, flacht dann wieder ab und sinkt gegen Null zurück. Die höchste Nutzanwendung findet meist bei hohem Entwicklungsstand des Produktes statt. Trotz hohem Entwicklungsgrad wird es aber nach überschreiten des Kumulationspunktes immer weniger verwendet, da bessere Produkte es ablösen. An dem Beispiel von Wärmekraftwerken und Verbrennungsmotoren (Bild 1) ist zu ersehen, wie gerade im Zeitbereich der höchsten Erfolge andere Techniken aufsteigen, die die gebräuchlichsten Anwendungen wieder in die Historie verbannen.

Der Gipfel aller drei genannten Kurven liegt im Bereich der Jahrtausendwende. Mit dem Beginn des 21. Jahrhunderts zeichnete sich ein Paradigmenwechsel in der technischen Energieumsetzung ab, sowohl bei der Erzeugung wie bei der Anwendung. Die Kurve die die beiden anderen einhüllt ist die Waffenkurve. Aus den Feuerwaffen leiteten sich die beiden anderen Glockenkurven (Dampfkraftwerke und Verbrennungsmotoren) ab. Auf diese schicksalhafte Waffenkurve wird im nächsten Kapitel „Menschheit und Technik" noch näher eingegangen. Soviel sei aber schon angedeutet: ob diese Kurve durch eine bessere Technik ersetzt wird oder ausläuft, davon hängt nicht nur der weitere Verlauf der Technik sondern auch das Überleben der Menschheit ab.

Aus der Dampfmaschine entwickelten sich die Wärmekraftwerke (die Linie unter der Feuerwaffen-Kurve). Ob Kohle- oder Atomkraftwerke, immer wird bei ihnen Dampf als Medium benutzt um Wärmeenergie in elektrische umzuformen. Der Ausstieg aus der Atomenergie ist in Deutschland bereits beschlossene Sache. Die erneuerbaren Energien (gestrichelte Kurve) beginnen gerade ihren „Steilaufstieg". Im Jahr 2013 hatten die alternativen Energien bereits ein Anteil von über 20 % erreicht. Dadurch werden Kohlekraftwerke immer weniger genutzt. Manche kommen in den unwirtschaftlichen Betrieb, müssen aber dennoch als Reservekraftwerke erhalten bleiben, da Wind- und Solaranlagen ihre Energien nicht bedarfsgerecht liefern. Im Jahr 2300 ist aber die Zeit der Wärmekraftwerke weitgehend abgelaufen – sofern die der Kurve zugrunde liegende Gesetzmäßigkeit (e^x- Wachstumsfunktion) nicht gestört wird.

Die jüngste Nutzungskurve bezieht sich auf die Verbrennungsmotoren. Auch sie ist auf ihrem Gipfelpunkt. Die Antriebsmotoren von Fahrzeugen haben einen hohen Entwicklungsstand erreicht, signifikante Verbesserungen sind nicht mehr zu erwarten. Die Ablösekurve (E-Mobilität) hat aber gerade erst begonnen. Nach dem Diagramm hat im Jahr 2150 die E-Mobilität ihren Höhepunkt erreicht. Die Verbrennungsantriebe dienen dann nur noch zu Nostalgiezwecken - wie beispielsweise heute die Pferdekutschen.

Die Elektromobilität muss kommen! Und mit ihr auch eine umfassende Automatisierung des Verkehrs und der industriellen Produktion. Die moderne Technik geht mittels Elektrokraft ihrer Vollendung entgegen. Der Erdenbürger wird frei werden von belastenden Routinegeschäften und kann sich menschengerechteren Beschäftigungen zuwenden. Wenn …, ja, wenn der Mensch in der Lage ist die Technik global und ausschließlich zum Wohl unserer Planetengemeinschaft einzusetzen.

Mensch und Technik
Eine Zukunftsphilosophie

Die Technikgeschichte ist kein Zufallswerk, sondern eine, aufgrund von notvollen Verhältnissen erzwungene, durch menschliche Intelligenz gesteuerte Evolution. Die Technik hat die Globalisierung unserer Welt bewirkt. Nun bahnt sich mit ihr zudem ein grundlegender Paradigmenwechsel an: die abgasfreie umweltfreundliche Energieumsetzung und -anwendung. Produktion und Verkehr samt ihrer Steuerung, sowie Nachrichtenübermittlung und Informationsverarbeitung, werden zukünftig durchgehend elektrisch erfolgen – letztlich angetrieben vom Licht der Sonne.

Betrachten wir noch einmal die Nutzungskurven im Bild 1, Seite 170. Die erste Nutzungskurve ist militärisch. Nach der Erfindung des Schießpulvers musste mittels Muskelkraft kein Bogen mehr gespannt oder ein Speer geschleudert werden. Das Schießen besorgte nun chemische Energie in Form von Schwarzpulver. Der Holländer *Christian Huygens* erlebte die Schrecken des Dreißigjährigen Krieges, der bereits mit Musketen, Kanonen und Flinten ausgefochten wurde. Nach dem Krieg baute *Huygens* eine Pulvermaschine. Das Kanonenrohr wurde zum Zylinder und die Kugel zum Kolben. Der erste Verbrennungsmotor war damit geschaffen. Statt Pulver wurde später Dampf oder Gas verwendet. Die Dampfmaschine wurde Träger der Kraftwerkstechnik, die elektrische Energie in jedes Haus liefert (2. Nutzungskurve). Schließlich entwickelte sich aus dem Pulvermotor der Benzin- und Dieselmotor, die Standard-Antriebsquelle im Verkehr (3. Kurve). Mit der Zeit wurde es selbstverständlich, dass alle Maschinen in Fabriken und Haushalten einen elektrischen Antrieb erhielten. Im 21. Jahrhundert geht die Entwicklung dahin, dass auch Fahrzeuge (mobile Maschinen) elektrisch angetrieben werden.

Wer die Nutzungs-Diagramme genau betrachtet, wird feststellen, dass die Waffenkurve ausläuft, ohne dass etwas „Besseres" folgt. Die Zerstörungskraft der Waffen hat mit der Wasserstoff-Fusionsbombe ihren Gipfel erreicht. Ein „mehr" könnte nur noch durch Antimaterie erzielt werden. Während beim verschmelzen von Wasserstoff zu Helium 0,71 % der beteiligten Materie sich in Energie umwandelt, wird beim Zusammentreffen von Antimaterie mit Materie komplett alles in Energie umgesetzt. Es ist jedoch zurzeit nicht möglich Antimaterie in ausreichender Menge herzustellen um z. B. die Erde komplett zu vernichten (dann wäre endlich Ruhe im Sandkasten). Militärstrategen mögen dies bedauern, aber schon der weltweite Einsatz der vorhandenen Wasserstoffbomben könnte ausreichen um die Menschheit in die Steinzeit zurückversetzen oder gar das Leben auf der Erde auszulöschen. Die E-Mobilität würde dann erstmal aufs „Eis" gelegt. Eine Energieversorgung durch die Sonne wäre aber immerhin noch da.

Die etwas sarkastische Bemerkung weist darauf hin, dass wir im 21. Jahrhundert einen kritischen Punkt erreicht haben. Die Technik hat sich weiterentwickelt – der Mensch aber nicht. Durch die Verkehrstechnik und die elektronische Kommunikation ist die Welt klein geworden. Egal wo wir auf dem Planeten sitzen - von einer Sekunde zur anderen können wir miteinander sprechen oder Daten austauschen. Die Konzerne sind Global-Player geworden. Der Weltverkehr und die -wirtschaft hat uns eine Verständigungssprache aufgedrückt – Englisch. Dazu findet auch eine Vermischung der Weltbevölkerung statt. Die Zeit der Eigenbrötlerei ist vorbei. Klima-, Umwelt-, Ressourcen- und Bevölkerungsprobleme bedürfen dringend eines wirksamen Erd-Managements. Wir sitzen gemeinsam in einem Boot, das in die Zukunft oder in den Untergang steuert.

Die Waffenkurve zeigt im Grunde, dass der Mensch schon immer überfordert war und mit den Verhältnissen auf der Erde nicht zu recht kam. In der Vergangenheit hat sich sein Versagen nur territorial ausgewirkt. Jetzt aber kann eine Fehlhandlung weltweite Auswirkungen haben. Ein Bürger in *Goethes Faust* konnte damals noch sagen:

> *Nicht besseres weiß ich mir an Sonn- und Feiertagen,*
> *als ein Gespräch von Krieg und Kriegsgeschrei,*
> *wenn hinten weit in der Türkei,*
> *die Völker aufeinander schlagen.*
> *Man steht am Fenster, trinkt sein Gläschen aus*
> *und sieht den Fluss hinab die bunten Schiffe gleiten;*
> *dann kehrt man abends froh nach Haus*
> *und segnet Fried und Friedenszeiten.*

Mit diesem Ego-Optimismus ist es nunmehr vorbei. Nicht weit von der Türkei wurde am 28. Juni 1914 in Serbien der österreichische Thronfolger Erzherzog Franz Ferdinand von einem Attentäter erschossen. Darauf brach der 1. Weltkrieg aus. Es interessierte bald nicht mehr wer hinter dem Mörder stand. Das Attentat war lediglich der Funke, der das Pulverfass zündete. Das Versagen schwacher Regierungen hatte den ersten Weltbrand zur Folge. Mit dem 20. Jahrhundert trat ein globaler Epochenumbruch ein, der die Monarchen vom Thron fegte. Der 1. Weltkrieg wurde bereits nicht mehr in herkömmlicher Weise geführt. Es kam nicht mehr auf die Tapferkeit der Soldaten im Einzelkampf an. Diese Völkerauseinandersetzung wurde technisch ausgetragen. Sie führte zu ungeheuren Materialschlachten. Es ging darum: welche Industrie konnte am meisten und am wirksamsten Maschinengewehre, Kanonen, Fahrzeuge, Flugzeuge, Panzer, Giftgas, U-Boote und Flugzeuge auf die Schlachtfelder bringen? Die genormte Fertigung typisierter Waffensysteme vereinfachte dazu den Nachschub, aber auch die schnelle Ausbildung der Soldaten. Industrialisierung schuf so die Voraussetzung für das Massentöten. Der Krieg wandelt sich nun in zunehmendem Maße vom herkömmlichen Kampf zum Ausrotten durch Technik.

An den verantwortlichen Stellen wurde man sich schon bewusst, dass die nationalistische Kleinstaaterei nicht mehr zukunftsfähig ist. Nach Ende des Ersten Weltkrieges wurde der Völkerbund gegründet (10. Januar 1920), um den Frieden auf Erden dauerhaft zu sichern. Der Völkerbund wurde am Ende des Zweiten Weltkrieges (18. April 1946 in Paris) durch die Vereinten Nationen (UNO) abgelöst. Das riesige Gebäude der Vereinten Nationen (Babylonischer Turm) ist in New York am East River gebaut. In der Nähe steht ein beeindruckendes Denkmal. Ein muskulöser Mann schmiedet auf einem Amboss ein Schwert zu einer Pflugschar. Darunter steht: *„Wir werden unsere Waffen zu Pflugscharen umschmieden*. Gestiftet von der Sowjetunion".

Kanonenfabrik der Firma Krupp im 1. Weltkrieg

Wiederum erkannte man, dass eine Völkervereinigung notwendig ist, um die anstehenden Probleme zu lösen. Aufrüstungen mit den modernsten und wirkungsvollsten Waffentechniken schöpft das Volksgut ab und stellt die Menschheit vor dem Abgrund. Ein nichtiger Anlass kann eine Weltkatastrophe herbeiführen. Die Geschichte mahnt uns: die Waffenkurve muss auslaufen und das dadurch gewonnene Potential dem Erhalt der Menschheit zufließen. Außenpolitik muss durch eine Welt-Innenpolitik abgelöst werden. Dann sind keine Streitkräfte mehr erforderlich, sondern lediglich schlagkräftige Polizeieinheiten. Die Technik ist neutral. Sie ist ein Werkzeug in des Menschen Hand. Sie kann zum Segen und zum Fluch benutzt werden. Mit der Technik könnten - bei Einigkeit - auf der Erde paradiesische Zustände geschaffen werden (u. a. die gesteuerte E-Mobilität). Der Planet würde dies hergeben. Andererseits könnten wir mit Einsatz der Waffentechnik eine unbewohnbare Erde zurücklassen. Sieger ist dann, wer am Schluss verwest!

Der Völkerbund und die Vereinten Nationen sind wenig erfolgreich gewesen. Eine umfassende Völkerverständigung kam nicht zustande. Dagegen kam es zum kalten Krieg und nur haarscharf sind wir an einem Atomkrieg vorbeigeschrammt. Eine einheitliche und friedliche Weltstrategie, abgestimmt auf die Bedürfnisse der Menschheit und Natur, ist anscheinend nicht durchführbar. Man versucht stattdessen notdürftig Krisen zu bewältigen und Brände zu löschen. Immer deutlicher wurde in den letzten Jahrzehnten, dass die Welt in der wir leben, nur dann eine Chance zum überleben hat, wenn in ihr nicht länger widersprüchliche Ideologien und Religionen existieren. Die Weltgesellschaft braucht verbindliche Normen nicht nur im technischen sondern vor allem im ethnischen Bereich. Die UN (United Nations) hat sich zur Aufgabe gestellt, die Welt zu gerechten und friedlichen Zielen zu führen. Das Wollen ist da, aber das Vollbringen ist eine impossible Mission. Warum?

Eine Antwort darauf kann ein Technikbuch nicht geben, wohl aber einen Hinweis.

Das Baumaterial dieser Welt ist Energie – die in thermodynamischen Prozessen sich wandelt. Ihre Struktur ist Information. Die Physik handelt letztlich nicht von toter Materie sondern vom Wirken eines großen Geistes.

Mit der Informatik ist erstmals eine Ingenieurwissenschaft entstanden die sich mit nichtmateriellen Dingen befasst. Information besteht weder aus Materie noch Energie. Sie wiegt demzufolge auch nichts. Information ist also keine gegenständliche sondern eine ideelle oder geistige Größe. Folgende Regeln definieren die Information:

- Information ist eine immaterielle Größe
- Materielles kann nicht Geistiges (Ideelles) hervorbringen - also auch keine Information
- Information kann nicht aus statistischen Prozessen hervorgehen
- Information kann nur von einem intelligenten Sender kommen

Nehmen wir noch die ersten beiden Hauptsätze aus der Thermodynamik hinzu:

1. Hauptsatz: Energie kann weder erzeugt noch vernichtet werden. Die Summe der Energien im Weltall bleibt konstant.

2. Hauptsatz: Die Entropie in einem abgeschlossenen System strebt einen Höchstwert zu.

Die beiden genannten Hauptsätze der Physik haben grundsätzliche Bedeutung für ein richtiges Weltverständnis. Die materielle und die biologische Welt bestehen aus Energie – nach der berühmten Formel von Einstein $E = m \cdot c^2$. Leben ist nur durch geregelte Energieumwandlungen möglich. Der 1. Hauptsatz bedeutet zwar, dass Energie ewig ist, und dass eine Energieform nur in eine andere überführt werden kann (z. B. mechanische in elektrische Energie oder bei Lebewesen chemische in mechanische). In einem abgeschlossenen System ist dieser Prozess aber immer mit einer Erhöhung der Entropie verbunden.

Wenn man so will, kann man den Begriff „Entropie" auch als eine Metapher für die Tragik unserer Welt sehen. Die Entropie besagt, dass in einem abgeschlossenen System (ohne Energie- und Informationszuführung) alles von einem geordneten in einen ungeordneten Zustand übergeht, von der Struktur ins Chaos, vom Leben zum Tod. Um sich dies experimentell vor Augen zu führen, stülpe man einen Eimer über eine Vase mit blühenden Blumen. Damit ist ein geschlossenes System entstanden. Nach einer Woche ist aus der blühenden Pracht eine graue faulige Masse geworden. Man könnte auch ein Haus bauen und nichts mehr daran machen. Irgendwann wird es zur Ruine, nur das der Prozess etwas länger dauert als bei den Blumen.

Laut Informationslehre muss das Leben auf der Erde durch intelligenten Informationszufluss von außen entstanden sein. Könnten bei den Geschöpfen nicht ähnliche Gesetze gelten wie in der Thermodynamik? Wenn Völker vom Frieden in Krieg übergehen (von einem geordneten in einen ungeordneten Zustand), könnte dies nicht damit zusammenhängen, dass sie sich vom intelligenten Sender abschotten? Wir befinden uns in einer vergänglichen Raum-Zeit-Blase am Rande der Dimensionen – gewissermaßen auf einer Insel der Verbannten im Meer der Unendlichkeit. Unsere Zukunft wird davon abhängen ob wir mit jener Geisteskraft wieder in Verbindung kommen, die uns einst aus Sternenstaub entstehen ließ.

Letztlich kann das Buch die Kardinalsfragen der Menschheit nicht lösen. Das Kapitel am Schluss will nur einen Denkanstoß von Seiten der Technik geben. Möge die Menschheit ganzheitlich unter eine positiv-intelligente Geistesströmung kommen, damit der Gemeinschaftsgedanke siegt und unsere Erde bewohnbar bleibt.

Anhang

Zeittafel

Jahrhundert-Ereignisse	Feuerwaffen	Dampfkraftlinie	Motorenlinie
1338: Ausbruch des Hundertjährigen Krieges (Konflikt England Frankreich)	**1326**: Erste Abbildung von Kanonen **1375**: Feuerwaffen kommen in Europa auf		
1453: Ende des Hundertjährigen Krieges **1453**: Fall von Konstantinopel **1494**: Beginn der Italienischen Kriege	**1470**: Gewehr-Schäfte werden entwickelt **1470**: Das Lunten-Schnappschloss entsteht **1493**: Die ersten gezogenen Läufe kommen aus Nürnberg		
1503: Schlacht von Cerignola **1559**: Ende der Italienischen Kriege **1588**: Spanische Armada	**1503**: Bei Cerignola erster Großeinsatz von Handfeuerwaffen **1570**: Von einer Stütze abgefeuerte spanische Muskete tritt auf		
1618 - 48: Dreißigjähriger Krieg	**1610**: Erfindung des Steinschlosses **1650**: Steinschlosswaffen lösen Luntenschlösser allmählich ab	**1673**: Schiess-Pulvermaschine von Huygens **1690**: Atmosphärische Dampfmaschine von Papin	

1775 - 83: Amerikanischer Unabhängigkeitskrieg **1796 - 1815**: Napoleonische Kriege	**1753 - 83**: Die Büchse findet weite Verwendung in den nordamerikanischen Kriegen	**1711**: Dampfmaschine von Newcomens **1765**: Niederdruckdampf-M. von J. Watt **1784**: Doppelwirkende Dampf-M. mit Drehbewegung	
Revolution von **1848** **1870 - 71**: Deutsch-französischer Krieg	**1807**: Forsyth erfindet Perkussions-Zündung **1812**: Erster Patronen-Hinterlader **1835**: Erster Revolver von Colt **1841**: Preußen führt Zündnadelgewehr ein ab**1850**: Minier-Büchsen ersetzen glatte Musketen	**1801**: Hochdruckdampf-M. von O. Evans **1804**: erste Dampflok **1807**: Dampfschiff **1832**: Dampfpflug **1866**: Dynamo-Maschine von Siemens **1881**: Direkte Kupplung von Dampf-M. und Stromerzeuger **1884**: Überdruck-Dampfturbine **1889**: Drehstrommotor und Drehstrom-Transformator **1889**: Gleichdruck-Dampfturbine **1892**: Heißdampf-M. von W. Schmidt	**1823**: Atmos.-Gas-Maschine mit Flammen-Zündung **1867**: Atmos. Flugkolbenmotor von N. A. Otto **1876**: Viertakt-Gasmotor mit Verdichtung v. N. A. Otto **1883**: Benzin-Motor von G. Daimler **1885**: Motorrad von Daimler und Kraft-Wagen von Benz **1887**: Magnet-Zünder für Motoren v. R. Bosch **1897**: Diesel-Motor
1914-18: Erster Weltkrieg **1939-45**: Zweiter Weltkrieg **1950-53**: Koreakrieg **1961-75**: Vietnamkrieg **1980-88**: Krieg Iran-Irak	**1914**: Repetierer mit Zylinderverschlüssen sind militärischer Standard **1918**: Erste Maschinenpistole (MP18) **1939-45**: Selbstladegewehr verbreitet **1942**: MG 42 eingesetzt **1947**: Kalaschnikow konstruiert Sturmgewehr AK-47	**1903**: Elektr. Vollbahnlok: Siemens + AEG **1956**: Erstes Atomkraftwerk der Welt (Calder Hall, England)	**1902**: Bosch-Hochspann.-Zünder von Honold **1906**: Gas-Turbine, Diesellok **1923**: Auto-Dieselmotor **1930**: Schwerölflugmotor v. Junkers Strahltriebwerk v. P. Schmidt

Ab **1991**: Golfkriege	**1961**: USA führt kleinkalibriges Sturmgewehr M16 ein **1980**: Hülsenlose Munition für Automaten (Heckler & Koch)		**1993/94**: Pedelec durch die Firma Yamaha, in Japan entwickelt.
Ab **2000**: Regionale Konflikte in Afrika und Nahost.	Ab **2000**: Drohnen die mit Atomwaffen bestückt werden können.	**2009**: Baubeginn vom Fusionskraftwerk „Iter" im französischen Cadarache.	**2013**: Das Elektroauto BMW i3 geht in Serie.

Der *VW e-Golf*, ein reines Elektroauto mit einem 300 kg schweren Lithium-Ionen Akku, ging 2014 in Betrieb.

Aus der Vergangenheit entspringt,
was im Gegenwärtigen werden soll,
um in der Zukunft sich zu vollenden.

Literaturverzeichnis

E-Bike-Technik
Books on Demand, In de Tarpen 42, 22848 Norderstedt

Electric Bicyles
IEEE Press, 445 Hoes Lane Piscataway, NY 08854

Elektrische Energieverteilung
Vieweg + Teubner GWV Fachverlage GmbH, Wiesbaden 2008

Informatik
Pearson Deutschland GmbH

Die Eroberung des Himmels, James Tobin
Droemer Verlag, München

Softair-Waffen
R.G. Fischerverlag, 60386 Frankfurt / Main

Die Eisenbahn in Deutschland
Verlag C. H. Beck, München

Am Rande der Dimensionen
Suhrkamp Verlag, Frankfurt am Main

www.ingramcontent.com/pod-product-compliance
Lightning Source LLC
Chambersburg PA
CBHW082328220526
45470CB00008B/2440